国家社科基金重大项目（14ZDB007）成果

中国传统家训文化研究

陈延斌 等◎著

人民出版社

家风家训:轨物范世的生动教材

我国传统文化认为,家庭是社会的基石,"齐家"是"治国"、"平天下"的前提,因而以"整齐门内,提撕子孙"为宗旨的家风家训文化历来受到人们重视,在我国教育史、文化史上占有十分重要的地位,成为中华民族极具特色的宝贵文化遗产。传承和弘扬优秀传统家风家训文化,对于我们今天实施文化传承工程,推进优秀家风培育和家庭、社会建设,均具有重要的学术价值和现实意义。

一

家训,也称家诫、家范、宗规、族训、家语等等,主要是指父祖对子孙、家长对家人、族长对族人的训示教诲。此外,也有一些是夫妻间的嘱托、兄弟姊妹间的诫勉。中国家训教化传统源远流长,早在三千多年前,就出现了周文王临终前给武王传授治国理政经验和中和、德治之道的家训文献《保训》。此后经过历代发展、流传,传统家训资料更是卷帙浩繁。从家训的作者看,既有君王帝后、达官显宦、硕儒士绅,也有农夫商贾、普通百姓。从家训的内容看,几乎涉及家庭生活乃至社会生活的方方面面,其中既有家长治家处世的经验传授,也有其亲身经历的教训之谈;既有历代先贤大儒教导语录的汇编,也有名人模范事迹、美德懿行的辑录。从家训的形式看更是多种多样,既有帝、后训谕皇室、官闱的诏诰,也有士人教导幼童稚子的启蒙读物;既有家训、家范、家诫等长篇专论,也有家书、诗词、箴言、碑铭等简明训示;既有苦口婆心的规劝,也有道德律令性质的家法、家规、家禁等。

传统家训的基本载体有两类:一是族长或家长撰写、制定、有较强的教化意义和规范作用的家规、族训或家教文献;二是对家人子弟进行的家庭教化、训诫活动。前者是文本,后者是教化实践,这两方面相辅相成、彼此为用。

家训既是传统社会指导、规约家庭成员的行为准则,也是居家生活、轨物范世的家庭教育教科书。传统家训教化内容极其丰富,几乎涉及各个生活领域,但核心始终是围绕睦亲治家、处世之道、教子立身三个方面展开的。就睦亲治家而言,既有父子、夫妇、兄弟谨守礼法、各无惭德的居家之道,也有持家谨严、勤俭睦邻的治家之法。就为人处世而言,大致包含爱众亲仁、博施济众的博爱精神,救难怜贫、体恤下人的人道思想,中和为贵、文明谦恭的修养理念,近善远佞、慎择交游的交友之道,好生爱物、物人一体的和谐意识。就教子立身而言,主要包括涵养爱心、蒙以养正、励志勉学、洁身自好、淡泊名利、自立于世、奉公清廉、笃守名节、勤谨政事、报国恤民等规范和教化内容。

当然,受封建社会特定历史条件的影响,传统家训不可避免地存在着一些因果报应、体罚惩戒、强调卑幼服从尊长等唯心主义和封建纲常礼教的糟粕,但这毕竟不是家训文化的主流。

二

传统家训文化是中国血缘宗法式农业社会里产生和发展起来的特有文化

现象,是一种以儒家文化为基本内核的伦理型文化,在历史上发挥过重要作用。

家训文化以别具特色的教化方式保证了传统社会家庭生活、社会生活的稳定,推动了中国农耕社会的文明进步。颜之推在《颜氏家训》中谈及撰写家训初衷时指出:"夫同言而信,信其所亲;同命而行,行其所服。禁童子之暴谑,则师友之诚,不如傅婢之指挥;止凡人之斗阋,则尧舜之道,不如寡妻之诲谕。"正是由于家长在孩子心目中的崇高地位,以及代与代之间的血缘亲情,家长的训谕比起他人教诲更容易被孩子接受,更易于通过熏陶濡染,入耳入心。家训文化在教化和制度上有效地保障了家庭生活的稳定,推动了中国农耕文明的进步。

家规族训规约是中国传统社会治理的重要方式,有利于家国整合机制的形成和巩固。在家国同构的传统社会,齐家睦族是社会得以治理与维持稳定和谐的基础。国是家的扩大,家是国的缩小,"资父事君,忠孝道一"(《魏志·文聘传注》);"所谓治国必先齐其家者,其家不可教而能教人者,无之。故君子不出家而成教于国……一家仁,一国兴仁;一家让,一国兴让。"(《大学》)家训文化最基本的功能是伦理教化功能,家训教化在家庭、宗族中有效倡行了敦亲睦邻、立身修德、谦恭处世等伦理道德准则,熏陶出品德高洁、清正廉明、为国为民的名臣贤士,促进了家国整合机制的巩固。可以说,家训族规作为国家法的重要补充,发挥着维护家庭宗族稳定、调控民间社会秩序和保持国家长治久安的作用。

传统家训文化推进了儒家思想的世俗化和社会化,加速了儒学的传播。虽然早在汉武帝时期就宣布了儒学的正统地位,实行了"罢黜百家,独尊儒术"的文化政策,然而由于社会成员文化水平偏低的限制,语意深刻玄奥的儒家典籍传播受到了很大制约。家训教化则不然,由于家长、族长撰写和订立家训族规的宗旨是教化、规范家人子弟,为便于他们理解接受,在语言上尽量避免晦涩难懂的词句。特别是宋明以来许多世家大族竞相刊行本族家训及历代名士家训文献,通过家训载体使儒学得到了更大范围的传播。此外,有些家训著作还被作为私塾蒙馆对儿童教育的启蒙读本,这也在一定程度上推动了儒学的社会化。譬如,朱柏庐《治家格言》虽仅五百余字,但言约义丰,多以对仗的格言警句、朗朗上口的韵语,阐述儒家为人处世、治家修身之道,被尊为"治家之经"。由于它通俗流畅、富含哲理,清代至民国年间一度成为童蒙必读课本之一,流传甚广。

家训教化助推了优秀家风的营造和传承。家风是一种无言的教化,而优秀家风的培育离不开家训文化的滋养。北宋司马光以《家范》《训俭示康》等家训,倡导"谨守礼法"和"德教为先"的治家之道,"以义方训其子,以礼法齐其家",他嘱咐儿子"吾本寒家,世以清白相承"。在司马光家训的影响下,司马家族虽世代贵胄,却勤俭持家、和待乡曲,其家风一直为时人称誉。被朱元璋誉为"江南第一家"的浦江郑氏家族,以其家训《郑氏规范》治家教子,告诫子孙"倘有出仕者,当夙夜切切以报国为务,抚恤下民"。在这种家风影响下,该家族宋元明三朝出仕做官者达 173 人,无一人因贪赃枉法被处置。

三

传统家训是我们祖先留下的宝贵文化遗产。家训文化作为我国传统伦理文化的重要组成部分,无论是教育内容还是教化方式,都有诸多值得我们深入挖掘、吸纳借鉴的价值。

探讨家训思想及其教化实践,古为今用,有利于推进今天的家庭教育和家庭美德建设。以教家立范为宗旨的家训,切于实用、操作性强,许多家训名篇被奉为治家教子的"龟鉴"而流传极广。我国的家训文化实质是伦理观、价值观教育和人格塑造。把闪耀着中华民族智慧之光、至今仍有借鉴价值的家训整理出来,建立适应时代需要的科学家教学和家训文化,为家庭教育和家庭美德建设提供有价值的参考,显然是一件有利于社会、有益于后代的工作。

立足传统家训资源,为当代优秀家风培育提供理论支撑和实践参考。"天下之本在国,国之本在家"(《孟子》)。无论是在家国同构的传统社会,还是在追求和谐发展的当代中国,家庭始终是人安身立命之所,是社会的最小细胞。家风既是民风、社风的基础,也会向党风、政风延伸。对传统家训教化、家风熏陶经验教训进行系统梳理,在此基础上顺应时代要求,扬弃传统家训文化治家、睦亲、教子、处世之道为今所用,能够为我国当前的优秀家风营造提供理论支撑和实践借鉴,进而助推党风政风和优良民风、社风的形成。

借鉴家训教化、规诫路径方法,为精神文明建设提供有益借鉴。传统家训教诫及优良家风熏陶维系了家庭与家族共同体的团结与稳定,家训思想教化将儒家伦理贯彻到一般家庭,敦化了社会习俗与道德风尚。这为我们今天的精神文明建设提供了极有价值的借鉴。因此,研究传统家训文化,把跨越时空、富有永恒魅力、具有当代价值的文化精神运用于新型家训文化构建,可以促进当下社会治理、家德家风建设乃至整个社会的精神文明建设,进而达至社会稳定、家齐国治的目标。(陈延斌)

(原文发表于《光明日报》2017 年 4 月 26 日国家社科基金专版)

目　　录

第一章　家训文化是中国
传统文化的基石

中共中央办公厅、国务院办公厅印发的《关于实施中华优秀传统文化传承发展工程的意见》指出,实施中华优秀传统文化传承发展工程,传承中华文脉,要"挖掘和整理家训、家书文化,用优良的家风家教培育青少年"。[①] 由于中国传统政治思想、伦理思想特别强调修身、齐家与治国、平天下的密切联系,认为做到身修、家齐才能达到国治、天下平,故而以"整齐门内,提撕子孙"[②]为宗旨的家训,历来受到人们的重视,并成为中华民族传统文化宝库中最具特色的部分,构成了五千年中国传统文化的基石。

一、家训与家训文化[③]

(一) 家训内涵及其基本载体形式

家训是我国传统国学、传统文化中极具特色的部分。"家训",即居家

---

① 中共中央办公厅、国务院办公厅印发:《关于实施中华优秀传统文化传承发展工程的意见》,《人民日报》2017 年 1 月 26 日。

② (北齐)颜之推:《颜氏家训·序致第一》。

③ 本节主要内容,笔者曾发表于以下两文:《家训:中国人的家庭教科书》(《中国纪检监察报》2016 年 3 月 14 日)和《家风家训:轨物范世的生动教材》(《光明日报》2017 年 4 月 26 日)。

之训。主要是指父祖对子孙、家长对家人、族长对族人有关睦亲齐家、治家理财、修身处世等的教诲训示,也有一些是夫妻间的嘱告、兄弟姊妹间的诚勉、劝喻。

　　传统家训的名称多样,如家诫、家戒、家范、家规、家约、家语、家箴、家矩、家法、家则、家劝、庭训、世范、宗训、宗规、户规、族规、族谕、庄规、条规,宗式、宗约、公约、祠规、祠约等等。包括一些家礼家仪,因其在规定家族生活中的冠礼、婚礼、丧礼、祭礼、常礼方面的训示指导,就基本含义而言,与家教相同,也是一种家庭教化。"训",即"训诲"、"训示"、"训导"、"训诫",《说文》解释

山西灵石县王家大院的窗户以书卷造型,意
在勉励子孙读书学习,开卷有益①

---

　　① 本书照片除注明外,大部分为陈延斌拍摄,少量由其他作者拍摄。

说"训,说教也"。家训之"训",当然也有"训饬"或"训斥"之意,但在家训文献中这样的内容极少,家训基本是正面教育之意。只不过,较之"家教","家训"的内涵更为丰富,它既包括作为教育活动的教化,更包括以文献形式存在的"居家之训",此外,还包括以器物、建筑等载体形式存在的器以载道、寓教于物等。本书的研究对这些都将涉及,但重点研究以文献形式存在的家训。

就"家训"范畴的基本内涵而言,主要为两类:一是指规范、准则意义上的家范、族规或家教文献,是家族或家长撰写、制定的,有较强的教化意义和约束作用;二是指家庭教化、训诫活动。家训文献是家训家教活动的理论依据,家训活动则是家庭教育的中心。前者是文本,后者是实践,这两方面又相辅相成、彼此为用,成为传统家文化的重要组成部分。

仅就文字形式的家训文献而言,中国传统家训文献大约可分为八类:家训专篇、家训书札、诗体家训(诗词歌诀形式的家训)、谱牒家训、家礼家仪、家训轶事、楹联匾额、堂号字辈等。

这八类中有不少又可以分为不同类别,譬如家训专篇。家训专篇是指专为训诫子孙家人而撰写的家训,它可以分为三类:一是单篇家训,如清代朱柏庐的《治家格言》、现存于太原双塔寺的明代吕坤《近溪隐君家训》碑;二是系统全面的家训专著,如南北朝时期颜之推的《颜氏家训》,它也是我国最早的体系完整、教化内容全面的家训专著;三是历代家训汇辑,如宋代刘清之的《戒子通录》、明代秦坊的《范家集略》、清代张师载《课子随笔钞》等。

从家训撰作的缘由和目的分析,传统家训可以分为三类:一是日常居家生活的训诲,如明代庞尚鹏的《庞氏家训》,共分"务本业"、"考岁用"、"遵礼度"、"禁奢靡"、"严约束"、"崇厚德"、"慎典守"、"端好尚"八篇,对子孙日常生活给以全面而具体的训诫。再如明代支大纶的《支子家训》,包括"戒分析"、"立统纪"、"择学术"、"严家范"、"崇俭素"、"端仕进"、"安贫贱"、"习礼仪"、"敦友谊"、"习百忍"等十篇,对家庭事务的管理和家人的生活、言行等都作出了严格的规定。二是因事而引发的训诫,如司马光训诫儿子司马康节俭的《训俭示康》,潘德舆揭露佛道两教诈伪、教诫子孙毋信异端邪说的《黜邪家诫》,陆圻训示即将出嫁女儿的《新妇谱》。三是临终遗训,如刘备病逝前遗嘱儿子刘禅修德勉学的《遗诏敕后主》,吴可读为死谏朝廷、服毒自杀前写的《携雪堂家训》等。

山西灵石王家大院楹联"勤治生俭养德四时足用,忠持己恕及物终身可行"

从传统家训的载体看。既有口头语言形式(这是绝大多数家庭采用的形式),也有书面文字形式;既有实物形式濡染,也有实践活动体验;既有家长自身的行为示范教育,也有家风的熏陶。对此,本书第四章还将专门论述。

(二) 家训与家训文化的产生

家训属于家庭或家族内部的教育,有家方有家训的教化。可以说家训是随着家庭、家族产生发展而出现的一种教育形式,而且随着家庭性质、形式、结构、功能的变化和家族的演进而不断发展变化。在远古社会人们群居杂处，实行血缘群婚，没有家庭，也就无所谓为训诫家庭成员而制定的所谓家训。

> 许慎在《说文解字》中说："家，居也。从宀，豭省声。""宀"像屋之形，屋下养"豕"(猪)。这是畜牧经济的象征，也是集体养猪转为家庭私有的表现。家的本意是人的居室。顾野王《玉篇》说："家，人所居，通曰家。"这里讲的人，首先是夫妇，家是夫妇共居的屋室。故《诗经》将家与室连起来合用，通称"家室"或"室家"。孔疑达疏云："《左传》曰：女有家，男有室，室家谓夫妇也。"难怪我国纳西族把家写作，即房子里有一对男女。据此，可以把家定义为以男女婚姻关系为基础的父母子女在一起劳动与生活的组织。家既指个人家庭，也指同姓亲属，合称家门。家门初见于《左传·昭公三年》："政在家门，民无所依。"又见于《史记·夏纪》：夏禹治水，"居外十三年，过家门不敢入。"同姓亲属也称家族，《管子·小匡》云："公修公族，家修家族，使相连以事，相及以禄。"有了家，就有"家计"、家长、家道等问题。①

许慎对"家"的解释不尽全面，有人认为，"宀"下的"豕"，还是"三牲"之一，是祭祀活动供奉的重要祭品。因而，"家"产生绝不仅仅是经济发展的标志，也表明了人们慎终追远、怀念先人的情怀和文化，佐证了家庭、家族与家文化相伴而生。

"家道"即家长治理家庭之道，"家道"一词初见于《周易·家人》："父父，子子，兄兄，弟弟，夫夫，妇妇，而家道正。"也就是说，家庭产生以后，就有了家庭治理和对子女、对家庭成员教育的问题。这是维系家庭的正常生活和参加

---

① 徐少锦、陈延斌：《中国家训史》，陕西人民出版社、人民出版社2011年版，第37页。

社会各种活动所不可缺少的。当然,这一时期家训还处于萌芽状况,其依据是家训虽有实践,但主要表现为劳动经验和风俗习惯的授受而无文字形式。随着生产与交换的发展,私有制、阶级与国家的产生,一夫一妻制家庭的形成,贵族、王族与富族的出现,每个家庭就有了与社会利益相矛盾的乃至对抗的特殊利益。因而父祖对子孙与家庭其他成员的教育,除了包含一般的社会要求之外,还带上了家庭、家族的独特内容,并在世世代代延续、演进的过程中,不断沉淀下来,累积起来,成为教家、治家之训。

笔者曾在接受《光明日报》国学版主编访谈时比较了家训文化在中国传统社会产生发展的两个重要原因。

> 中国的家庭与西方不一样。爱琴海是古希腊文明的摇篮,古希腊的城邦国家是在打破血缘氏族的基础上建立起来的。生活在海洋国家的希腊人靠贸易为生,这种贸易活动必然是在城镇聚居,因而社会组织就不可能基于家族利益,而是以城邦为中心来组成社会。这样的传统形成的西方家庭基本是父母与未婚子女组成的两代人的核心家庭,孩子一成年就从家里分离出去,他们重团体生活、宗教生活而相对轻家庭生活。中国不然,中国社会是在血缘氏族基础上建立起来的,而且作为大陆国家,世代以农立国,农民祖祖辈辈生活在同一片土地上,安土重迁。中国传统家庭多是由三代人组成的主干家庭,家庭又组成家族,像唐代江州陈氏家族人口达到数千人。这种经济的原因将家族利益看得至高无上,发展出了家族制度。也就是说,血亲关系是家国同构社会的基础。这种纽带把家庭与家族联结在一起,而不必依靠法律和行政管理的强制。这种家族产生以后,为了维系族人正常生活,延续宗族,就有了对家政管理、成员关系调节、子女教育等问题,这就有了教家、治家家范、宗规、族训,形成了家族的家风。所以家训、家风是随着家庭、家族产生发展而出现的。

另外,家国一体、"溥天之下,莫非王土"的宗法社会,也使得注重家训教诫成了我国的一贯传统。早在《周易·家人》卦辞中就已经提出了"教先从家始"、"正家而天下定"的主张,此后传统社会就一直将身修、家齐视为治国、平天下的前提和根本,而家训的产生发展正是适应了这种社会需要。可以说,这种家和家庭教化的力量支撑了中国数千年的发展。①

有文字资料记载的家训思想和实践时代久远。清华简新发现,早在距今三千多年前的西周时期,周文王就留下了遗命武王的《保训》,文王对武王的这篇家训教诫,应该是我国文字记载的最早的家训。另外,先秦不少文献中也都留有训家教子的记载。比如周公就曾教诫儿子伯禽注重德行的修养,礼贤下士,勿恃位傲人;《国语》中载有公父文伯母教诲儿子勤劳勿逸的"母训";《论语》也载有孔子教育儿子孔鲤"学礼"的故事。

尽管有文字资料记载的家训思想时代久远,然而,作为真正意义上的居"家"之"训"的全面而系统的家训,则是进入封建社会以后才出现的。而对中国社会生活发生影响的家训应该说是在汉代统治者"罢黜百家,独尊儒术",儒家思想占统治地位以后,并且后世所有有影响的家训著作中无不贯穿着占"独尊"地位的儒家思想观念。因此,在这个意义上我们甚至可以说,中国古代的家训文化实际上是儒家的家训文化。

(三)卷帙浩繁的家训文献

中国传统家训历经三千年的发展流传,卷帙浩繁,资料丰富。

从家训的作者看,既有君王帝后、达官显宦、硕儒士绅,也有农夫商贾、普通百姓。从家训的内容看,几乎涉及家庭生活乃至社会生活

---

① 参见陈延斌、陈瑛、孙云晓、李伟与梁枢主编对谈:《整齐门内,提撕子孙——家训文化与家庭建设》,《光明日报》2015 年 8 月 31 日。

的方方面面……，其中既有家长治家处世的经验传授，也有其亲身经历的教训之谈；既有历代先贤大儒语录教导的汇编，也有名人模范事迹、美德懿行的辑录。从家训的形式上看，更是多种多样，既有帝、后训谕皇室、宫闱的诏诰，也有教导幼童稚子的启蒙读物；既有家训、家范、家诫等长篇专论，也有家书、诗词、箴言、碑铭等简明训示；既有苦口婆心的规劝，也有道德律令性质的家法、家规、家禁等。①

作为家庭教育教科书的家训内容十分丰富，种类极其繁多。其中影响较大的有：西周周公姬旦的《诫伯禽》，召公姬奭的《召诰》；汉代刘邦的《手敕太子》，班昭的《女诫》，蔡邕的《女训》，东方朔的《诫子书》，马援的《诫兄子严、敦书》；三国时诸葛亮的《诫子书》《诫外甥书》，刘备的《遗诏敕刘禅》；晋代嵇康的《家诫》，南朝颜延之的《庭诰文》；北齐颜之推的《颜氏家训》（此书对治家、修身、治学、处世等问题进行了全面系统的论述，成为我国封建时代第一部完整的家庭教科书）；唐代李世民的《帝范》，陈崇的《陈氏家法三十三条》（此家法是民间家训家规的突出代表，对后世民间家训族规产生了深远影响），李恕的《戒子拾遗》，柳玭的《柳氏叙训》；宋代范质的《范鲁公戒从子诗》，赵光义的《敦劝皇属》，司马光的《家范》《涑水家仪》，包拯的《家训》，李昌龄的《乐善录》，叶梦得的《石林家训》，吕大钧的《吕氏乡约》，苏象先的《魏公谭训》，李邦献的《省心杂言》，赵鼎的《家训笔录》，陆游的《放翁家训》和教子诗，王十朋的《家政集》，陆九韶的《居家制用》《居家正本》，朱熹的《朱子家礼》《朱子训子帖》，刘清之辑录的《戒子通录》，吕祖谦的《少仪外传》《家范》，袁采的《袁氏世范》，杨简的《纪先训》，倪思的《经锄堂杂志》，真德秀的《教子斋规》，曾淇的《训儿录》，董正功的《续颜氏家训》，孙奕的《履斋示儿编》；元代郑文融等的《郑氏规范》，王结的《善俗要义》，高守祥的《盘谷新七

---

① 参见陈延斌：《家训：中国人的家庭教科书》，《中国纪检监察报》2016 年 3 月 14 日。

公家训》,孔齐《至正直记》,华悰韡的《虑得集》,郑泳的《郑氏家仪》;明代方孝孺的《家人箴》,朱棣的《圣学心法》,仁孝文皇后的《内训》,章圣太后蒋氏的《女训》,杨士奇的《家训》,袁衷等述《庭帏杂录》,王澈的《王氏族约》,程昌的《窦山公家议》,陆深的《陆俨山家书》,许相卿《许氏贻谋四则》,刘良臣的《凤川子克己示儿编》,林希元的《林次崖家训》,陈良谟的《见闻纪训》,霍韬的《渭厓家训》,黄佐的《泰泉乡礼》,项乔的《项氏家训》,张纯的《普门张氏族约》,姚儒的《教家要略》,孙植的《孙简肃家规》,张永明的《张庄僖家训》,周用的《周恭肃公家规》,葛守礼的《葛端肃公家训》,罗虞臣的《家乘纂录》,陆树声的《云间陆文定先生家训》,杨继盛的《杨椒山家训》,方弘静的《方定之家训》,万衣的《万氏家训》,郭应聘的《郭襄靖公家训》,王樵的《王方麓家书》,庞尚鹏的《庞氏家训》,王祖嫡的《家庭庸言》,袁黄的《了凡四训》、《训儿俗说》,吕坤的《续小儿语》、《宗约歌》,姚舜牧的《药言》、《训后》,支大纶的《支子家训》,徐三重的《鸿洲先生家则》,唐文献的《唐文恪公家训》,何尔健的《廷尉公训约》,陈继儒的《安得长者言》,徐复祚的《家儿私语》,高攀龙的《高子家训》,何士晋的《何氏宗规》,曹端的《家规辑略》、《夜行烛》,袁颢的《袁氏家训》,彭端吾的《彭氏家训》,徐祯稷的《耻言》,庄元臣的《治家条约》,庄元臣的《庄忠甫家书》,马维铉的《教家箴》,王刘氏的《女范捷录》,费元禄的《训子》,秦坊的《范家集略》,温璜述的《温氏母训》,吴麟征的《家诫要言》,陈龙正的《家载》,史可法的《家书》,闵景贤的《法楘》,陈其德的《垂训朴语》,何伦的《何氏家规》,宋诩的《宋氏家要部》、《宋氏家仪部》、《宋氏家规部》,苏士潜的《苏氏家语》,黄标的《庭书频说》,吴时行的《吴氏家规》,柴绍炳的《柴氏家诫》,沈珩的《庭训录》,郝继隆的《训家式榖集》,张鸣凤辑的《居家懿训》等。

清代的家训数量更多。著名的有孙奇逢的《孝友堂家训》、《孝友堂家规》,王时敏的《奉常家训》,曹煜的《凝萱家训》,徐枋的《诫子书》,刘德新的

《余庆堂十二戒》，丁耀亢《家政须知》，冯班的《家戒》、《诫子帖》、《遗言》、《将死之鸣》，陈确的《丛桂堂家约》，张习孔的《张黄岳家训》，傅山的《霜红龛家训》，曹元方的《淳村家诫》，张文嘉的《重订齐家宝要》，张履祥的《训子语》，于成龙的《于清端公治家规范》，金敞的《家训纪要》、《宗约》、《宗范》，申涵光的《荆园小语》，梁熙的《皙次斋家训》，徐枋的《戒子书》，蓝润的《家言》，李淦的《燕翼篇》，朱用纯的《治家格言》、《劝言》，汤斌的《汤文正公家书》，吕留良的《吕晚村先生家训》，王俞昌的《教家俚言》，蒋伊的《蒋氏家训》，石成金的《天基遗言》，梁显祖的《教家编》，许汝霖的《德星堂家订》，朱之瑜的《与子孙书》，王介之的《耐园家训》，王夫之的《传家十四戒》，张英的《聪训斋语》、《恒产琐言》，傅超的《傅氏家训》，李铠的《李惺庵家训》，胡翔瀛的《竹庐家聒》，颜光敏的《颜氏家诫》，崔学古的《幼训》，窦克勤的《寻乐堂家规》，胡方的《信天翁家训》，王心敬的《丰川家训》、《训子帖》、《四礼宁俭编》，爱新觉罗·玄烨的《庭训格言》，潘宗洛的《诚一堂家训》，吴翟的《茗洲吴氏家典》，张廷玉的《澄怀园语》，阮文茂《不倦堂家训》，蔡鹤龄的《家训恒言》，涂天相的《静用堂家训》、《杂诫》，汪惟宪的《寒灯絮语》，郑燮的《郑板桥家书》，张江的《张百川先生训子三十篇》，许承基的《家范图说》，夏敬秀的《正家本论》，阴振猷述的《庭训笔记》，黄辉辑的《庭训纪闻》，王士俊的《闲家编》，黄涛的《家规省括》，金甡的《家诫诗》，林良铨的《麟山林氏家训》，李海观的《家训谆言》，陆一亭的《家庭讲话》，郝培元的《梅叟闲评》，孟超然的《家诫录》，汪辉祖的《双节堂庸训》，吴赛的《桐阴日省编》，纪大奎的《敬义堂家训》，沈赤然的《寒夜丛谈》，焦循的《里堂家训》，杜堮的《杜氏述训》，刘沅的《家言》，沈起潜的《沈氏家训》，潘世恩的《潘文恭公遗训》，周际华的《家荫堂尺牍》，牛作麟的《牛氏家言》，梁章钜的《家诫》，但明伦的《诒谋随笔》，高梅阁的《训子语》，潘德舆的《示儿长语》、《黜邪家诫》，王汝梅的《游思泛言》，桂士杞的《有山先生诫子录》，王师晋的《资敬堂家训》，郑珍的《母教录》，余治的《尊小学斋家训》,庄受祺的《维摩室遗训》,梅钟澍的《薜花崖馆家书》,王贤仪的《家言随记》,鲁焘的《锡嘏堂家范》,莫启智的《诫子庸言》,曾国藩的《曾文正公家训》,吴可读的《携雪堂家训》,左宗棠的《左文襄公家书》,褚维垿的《褚氏家约》《褚氏家训》,郭嵩焘的《云卧山庄家训》,谭献的《复堂谕子书》,陈延益的《裕昆要录》,周馥的《负暄闲语》,张承燮的《张氏母训》,吴汝纶的《谕儿书》,李受彤《李州候家训》,赵润生的《庭训录》,陆维祺的《家训十二事宜》,张廷琛的《张氏家训》,庄清华的《慈荫堂家训》,王子坚的《诒谷堂家训》,甘树椿的《甘氏家训》,陈研楼的《休宁陈研楼先生传家格言》,唐锡晋辑的《唐问苑先生暨张太夫人遗训》等。

清代的家训汇集本也较前代更多。学者们将历代教子教女和"养正"的家训文献摘录汇辑,作为治家教子的参考,不少还广为刊布,更是产生了很大的影响。譬如张师载辑录的《课子随笔钞》六卷、续编一卷,陈宏谋辑录的《五种遗规》涉及家训家教的《养正遗规》、《教女遗规》和《训俗遗规》三种共十卷,陈梦雷编纂的《古今图书集成·明伦汇编·家范典》一百一十六卷,屈成霖的《居家要览》十四卷,邓淳的《家范辑要》二十卷,刘曾騄辑的《梦园蒙训》一编四卷、二编十八卷,与善堂辑的《传家至宝》十卷等等。

清末尤其是民国时期,家训专书整体呈现衰落趋势,较有代表性的家训著作有:匡援的《家范》(又称《居家四本》),王福康的《王景亭先生家训》,黄苪棠的《醴泉堂遗训》,杨祖震的《杨忠恕堂传家训草》,钱文选辑的《钱氏家训》,马福祥的《训诫子侄书》,徐州韩氏家族的《慎修堂家训》,孙虚生的《全图妇女家训》,佚名的《传家训》。

明清和民国时期,随着民间家谱撰修热潮的到来,不少谱牒中的家训家规类文献也逐渐增多。国家图书馆、上海图书馆、山西社科院等,都收藏有大量的家谱资料,这些家谱族谱中约四成左右收有该家族的家训、族规、宗约等。上海古籍出版社还出版了上海图书馆家谱整理研究团队编纂的《中国家谱资料选编》十八卷,其中有三四卷汇编了历代家谱中的家训家规、族训族规等。国家图书馆出版社 2023 年出版的《中国传统家训文献辑刊续刊》(陈延斌主编,五十册),也收录有不少家族谱牒中的家训文献。如:韩城党氏家族的《党家村家训》,安定程氏家族程廷桓和程增瑞分别撰订的《安定程氏成训义庄规条》《安定程氏成训义庄续增条规》,无锡顾氏家族的《无锡宛山顾氏宗约》,江阴梅氏家族的《暨阳梅氏家规》,唐季达的《江阴唐氏支谱训规》,萧山贺氏家族的《萧山贺氏家训家戒》,杨翼亮的《彝叙堂官庄杨氏宗训》,四明黄氏家族的《四明黄氏彝训》,闽侯徐氏家族的《闽侯徐氏规条》,吴中叶氏家族的《卯峰叶氏家训二十条》,黟县余氏家族的《黟县环山余氏家规》,赖仁寿的《珠溪赖氏义庄规条》,敦伦堂李氏家族的《敦伦堂李氏续修宗谱规训》,黄国光的《黄冈黄氏家规家训》,朱惟恭编的《朱氏传家令范》,徐凌云的《南陵春毂徐氏家规家法》,高邮吴氏家族的《高邮吴氏家训》,蒲阳陈氏家族的《龙城陈氏规训》,高勉吾辑的《武进高氏祖训》,浠川许氏家族的《浠川许氏规训》,益阳汤氏家族的《益阳汤氏家训》等等。

必须指出的是,流传下来的文字形式的家训多出自世家大族和官僚、士绅之手,普通百姓的家训较少。究其原因,主要是这些阶层、群体多为家道殷实、有文化的家庭,而且这些家庭家族的家长族长深受儒家修齐治平思想影响,较为重视家人族众的教化。

(四) 内蕴丰富的家训文化

家训文化作为一种文化现象,如前所述包括家训文献、家训教化活动和物质形态的家训文化等。其中每个组成部分无论内容还是形式都十分丰富。譬如,文献形式的家训文化,按照内容就可以分为家训专篇、诗词歌诀、家训书札、谱牒家训、家礼家仪、家训轶事、堂号字辈等;物质形态的家训文化就有民居建筑、庭院设计、雕塑石刻、楹联匾额等等。

2015 年 4 月"中国传统家训文化与优秀家风建设"国际研讨会在徐州隆重举行

二、家训文化在家文化和中国
传统文化中的地位①

中华民族传统家文化,是中国特色社会主义家文化的重要源头。这种家文化,是中华民族数千年来在累世聚居和繁衍生息的漫长历史过程中形成和发展的文化样态,是随着中华文明演化而不断演进的,反映了我们民族的文明特质和风貌。可以说家文化是我们民族独特的文化印记,是我们民族极具特色的宝贵文化遗产。我们今天的社会主义家文化依然具有如此鲜明特质,因为家庭仍是社会的基本细胞,正如梁漱溟先生所说的那样,"中国人的家"是

① 本部分主要内容,笔者与张琳曾以《建设中国特色社会主义家文化的若干思考》为题,发表于《马克思主义研究》2017 年第 8 期。

中国文化的"要领所在"。

（一）家训文化是中华家文化的基石

世界上恐怕没有哪个民族如此重视家文化,其原因在于中国的家庭及其文化与西方社会不一样。中国传统家庭多是由三代人组成的主干家庭,家庭又组成家族,这种血亲关系将"孝"视为最核心的家庭伦理规范。孙中山先生也曾强调指出:"中国国民和国家结构的关系,先有家族,再推到宗族,再然后才是国族,这种组织一级一级的放大,有条不紊,大小结构的关系当中是很实在的。如果用宗族为单位,改良当中的组织,再联合成国族,比较外国用个人为单位当然容易联络得多。"①这种家国一体的社会结构,也使得注重家训教诫、家德规范和家风熏陶等家文化建设成了中华民族的一贯传统。

正因如此,中国特色家文化是一种植根于中华民族世代传承的家文化沃土,继承中华文明优秀成果的家文化,这种家文化是体现中华民族特质和精神风貌的民族文化。中华家文化是由家训(家教)文化、家德文化、家风文化、家礼文化、家史文化和家学文化等构成的,是这些文化元素的统一体。

应该看到,在中华家文化体系中,家训(家教)文化、家德文化、家风文化、家礼文化、家史文化和家学文化等虽维度和分类不同,但在内容和形式上却多有交叉,在功能上相辅相成、彼此为用,共同构成了中国特色家文化的大厦。家训(家教)文化,侧重于对家庭成员尤其是未成年人的教诲和行为习惯养成的指导,是思想道德观念尤其是价值观培育的基本内容;家德文化重在调整家庭成员关系,规范和保障家庭生活的进行,也对成员道德品行产生重要影响;

---

① 《孙文选集》上册,广东人民出版社2006年版,第464页。

家礼文化以制度方式维护家庭人际关系秩序,增强家训家教的训诲成效,促进家德、家风的形成和巩固;家风文化表现为家庭风貌、习气,是教化熏陶积淀而成的,是家文化建设的落脚点和整体呈现。家史文化起着传承家族优秀传统、激励家族子孙弘扬祖辈美德懿行的作用。家学文化主要通过文学、史学、医学、艺术、技艺等成果成就体现家庭、家族文化的传承和光大,同时对家风起着积极的作用。

由中华家文化的构成元素和各个组成部分之间的相互关系看,家训文化无疑是家文化的基石,是优秀家德家风形成和传承的前提。

（二）以家训文化为基石的家文化是中华传统文化的基础乃至核心

中国人是最充满对家庭深情厚爱的民族,中华民族源远流长的家文化是中国传统文化的基础,某种意义上甚至是核心,因而在数千年来的中华民族传统文化中占有非常重要的地位,好多东西都是由此往外发散的。

第一,家文化是国文化的基础和重要内容。

中国传统社会是家国同构的社会,家是国的缩小,国是家的扩大。这种社会结构,决定了家庭、家族的兴衰与国家、社会的发展休戚相关,在这种社会基础上产生和发展的中华文化,就是家国一体的文化。可以说,家文化是国文化的"DNA",没有家文化的积淀,没有家文化的扩展,也就没有国文化的形成和发展。从某种意义上说,民族的存在是一种文化形式的存在。因而家文化在整个中国文化体系中居于基础的地位,是其极为重要的基本构成甚至核心内容。古语云"移孝作忠","资父事君,忠孝道一"①。今天我们还说"家是最小国,国是最大家",祖国是各族人民共同家园,世界是个大家庭。今天,家

---

① 《魏志·文聘传注》。

庭仍然是社会的基本细胞,是国家、社会的基石,也是人生的第一所学校,甚至是终生学校。所以不论时代和生活发生多大变化,都必须重视家庭、家风建设和家庭教化。当下中国,齐家教子、修身处世、培育优良家风仍是每个人、每个家庭的必修课,建设优秀家文化关系到社会主义事业和整个文化建设的大局。

第二,家文化是修齐治平的社会治理格局的前提和基础。

前面我们在阐述家训与构成家文化其他部分的关系时,对家训文化在家文化中的地位有了较为清晰的了解,而要理解传统家训为基石的家文化在中华民族传统文化中所处的地位,《礼记》有一段经典论述很有帮助。

> 古之欲明明德于天下者,先治其国;欲治其国者,先齐其家;欲齐其家者,先修其身;欲修其身者,先正其心;欲正其心者,先诚其意;欲诚其意者,先致其知,致知在格物。物格而后知至,知至而后意诚,意诚而后心正,心正而后身修,身修而后家齐,家齐而后国治,国治而后天下平。自天子以至于庶人,壹是皆以修身为本。①

这里道出了中国传统文化强调个人道德修养与齐家、齐家与治国平天下的有机统一,体现了古圣先贤由近及远、推己及人的内在逻辑:正心、诚意既是修身的前提,也是修身的内在要求,身修而后家齐,家齐而后国治,国治而后才能天下平。正因此,"家文化"构成了"国文化"的基石。也正因此,家训教化绝不仅仅限于家庭。孟子云:"天下之本在国,国之本在家"②。中国古代社会是在血缘氏族基础上建立起来的,血亲关系是家庭为本位、家国同构社会的基础。家国同构的社会格局决定了家庭、家族和国家在组织结构方面的共同性。这种共同性虽然具有宗法的局限性,但对人们之间的社会关系也产生了深刻的影响。

---

① 《礼记·大学》。
② 《孟子·离娄上》。

中国文化始终认为家庭是社会的基石,因而,家文化历来受到国人的重视,在我国教育史、文化史上占有十分重要的地位,在中华民族和中华文明发展中起着重要作用。这样,对一代代中国人来说,教从家始、"正家而天下定"①的理念根深蒂固。

三、挖掘和弘扬传统家训文化的时代价值②

中办、国办印发的《关于实施中华优秀传统文化传承发展工程的意见》指出,传承中华文脉,要"挖掘和整理家训、家书文化,用优良的家风家教培育青少年"。③ 中国传统文化强调修齐治平的统一,把"齐家"视为"治国"、"平天下"的前提和基础,故而以齐家教子、立身处世为教化宗旨的家训文化十分发达,是先贤们留下的极具特色的宝贵文化遗产。加强传统家训文化研究,对于今天的社会建设和文化传承工程,具有非常重要的学术价值和现实意义。

(一) 传承和利用传统家训文献

党的十七届六中全会提出"文化是民族的血脉,是人民的精神家园",文化在中国特色社会主义建设和中华民族伟大复兴中起着重要的作用。中华文化注重家国同构、家国一体。家文化是国文化的基因,没有家文化,就没有国文化。因此,包括家训文化在内的家文化在中华民族传统文化中占有非常重要的地位。

---

① 《周易·家人》。

② 本题主要内容,笔者与陈姝瑾曾以《挖掘传统家训文化的当代价值》为题,发表于《中国社会科学报》2017 年 10 月 24 日。

③ 中共中央办公厅、国务院办公厅印发《关于实施中华优秀传统文化传承发展工程的意见》,《人民日报》2017 年 1 月 26 日。

浙江省浦江县郑义门宗祠，"江南第一家"为朱元璋所赐①

在我国各民族传统家训文化发展中，家训文献发挥着重要作用。我们应当广泛搜集整理和抢救性发掘，使散佚于国内外的家训文献在考释、甄别的基础上整理汇编，努力做到收录齐备、辑成大全。同时，建立完备的大型家训文献与家训家风研究数据库，这将有利于促进传统家训文化的传承和利用。

中共中央办公厅、国务院办公厅印发的《关于实施中华优秀传统文化传承发展工程的意见》指出，要"挖掘和整理家训、家书文化，用优良的家风家教培育青少年"。在整理家训文献的基础上，推进家训研究更加全面系统，以历史唯物主义的态度整理、研究家训文献，取其精华，舍其糟粕，并深入挖掘、积极阐发中华优秀传统家训文化的思想道德精华，对家训教化和家风营造载体、路径及方法进行全面系统探讨，认真吸纳借鉴，有利于更好弘扬中华优秀传统家训文化的时代价值，更好继承这笔丰厚的文化遗产。

---

① 图片为《挖掘传统家训文化的当代价值》压题照片，载《中国社会科学报》2017 年 10 月 20 日。

（二）家训思想及其教化实践古为今用

鲁迅说过一段意味深长的话："倘有人作一部历史，将中国历代教育儿童的方法，用书，作一个明确的记录，给人明白我们的古人以至我们，是怎样的被熏陶下来的，则其功德，当不在禹（虽然他也许不过是一条虫）下。"以教家立范为宗旨的家训，也是传统社会家庭教育的教科书，切于实用、操作性强，许多家训名篇被奉为治家教子的"龟鉴"而流传极广。

我国的家训思想经过几千年的发展、流传，资料卷帙浩繁，蕴含的思想十分丰富，涉及的领域极其广泛，但核心始终围绕着治家教子、修身做人展开，实质是伦理观、价值观教育和人格塑造。从浩如烟海的历代典籍中，把闪耀着中华民族智慧之光的、至今仍有借鉴价值的家训梳理、筛选出来，作为对后代教育的参考，为建立适应时代需要、放眼世界、面向未来的科学的家教学和家训文化，提供基础性的思想资料，为青少年家庭教育和今天的家庭美德建设提供有价值的参考，显然是一件有利于社会、有益于后代的工作。

（三）为优秀家风培育提供理论支撑

无论在家国同构的传统社会，还是在追求和谐发展的当代中国，家庭始终是国人安身立命之所，是社会的最小细胞。家风既是民风、社会风气的基础，也会向党风、政风延伸。

对传统家训教化、家风熏陶经验教训进行系统梳理，在此基础上按照时代精神和社会主义家庭美德、公民个人品德建设的要求，扬弃传统家训文化治家、睦亲、教子、处世之道为今所用，具体分析探究利用传统家训资源加强当前我国家庭教育、促进优秀家风建设的对策，使之为我国当前优秀家风营造提供理论支撑和实践参考，进而推进党风政风和优良民风、社会风尚的形成和优化。

由中国孔子基金会和江苏省社科重点研究基地江苏师范大学中华家文化研究院举办的"中华家文化高层论坛"（2017 年）

（四）弘扬社会主义核心价值观

作为中华优秀传统文化重要组成部分的家训文化,无疑是涵养社会主义核心价值观的重要思想源泉。弘扬优秀传统家训文化是社会主义民族文化建设的重要任务,具有战略意义。

在家训教诫基础上形成的家风,其价值蕴含虽不是社会核心价值理念的全部,却是重要体现。可以说,营造崇德向善的优良家风是人们价值观形成的重要起点,对引导人们培育和践行社会主义核心价值观起着基础作用。核心价值观,其实就是一种广义的"德",是个人思想品德与国家的德、社会的德的统一。加强家训教化,培育优良家风,承继、贯通了社会主义核心价值观和优秀传统文化的血脉。家训教化和家风熏陶,使得社会主义核心价值观接地气、贴民心,落地生根,可以更好地促进亿万民众认同和践行。同时,也可以激发国民对中华传统文化的自豪感,增强中华文化的软实力,为中华民族伟大复兴提供文化支持。

（五）为精神文明建设提供有益借鉴

传统中国的家国同构决定了家训族规能作为国家法的重要补充,并与之共同发挥着维护家庭宗族稳定、调控民间社会秩序和保持国家长治久安的作用。传统家训教诫及优良家风熏陶维系了家庭与家族共同体的团结与稳定,家训思想教化将儒家伦理贯彻到一般家庭,敦化了社会习俗与道德风尚。这为我们今天的公民道德建设和青少年品德培养提供了极有价值的借鉴。

我们应当研究传统家训文化,吸纳传统家训治家教子、敦族睦邻、修身处世的合理内容和家风营造行之有效的经验,以开发利用于新型家训文化构建,促进当下社会治理、家德家风建设乃至整个社会的精神文明建设,以达到稳定社会秩序、家齐而国治的目的。

"忠厚传家久,诗书继世长"。历史证明,作为传统文化重要组成部分的家训文化,以及中华民族数千年来端蒙养、重家教的优良传统,形成了勤俭持家、父慈子孝、兄友弟恭、夫义妇顺、邻里和睦的家庭氛围,形成守护个人健康成长和家庭幸福、社会和谐的重要力量。继承和弘扬中华优秀家训文化这笔丰厚的文化遗产,也是新时代中国特色社会主义文化建设的题中之义。

第二章　中国传统家训研究的
学术史述论

　　家训是家庭教育的重要载体和形式,家训教化是社会教化的基石。"弘扬中华文化,建设中华民族共同精神家园",是近年来中央一再强调的文化建设的重要任务。中国传统文化遗产内容博大精深,形式丰富多彩,端蒙养、重家训即是这一文化宝藏的鲜明特色。以齐家教子、修身处世等为宗旨的家训,已有三千年之久的历史,对中国社会发展和中华民族传承产生了重要而深远的影响。今天的家庭依然是社会的细胞,齐家睦亲、教诲子弟仍是每个家庭的必修课。系统整理和深入研究传统家训思想,考察其对中国教育史、思想史、伦理史的影响和作用,研究利用这一资源滋养当代优秀家风,更好发挥其家国整合、教家立范功能,促进新型家训文化建设等,具有重大的学术价值和现实意义。本章从学术史的视角,对传统家训教化及其研究成果作梳理和分析。

一、中国传统家训思想史研究概况①

传统家训的出现虽然历史悠久,但家训文献的涌现和大量刊行是在唐代以后,以明清和民国前期最盛。就研究来看,民国以前学界几乎没有从学术角度加以研究的成果,包括《颜氏家训》这种"被看作处世的良轨,广泛地流传在士人群中"②的家训名篇,也很少有学术性研究论述,更遑论系统研究整个家训思想的著作。

(一) 关于家训发展演进的研究

民国时期对家训进行研究的论著依然很少,只是《颜氏家训》和《朱子家训》等家训名篇有寥寥几篇研究文章。如韦俊宏的《朱柏庐先生治家格言》,倪正和的《朱柏庐治家格言新解》,刘盼遂的《颜氏家训校笺补证》等。但该时期民间撰修的谱牒中,族规、家训、家法之类的东西颇多,据笔者统计,有百分之四五十的家谱族谱中有这类文献。

新中国成立以后,我国陆续出版的一些教育史、思想史著作或教材中,仅有些章节涉及《颜氏家训》《朱子家训》等经典名篇,而论文中极少有相关研究。十年"文革"动乱时期,家训研究更是几乎中断。笔者检索到的 1976 年前仅有的几篇文章中,也是将家训作为"毒草"加以批判的。如邱汉生的《批判"家训"、"宗规"里反映的地主哲学和宗法思想》(《历史教学》1964 年第 4

---

① 本章主要内容,笔者曾以《中国传统家训研究的学术史梳理与评析》为题,发表于《孔子研究》2017 年第 5 期。对于近五六年的家训研究,则吸收了笔者与宋子墨合撰的《近年来传统家训文化研究的学术进展述论》(《黄河科技学院学报》2022 年第 9 期),以及笔者与张琳、杜致礼合写的《家风家训与中国传统家教文化的弘扬》(载于孙云晓主编:《2017—2018 中国家庭教育蓝皮书》,湖南教育出版社 2018 年版)两文的部分材料。

② 范文澜:《中国通史简编》第二编,人民出版社 1965 年版,第 525 页。

期)、山西师范学院写作组的《用马列主义毛泽东思想批判〈朱子家训〉》(《山西师院学报》1974 年第 3 期)、董万仑的《刽子手的自白,法西斯的"箴言"——批曾国藩的"家训"与林彪的"家教"》(《延边大学学报》1975 年第 1 期)。

改革开放以来,特别是 20 世纪 90 年代以来,我国传统家训整理、出版进入了一个新时期,学者们在继承和弘扬传统家训文化遗产方面做了许多工作。尤其是近二十多年来,相关研究达到了空前的繁荣,取得了前所未有的可喜成就,出版了一批研究专著,发表了大量研究论文。就著作而言,以下几部基本上能够代表这方面的研究进展:

徐少锦、陈延斌的《中国家训史》(陕西人民出版社 2003 年版、人民出版社 2011 年修订再版,中国伦理学会会长罗国杰教授作序)。这部 62 万字的著作概括提炼了中国传统家训的基本内容;依据中国传统家训演进的历史轨迹,作了有根据的分期;总结出传统家训的一些行之有效的教育原则与许多具体的方式方法;归纳了传统家训在长期发展演变中呈现出的鲜明特点;探讨了家训对中国社会发展的重要功能和作用,梳理出这笔丰厚文化遗产的精华和应该摈弃的糟粕,以便更好古为今用。

马镛的《中国家庭教育史》(湖南教育出版社 1997 年版),是一部研究中国家庭教育史的重要著作。该书 44 万字。分先秦、秦汉、魏晋南北朝、隋唐五代、宋元、明清(上、下)、清代后期等八章,全面系统地阐述了中国家庭教育发展史,书中有不少篇幅分析了传统家训,尽管是将家训作为家庭教育范畴加以研究的。

徐梓的《家范志》(上海人民出版社 1998 年版),这部 26 万字的著作,对历史上有重要影响的代表性家规族范进行了系统分析,论述了家范的产生、发展和蜕变的历程。但该书主要是对家范文献的研究,而对动态的训教研究不多。

王长金的《传统家训思想通论》(吉林人民出版社 2006 年版),30 余万字。该书在借鉴上述研究成果的基础上,对传统家训的历史渊源进行了系统的研究,探讨了胎教、养德、择友、父教的教育思想,以及言传身教、因人施教、严爱殷责等教育方法。

近年来,学者们还注重地域家训文献的整理和研究,出版了地域家训文化研究的专著。譬如,陈延斌等著的《江苏家训史》。该书为江苏省的重大文化工程——"江苏文脉整理与研究工程"的第一批专门史研究成果,由江苏人民出版社 2020 年 7 月出版。在中国传统家训发展史上,江苏因其丰富的家训文化资源、灿若群星的作者群体而占有重要的地位。从《颜氏家训》这部被誉为"古今家训,以此为祖"的鸿篇巨制的作者颜之推,到《治家格言》这篇家喻户晓、妇孺皆知的家训作者朱柏庐;从建立中国第一块义田、留下《范氏义庄规矩》的范仲淹,到撰写《了凡四训》在中国善书史上写下浓重一笔的袁黄;从仕宦家训传世的徐三重、徐祯稷、蒋伊、郑板桥,到硕儒士绅家训陈继儒、宋诩、石成金、焦循、王师晋;从勇斗阉党的义士高攀龙、周顺昌、李应升、何士晋,到抗清义士顾炎武、卢象升、瞿式耜、夏完淳、阎尔梅……无不出自江苏。因而江苏家训文化是中华民族家训文化宝库的重要组成部分。该书共八章,计 40 万字,全面梳理了江苏家训的历史发展脉络,将江苏家训的发展演进划分为先秦至魏晋、南北朝到隋唐、宋元、明代到清代前期、晚清至民国几个时期,系统地分析了这些历史阶段江苏家训从家训范式的定型、教化实践的拓展、繁荣,以及晚清至民国江苏家训的转向与开新。同时,该书还深入探讨了江苏家训文献及其教化特色,江苏家训文化对江苏人文精神建构的影响,并以充分的史料论据,评价了江苏家训文化在中国家训文化发展中的地位,挖掘了江苏家训文化的时代价值。

再如,安徽师范大学出版社 2021 年出版的《明清徽州家训研究》(陈孔祥),是研究徽州家训的著作。主要内容包括明清时期徽州家训研究概说,明清时期徽州家训的发展脉络,影响明清时期徽州家训的主要因素,明清时期徽州家训的主要内容、功能与实践路径,明清时期徽州家训的影响、经验与局限,角度全面,内容系统。

还如,张利民的《象山历代家训家风研究》(宁波出版社 2016 年版)在调查象山县历代家训家规的基础上,研究了象山历代家训的类型、内容、历史演变及历代象山人对家训家规的践行,分析了家训文化对当代的启示及其意义。本书对象山家训相关研究也有参考价值。

至于研究论文,20 世纪 90 年代以来逐渐增多,尤其是 21 世纪以来更是大量增加,这些论文各从不同的侧面和角度对传统家训展开了探讨。有的论文对家训进行整体研究,如《中国古代家训论要》(陈延斌,1995),《论传统家训文化对中国社会的影响》(陈延斌,1998)、《中国古代家训文化透视》(李景文,1998)、《家训:中国人的家庭教科书》(陈延斌,2015)等;有对家训具体篇目和作者家训思想不同视角的探讨,如《〈颜氏家训〉的社会批判思想——论颜之推对不良士风及学风的揭露和批判》(钱国旗,2005)、《读书、知人、论世——浅析〈朱子家训〉的时代背景及其人文意蕴》(苏文娟、张爱林,2009)、《唐太宗——中国帝王家训的集大成者》(徐少锦,2000)、《论司马光的家训及其教化特色》(陈延斌,2001);有对家训内容和家庭训诫途径方法的研究,如《试论宋元时期的家训思想及其教化实践》(陈延斌,2003)、《中国传统家训中的德育精华》(朱小理,2005)、《我国古代家庭教育优良传统和方法探析——从家训看我国古代家庭教育传统和方法》(佘双好,2001)、《传统家训的"齐家之道"及其现代价值》(陈延斌,2015)。家训文化研究中还有对传统家训当代价值的挖掘和弘扬,如《中国传统家训的"仁爱"教化与 21 世纪的道德文明》(陈延斌,1998)、《中国家训文化对当代家庭教育的启示》(尹旦萍,2001)、《儒家传统家训中的生态伦理教化研究》(陈延斌等,2010)、《中国传统家训的公益教化》(陈延斌,2014)等等。

近年来随着社会和学界对弘扬传统文化和家庭家教家风的重视,在研究家训整体问题的基础上,有不少论文研究了具体地域或家族家训的发展演变。有论文研究了河南家训的发展和特色,认为河南作为中原文化的发源地,蕴含着深厚的文化底蕴,在历史的发展中,积淀了丰富的家风家训文化,河南家风家训的弘扬对于当代家风的发展具有重要的现实意义。河南的家风家训,与家族的牒谱互为表里,谱牒的发展和完善伴随着家风家训的传承,一同构成了河南家风家训的文脉。以河南为主体的唐代士人的两次南迁活动,带去了以河南为主体的家风家训,对闽粤一带家风家训的影响无疑是深远的。① 此外,研究地域家训发展的还有《浙江家风家训的历史传承与时代价值》(陈寿灿等,2015)、《三晋家风家训的历史传承与时代价值》(孙东山等,2019)、《客家家训文化的历史追寻、现实意义与创新发展——基于党员领导干部家风建设的视野》(温丰元,2020)、《麟溪水长流——江南传世家训〈郑氏规范〉的历史演变与核心思想》(董凯等,2018)、《吴江望族世家文化形态的历史考察》(袁美勤,2017)、《从〈了凡四训〉到〈训儿俗说〉——关于袁了凡及其家风家训的思想史考察》(林志鹏,2019)、《范式突破与方式创新——〈颜氏家训〉在中国家训文化史上的地位》(颜炳罡,2020)等等。

(二) 关于家训内涵的研究

家训与家教关系密切,但又不等同于家庭教育。对其内涵,学者们的观点不尽相同。

陈瑛等对"家训"的解释较窄,以为"家训、家诫是父祖用文字或口语告诫、训示子孙和家人的",只是"家庭道德教育"。② 徐梓的《家范志》侧重于研究规范、准则形式的家训——"家范",将其定义为"家人所必须遵守的规范或法度,它是旧时父祖长辈为后代子孙,或族长贤达为族众所规定的立身处世、

---

① 毛帅:《河南家风家训的历史脉络与价值内涵》,《文化月刊》2019 年第 2 期。
② 陈瑛、温克勤、唐凯麟等:《中国伦理思想史》,贵州人民出版社 1985 年版,第 376 页。

居家治生的原则和教条"。可见作者侧重于从"家法"、"族规"视角界定家训。

徐少锦与笔者的《中国家训史》对家训的主体定义宽泛,认为家训是"指父祖对子孙、家长对家人、族长对族人的直接训示、亲自教诲,也包括兄长对弟妹的劝勉、夫妻之间的嘱托。后辈贤达者对长辈、弟对兄的建议与要求,就其所寓的教育、启迪意义来说,也不可忽略。"① 该书认为"家训"既指规范、准则意义上的家规族规,也指教化训诫或规范活动。这一概念强调了家训作为规范和训诫活动两方面的含义,较之前述似更加符合实际。

学界一般认同《中国家训史》对家训概念内涵的界定。如李楠编著的《中国古代家训》②、范静编写的《中国传统家训文化研究》③等,基本上转引了《中国家训史》对"家训"的表述。此外,有人从家训的内容阐释家训内涵。翟博认为家训是历代家长向后代传播修身治家、为人处世道理的最基本的方法,也是我国古代长期延续下来的家长教育儿女的最基本的形式。④ 有人认为家训涵盖了"从家庭的基本礼仪规矩,到诸如立志、砥砺、知书、达礼、勤俭、谦和、兴善、除恶等方方面面";除了正式的家谱家训之外,古人所作的包含教子处世劝诫的"家书、信札、童蒙教材,以及诗文、史籍"等,也属于生动而富有启发性的家训。⑤ 这种概括显然过于宽泛,因为童蒙教材中只有《朱子治家格言》这样很少的家训。陈延斌、陈姝瑾认为,家训作为一种文化现象,包括家训文献、家训教化活动和物质形态的文化样态等,其中每个组成部分无论内容还是形式都十分丰富。⑥

---

① 徐少锦、陈延斌:《中国家训史》,陕西人民出版社 2003 年版,第 1 页。
② 李楠:《中国古代家训》,中国商业出版社 2015 版,第 3 页。
③ 范静:《中国传统家训文化研究》,吉林大学出版社 2017 年版,第 2 页。
④ 翟博:《中国人的家教智慧》,中国大百科全书出版社 2017 年版,第 2 页。
⑤ 韩昇:《良训传家:中国文化的根基与传承》,生活·读书·新知三联书店 2017 年版,第 19 页。
⑥ 陈延斌、陈姝瑾:《中国传统家文化:地位、内涵与时代价值》,《湖南大学学报(社会科学版)》2022 年第 3 期。

此外,其他学者从不同的角度对中国传统家训的内涵进行界定、概括,譬如张艳国认为,传统家训"是指在中国传统社会里形成和繁盛起来的关于治家教子的训诫,是以一定社会时代占主导地位的文化内容作为教育内涵的一种家庭教育形式"①。王旭玲则从家庭文化层面对家训进行界定,指出所谓家训就是家庭内部父母关于治家教子的训诫(《中国传统家训文化的现代思考》,2003)。程时用在论文《六朝家训的文化阐释》(2008)中对家训的内涵进行了剖析,认为家训又称庭训、庭诰、家戒、家范、家法等,是某一家族或家庭中父祖辈对子孙辈、兄辈对弟辈、夫辈对妻辈、族长对族人基于一定的经验或知识,利用口头或书面文字等方式垂训后代子孙的立身、治家、处世之言。还有学者从家族文化传承的视角,认为传统家训实质上就是一个家族繁衍生息过程中以口头或者文献记载为形式的道德规范和训诫;强调传统家训既是社会意识形态在家庭中的体现,又倡导了治理国家所应遵循的价值取向。② 作者还从词源学、历史发展、现实教化作用等多角度考察了传统家训的概念,以便全面准确地把握家训内涵。有学者则从载体上对家训内容形式作了区分,认为"传统家训的基本载体有两类:一是族长或家长撰写、制定、有较强的教化意义和规范作用的家规、族训或家教文献;二是对家人子弟进行的家庭教化、训诫活动。前者是文本,后者是教化活动实践,这两方面相辅相成、彼此为用。"③也有人作了类似的划分,认为家训"从静态上而言可理解为承载着家教理论的家训文本或是家人应该遵守的言行规范,从动态上而言可理解为家长对家人的教导或治家教子的训诫活动等"④。

---

① 张艳国:《简论中国传统家训的文化学意义》,《中州学刊》1994 年第 5 期。
② 刘晓云:《让传统家训文化重焕生机》,《人民论坛》2017 年第 26 期。
③ 陈延斌:《家风家训:轨物范世的生动教材》,《光明日报》2017 年 4 月 26 日。
④ 安丽梅:《论传统家训在古代核心价值观培育中的地位与功能》,《思想政治教育研究》2019 年第 35 期。

（三）关于家训史分期与演进规律的研究

马镛、徐少锦、陈延斌、徐梓等学者的著作中对传统家训史作了具体的阶段划分，并探讨了传统家训产生、发展历程和规律。马镛的《中国家庭教育史》，虽主要研究中国家庭教育的产生和发展，但涉及家训。该书分为：家庭教育形成和初步发展的先秦时期，封建家庭教育框架定型的秦汉时期，缓慢发展的隋唐五代时期，繁荣的宋元时期，由繁荣趋向衰落的明清时期。徐少锦、陈延斌的《中国家训史》，对家训的发展历程作了较前更加具体的划分，共分为六个发展阶段：先秦是家训产生时期，两汉三国是成形时期，两晋至隋唐是定型和成熟时期，宋元是繁荣时期，明清则是从鼎盛到衰落时期。该书还探讨了家训演进的规律，提出：家训的内容随着社会政治、经济、文化的发展而充实和完善；家训由个别、分散的诫言而向广泛的社会规范与系统的理论教导全面深入；家训主要是在以儒家思想纠正、防范子弟的不良倾向和提高他们的品德能力中发展的。① 徐梓的《家范志》，主要以家范文献为据，将家训发展归纳为上古三代秦汉、三国六朝隋唐、宋元明清和民国四个阶段。

还有学者的论文对中国传统家训的分期、发展和规律进行探究，譬如有学者提出，唐宋是中国古代家训发展繁荣时期，家训自身的理论化、系统化和印刷术的发展，以及平民化宗法制度的兴盛、社会阶层的半开放式流动，使得唐宋家训日益完善并走向繁荣。② 有的学者从家训的来源、发展萌芽时期、定型成熟时期及繁荣鼎盛时期阐述了中国家训的源流，指出从数量来看，中国历代家训发展总的趋势是由少到多，但是某些时期也呈现减少的趋势；从形式上来看，家训发展呈现出从口头到书面、由单一文体到形式多样的局面。中国历代

---

① 徐少锦、陈延斌：《中国家训史》，陕西人民出版社 2003 年版，第 19—23 页。
② 陈志勇：《唐宋家训发展演变模式探析》，《福建师范大学学报》2007 年第 3 期。

家训的发展,与宗法观念、社会政治和文学的发展之间,有密切的关系。① 还有学者将中国古代家训分为先秦至六朝时期、隋唐时期、宋代、元明清时期、近现代五个发展阶段。②

有学者从中国家庭与西方家庭产生不同的视角,对家训文化的产生作了解释,强调"中国社会是在血缘氏族基础上建立起来的,而且作为大陆国家,世代以农立国,农民祖祖辈辈生活在同一片土地上,安土重迁。中国传统家庭多是由三代人组成的主干家庭,家庭又组成家族,像唐代江州陈氏家族人口达到数千人。这种经济的原因将家族利益看得至高无上,发展出了家族制度。也就是说,血亲关系是家国同构社会的基础。这种纽带把家庭与家族联结在一起,而不必依靠法律和行政管理的强制。这种家族产生以后,为了维系族人正常生活,延续宗族,就有了对家政管理、成员关系调节、子女教育等问题,这就有了教家、治家家范和宗规、族训,形成了家族的家风。所以家训、家风是随着家庭、家族产生发展而出现的。另外,家国一体、'溥天之下,莫非王土'的宗法社会,也使得注重家训教诫就成了我国的一贯传统。早在《周易·家人》卦辞中就已经提出了教先从家始、'正家而天下定'的主张,此后传统社会就一直将身修、家齐视为治国、平天下的前提和根本,而家训的产生发展正是适应了这种社会需要。可以说,这种家和家庭教化的力量支撑了中国数千年的发展。"③杨威等通过研究,得出家训的存在与延续有其规律可循,从历时性的角度来看,传统家训文化具有阶段性和时代性;从共时性的角度来看,传统家训文化则具有恒定的本质共通性,它所包含的治家教子、为人处世之道等始终

---

① 林锦香:《中国家训发展脉络探究》,《厦门城市职业学院学报》2011 年第 4 期。
② 沈时蓉:《中国古代家训著作的发展阶段及其当代价值》,《北京化工大学学报》2002 年第 4 期。
③ 陈延斌、陈瑛、孙云晓、李伟与梁枢主编对谈:《整齐门内,提撕子孙——家训文化与家庭建设》,《光明日报》2015 年 8 月 31 日。

处于中国文化共同理念的统摄之下。① 夏青云探究了家训的形成发展,分析了家训的历史走向,指出家风家训的形成发展有赖于家庭的出现、自然经济的主导地位和家族的集体生活形式,文字、造纸术、印刷术等为家训的传承普及提供了必要的技术支撑,而儒家文化是其繁荣兴盛的思想基础。② 符得团认为,中华家训及其文化发展走出了一条自上而下、由家到国的社会化传承发展道路。③

(四) 关于家训基本思想内容的研究

在已发表的家训研究论文中,很多探讨了传统家训思想与教化内容。

有学者认为,传统家训教育体现了实施言传身教、知行合一等教育理念,包括胎教、养德、重农、择友、严爱、父教等方面的内容(王长金,2006)。有学者将传统家训内容概括为敬祖孝亲、睦亲和宗、居乡睦邻、忠君急公、子弟教育、诫女训媳、婚嫁延嗣、居家治生、劝戒事项、禁戒事项十个部分;每个部分又有细化,如"敬祖孝亲",作者又概括为敬祖宗、重祭祀、治丧葬、护坟茔、惜祖产、孝父母、谨名讳、友兄弟(徐梓,1998)。有学者从家庭教育的视角,分析了数十位家训作者的家训内容与教化思想(马镛,1997)。相比之下,徐少锦、陈延斌(2006)的《中国家训史》概括更为细致,梳理出孝亲敬长、睦亲齐家、勤劳节俭、立志清远、励志勉学等十七个方面的内容。

在已发表的家训研究论文中,很多探讨了传统家训思想与教化内容。陈延斌提炼出传统家训蕴含孝亲敬长、睦亲齐家、治家谨严、正身率下、奉公勤政、报国恤民、躬耕自立、应世经务、养正于蒙、和待乡邻、善视仆隶、淡泊名利、平和处世等十六个方面的丰富内容,并剖析了家训的糟粕及局限性(《中国古

---

① 杨威、关恒:《传统家训文化存在与存续的合理性探究》,《中州学刊》2016 年第 8 期。
② 夏青云:《中国家风家训形成发展脉络及主要内容初探》,《文化学刊》2019 年第 2 期。
③ 符得团:《中华家训文化的社会化基础与演进》,《甘肃社会科学》2020 年第 1 期。

代家训论要》,1995)。更多学者具体研究概括了一些家训名篇的内容,如唐太宗的《帝范》是"中国帝王家训的集大成者"(徐少锦,2000)、宋代名臣司马光的家训(陈延斌,2001)等等;也有关于家训某一方面内容的论述,如研究儒家传统家训中的生态伦理教化(陈延斌,1998)、分析中国古代的商贾家训(徐少锦,1998)。还有学者结合训导方式探讨家训内容及教化实践,如《试论明清家训的发展及其教化实践》(陈延斌,2003)等等。

近年来,学者们对传统家训思想内容的研究更为系统深入,且各有侧重,但基本上都认为家训思想涵盖了修身立德、齐家教子、读书治学、勤俭持家、为官清廉、睦亲善邻等方面。陈延斌对传统家训的教化内容作了言约义丰的归纳,认为:"传统家训教化内容极其丰富,几乎涉及各个生活领域,但核心始终是围绕睦亲治家、处世之道、教子立身三个方面展开的。就睦亲治家而言,既有父子、夫妇、兄弟谨守礼法、各无惭德的居家之道,也有持家谨严、勤俭睦邻的治家之法。就为人处世而言,大致包含爱众亲仁、博施济众的博爱精神,救难怜贫、体恤下人的人道思想,中和为贵、文明谦恭的修养理念,近善远佞、慎择交游的交友之道,好生爱物、物人一体的和谐意识。就教子立身而言,主要包括涵养爱心、蒙以养正、励志勉学、洁身自好、淡泊名利、自立于世、奉公清廉、笃守名节、勤谨政事、报国恤民等规范和教化内容。"[1]有人将传统家训的内容概括为塑造高尚的人格,重视正确积极的教子方法,培养功业立项和淡泊的人生态度,正确掌握交友接物之道,明确读书治学的目的和方法,对症下药心理纠偏六个方面。[2]

王海东、张瑞臣注重挖掘古代家训的内在精神,认为古代家训宗旨兼具德性与智慧,具体可以呈现为在人生价值观上以仁义为本、家庭伦理之中以孝为核心、为人处世以诚信友爱为原则、学习知识追求真理的过程之中推崇尊师重

---

①　陈延斌:《家风家训:轨物范世的生动教材》,《光明日报》2017 年 4 月 26 日。
②　李楠编著:《中国古代家训》,中国商业出版社 2015 年版,第 4—6 页。

道、修身养性强调知行合一,而对于如何提高自制力则以遵守戒律为法则。①
金滢坤将古代家训对古人优良品格的形成和塑造所起的具体作用归纳为五个
方面,即忠孝仁义与立身报国、诗礼立身与诗书传家、勤俭持家与廉洁奉公、谦
虚礼让与积善修德、志向高远与诚信治国等,这些方面能够为今天社会教育、
人格培养等相关问题提供借鉴。② 孙泊、陈瑶探讨了历代家训基本训义所存
在的共通之处,主要包括修身齐家、家法国法、和睦宗族乡里、孝敬父母长辈、
注重礼教名分、规制祭祀追思程序六个方面;并认为历代家训还蕴含鲜明的文
化取向,即强化修身养性之道、注重家风传承之实、彰显家国天下之情。③ 陈
姝瑾等认为,家训教化内容具体"可以分为修身观、齐家观、教子观、励志观、
勉学观、处世观、为政观等"。④ 杨威和罗夏君撰写的《中华传统家训精粹》
(教育科学出版社 2020 年版),以丰富翔实的文献资料为基础,以传统家训文
化的发展演进为主线,阐释和剖析了圣人、帝王、官宦、庶族、商贾等不同阶层
家训的内容及特点。

近年来,以中国孔子基金会牛廷涛副理事长为首的一批学者,还积极倡导
开展世家文化的研究,他们认为世家文化是中华传统文化的重要组成部分。
"世家"最早指门第高贵、世代为官的人家,后指门第高贵并且世代相沿续的
大姓氏大家族。中华民族的许多世家大族——从孔孟颜曾这些圣贤之家到江
州陈氏、浦江郑氏、江浙钱氏、闻喜裴氏、烟台牟氏、灵石王氏等等义门大家,同
时也是文化世家,对中华文化的传承发展起了重要的作用。各地的大姓家族

---

① 王海东、张瑞臣:《德性与智慧的力量——论我国古代家训的精神追求》,《伦理学研究》
2017 年第 1 期。

② 金滢坤:《论古代家训与中国人品格的养成》,《厦门大学学报(哲学社会科学版)》2018
年第 2 期。

③ 孙泊、陈瑶:《中华传统经典家训的思想要义及其文化意蕴》,《广西社会科学》2019 年第
8 期。

④ 陈姝瑾、陈延斌:《中国传统家训教化理念、特色及其时代价值》,《中州学刊》2021 年第
2 期。

的文化也以涓涓细流汇入中华世家文化长河之中,成为中华世家文化的重要组成部分。由于这些世家大族后人繁盛,其文脉传承也历久不辍。加之这些世家后人大多建有联谊会、研究会等宗亲组织,经常联络,至今仍然对社会尤其是该家族产生着广泛而深远的影响。因此,挖掘世家大族的家训、家风等家文化精华,探寻家族名人的成长之道,可以为中国当下的家庭教育和家庭美德建设提供参考借鉴,为新时代社会主义家文化建设提供丰富滋养。① 为此,中国孔子基金会世家文化研究基地和江苏师范大学中华家文化研究院组编了中华世家文化丛书,丛书第一辑四个家族的世家文化研究专著已于2021年出版,分别是《权氏世家文化研究》(上下册)、《沛县阎氏世家文化研究》、《彭城徐氏世家文化研究》、《徐州梁氏世家文化研究》。丛书编委会表示,将持续推进这项重要的文脉传承工程建设。

更多学者具体研究了家训名篇或典型家族家训的思想教化内容,研究较多的篇目为颜之推的《颜氏家训》,吴越钱氏家族的《钱氏家训》,宋代袁采的《袁氏世范》,宋代诗人陆游的家训、诗训等,还有集中于特定历史时代、特定

---

① 参见牛廷涛主编、李文良副主编:《中华世家文化研究丛书·总序》,团结出版社2021年版。

地域和民族的家训文化研究,譬如针对唐代家法、明清女训、各地民间家谱家训等地方性家训文化内容的研究,以及对回族、壮族、客家等家训特点功能的阐述。也有就家训某一方面内容展开的具体论述,如研究传统家训中的美育观念、价值取向、家族治理、灾害教育,研究家训与民间社会建设的关系等。比如,《中国古代家训中的美育观念》(卢政,2019)、《灾训齐家:明清家训中的灾害教育》(鞠明库、邵倩倩,2021)、《〈袁氏世范〉与宋代民间社会建设》(景乔雯,2021)、《古代家训中的廉政文化》(陈忠海,2019)、《宋代家训中的官德教育》(张熙惟,2019)等等。

对具体人物家训思想与家训著作的研究论文更多。《先秦时期周公与孔子的家训》(徐少锦,2016),《立意训俗的〈袁氏世范〉》(陈延斌,2016),《浅谈阮元的家训特色及其现实意义》(阮锡安,2016),《论袁黄的家训教化与功过格修养法》(陈延斌,2016),《方弘静家训之修德思想研究》(金桓宇等,2017),《裴氏家训的教化要义及其现代启示》(牛绍娜,2020),《论徐三重、徐祯稷父子的家训思想与教化特色》(陈姝瑾等,2020),《孙奇逢家训之伦理思想及其当代价值研究》(王浩东等,2020),《〈孝友堂家规〉〈家训〉文献管窥》(王丽等,2021)等。

(五) 关于传统家训教化原则、路径方法的研究

较早对传统家训教化原则作出概括的徐少锦、陈延斌认为,传统家训教化原则,包括爱教结合的根本原则、胎教与早教的原则、严慈相济的原则、言传身教并施的原则、读书与躬行结合的原则等。① 陈姝瑾等认为传统家训教育原则主要有蒙以养正、奖惩结合、家长表正、循序递进的原则。② 李楠将传统家

---

① 参见徐少锦、陈延斌:《中国家训史》,陕西人民出版社 2003 年版,导言。
② 陈姝瑾、陈延斌:《中国传统家训教化的基本原则和主要方法》,《中国矿业大学学报(社会科学版)》2022 第 2 期。

训教化原则概括为爱教结合、胎教与早教相结合、严慈相济、言传与身教并施、知行结合五个原则。① 还有论文研究了具体家训的教化原则,如王茹的《〈颜氏家训〉中教育原则及其对现代教育的启示》(2012)系统总结了《颜氏家训》的教育原则,将其概括为早教原则、平等原则、适时原则、全面培养原则和因材施教原则,并分析了这些原则对我国当代教育的启示和意义。

一些学者梳理和探讨了家训的教化路径和方法。有的将这些方式方法大致分为四类:一是语言形式,如面对面的赞扬鼓励、批评斥责、讲明道理、互相讨论、临终遗言等。二是文字形式,包括铭、诰、敕、令、诫、疏、诗、联、法、书、名。三是实物形式,包括展示有纪念价值的物品等。四是实践锻炼,让子弟参加实践活动以学到知识、增长才能。这四种形式,是与许多具体方法结合在一起的。②

有人将古代家训培育个体品德的方式路径概括为长上日常训诫、家训制定(修订)昭示、家训门风熏陶三种(马建欣,2011)。对于传统家训教育方法,有学者概括为建章立制、典范激励、以身立教、相互规诲、箴铭镜鉴、诗歌吟诵、功过格法等家训教化的主要方式方法。③ 有人则将传统家训的教育方法概括为外导内启、道德激励与法规约束、正身率下与典型引导几种。有人提出,中国传统家训文化以丰富的家训文化形式熏染、榜样劝教、严慈相济、因材施教、循序渐进等丰富的育德方法教化家族成员,这些方法对我们今天依然有借鉴价值。④ 白现军提出,传统家训内蕴亲亲相承、言传身教、劝导为主、惩罚为辅的教化机理,并混合使用这些方式,以教化子孙后代。⑤ 王凌皓、姬天雨通过

---

① 李楠编著:《中国古代家训》,中国商业出版社 2015 年版,第 37 页。

② 参见徐少锦、陈延斌:《中国家训史》,陕西人民出版社 2003 年版,导言。

③ 陈姝瑾、陈延斌:《中国传统家训教化的基本原则和主要方法》,《中国矿业大学学报(社会科学版)》2022 第 2 期。

④ 高凌云:《中国传统家训文化育德方法探析》,《教育教学论坛》2020 第 6 期。

⑤ 白现军:《传统家训的教化机理及其传承路径探析》,《福建教育学院学报》2016 年第 7 期。

分析历代家训的内涵特质,总结得出宋代家训更加注重指导家人立身处世、待人接物、读书治学、修身养德、节俭惜物的方法。① 有学者还研究了传统家训修德教化的路径,认为在传统家训长期的教育和规戒实践中,形成了一套行之有效的教化路径,主要有日常训诲、庭院濡染、家风熏陶、祠堂训谕、以身立教、谱牒传承等等。②

（六）关于传统家训特点与功能作用的研究

关于传统家训的教化特色。有学者概括了传统家训七个方面的教化特色,即"感化与规约的统一、'型家'与'范世'的统一、晓喻与示范的统一、内容一元与教化方式多元的统一、训诲抽象与操作具体的统一、以身立范与以言勖勉的统一、教化宗旨一贯性与阶段性渐进的统一等鲜明特色"。③ 陈桂蓉基于家训所及范围主要与日常生活相关,家训教化内容主要是日常道德规范及人与人的道德关系,归纳出中国传统家训中的日用人伦教化乃一大显著特色。④ 潘玉腾认为,传统家训的教化方式贴近大众生活,譬如在濡化传统社会核心价值观方面,呈现出了传统家训内容的共同性与训诫的多样性相结合、亲情感化与家规约束相结合、借物晓喻和实践锻炼相结合、言传与身教相结合等特点。⑤ 范静将传统家训的特点概括为熔精英文化与大众文化于一炉,合家族性与社会性于一体,历史性和代传性有机统一,等级性与和谐性有机结合。⑥ 还

---

① 王凌皓、姬天雨:《中国传统家训文化的基本特质及现代价值探析》,《社会科学战线》2022年第1期。

② 陈延斌:《传统家训修德教化:内涵、路径及其借鉴》,《甘肃社会科学》2023年第2期。

③ 陈姝瑾、陈延斌:《中国传统家训教化理念、特色及其时代价值》,《中州学刊》2021年第2期。

④ 陈桂蓉:《传统家训日用人伦教化特色及其创造性转化》,《唐都学刊》2017年第6期。

⑤ 潘玉腾:《传统家训濡化社会核心价值观的经验及启示》,《福建师范大学学报(哲学社会科学版)》2017年第4期。

⑥ 范静:《中国传统家训文化研究》,吉林大学出版社2017年版,第6—10页。

有人认为,传统家训在施行教化的过程中形成了别具一格的教化特色,即注重蒙养之教的基础性、凸显家庭教化的亲情性、提高家庭教化的有效性、追求家庭教化的平实性、强调品格模范的濡染性、加强家庭教化的针对性六大方面。①

关于传统家训的功能作用。金莉黎强调中国传统家训的教化功能,既可从个体性视角看待其培育个体道德、规范个体行为、启发个体知行合一的功能,也可从社会性视角看待其传播社会主导意识形态、维系家庭结构的稳固和社会秩序的稳定、继承和发扬以儒家思想为主体地位的中华优秀传统文化的功能。② 何书彩指出,传统家训文化是中华传统文化的重要组成部分,在传统社会里一直担当道德教化的重要角色,具备了特定的社会功能。③ 陈延斌、田旭明将家训文化对中国传统社会的重要作用概括为五个方面,即家训文化调适了传统社会家庭内外关系,维护了家国同构的社会结构模式;作为儒家文化的世俗化、通俗化,在一定程度上淡化了儒家学说的抽象说教意味而更加贴近生活,加速了儒学的传播;家训文化的伦理教化功能为儒家"修齐治平"的政治伦理思想和理想人格模式在中国封建社会的实现提供了现实的基础;家训文化作为封建意识形态的家庭化,对封建社会的延续和发展起到重要的作用;作为传统文化组成和体现的家训文化对世风和社会成员的感情心态也产生了较为深远的影响。④ 安丽梅认为传统家训本质是一种家庭德育,乃古代核心价值观培育的重要载体,因此具有治理家庭、教育子女、维系家族、维护统治的教化功能。⑤ 还有人从文化学视角出发研究家训的功能本位,提出家训属于

---

① 郭长华:《传统家训的教化特色初论》,《教育理论与实践》2010 年第 30 期。

② 金莉黎:《论中国传统家训的教化功能》,《当代中国价值观研究》2016 年第 1 期。

③ 何书彩:《传统家训文化在高校社会主义核心价值观教育中的作用研究》,《中外企业家》2017 年第 13 期。

④ 陈延斌、田旭明:《中国家训学:宗旨、价值与建构》,《江海学刊》2018 年第 1 期。

⑤ 安丽梅:《论传统家训在古代核心价值观培育中的地位与功能》,《思想政治教育研究》2019 年第 5 期。

一种家庭传播活动样式,不仅具有文明的知识传承和权力更迭关系,还涉及家庭传播和政治传播功能。①

二、传承和弘扬中华传统家训文化研究

改革开放以来,随着党和政府大力倡导传承和弘扬中华优秀传统文化,学界加强了传统家训文化的研究,现就较为集中的几个重要问题综述如下。

(一)家训文献整理与普及取得的成绩②

20世纪90年代初以来,我国学者编辑出版了数十种传统家训汇编(以节录本、语录本居多),此外还有不少个别家训名篇的注释本、翻译本、导读点评本等。

在参考、借鉴上述古今家训文献汇集基础上求精、求真、求全,整理出最为完备、经得起检验的最为权威的家训文献集成本和面向广大读者的精华普及本,是保存这笔历史文化遗产的重要工作。近年来,学者们在家训文献整理、出版方面做了不少工作,继续推出了一批成果。例如吴善平主编的《客家古邑家训》(华南理工大学出版社2014年版),陈明主编的《中华家训经典全书》(新星出版社2015年版),夏家善主编的《中国历代家训丛书》(天津古籍出版社2016年版),陈延斌、葛大伟编著的《中国好家训》(凤凰出版集团2016年版),中共北京市东城区委宣传部等编写的《家训》(世界知识出版社2017年版),竭宝峰编著的《中华家训》(辽海出版社2015年版)等。

近年来编辑出版的若干注释、翻译、点评之类的家训普及读本,为传统家

---

① 谢清果、王皓然:《以"训"传家:作为一种传播控制实践的家训》,《新闻与传播研究》2021年第9期。
② 参见陈延斌、宋子墨:《近年来传统家训文化研究的学术进展述论》,《黄河科技学院学报》2022年第9期。

训的传播和传承发挥了重要作用。其中教育科学出版社 2017 年出版的《中华十大家训》五卷本,颇有特色。编写者在卷帙浩繁的家训文献中反复考量、仔细比较,精选出十部家训名篇,并加以注解、导读和评析,该书注意挖掘传统家训的时代价值,辩证分析传统家训的精华和糟粕,以方便广大读者了解中国传统家训,更好地批判继承、古为今用,《光明日报》《中国教育报》均发表专家书评给予较高评价。此外,还有整理或注释的家训专篇等。例如江小角、陈玉莲注的《聪训斋语澄怀园语:父子宰相家训》(安徽大学出版社 2013 年版),由许嘉璐主编、江苏人民出版社 2019 年出版的"中国传统文化经典全注新译精讲丛书",也收录了《颜氏家训》、《袁氏世范·朱子家训》、《了凡四训》、《曾国藩家训》等家训著作。这些家训除了注释、翻译之外,还有点评,对于中国传统家训的传播和普及发挥了积极的作用。

各地有关部门和一些姓氏也编撰了本地、本姓氏的家训文献。例如江苏省委宣传部主编的《江苏历史名人家训选编》(江苏人民出版社 2016 年版),顾作义主编的《岭南家训》(南方日报出版社 2016 年版),王卫平等主编的《苏州家训选编》(苏州大学出版社 2016 年版),中共仙居县委宣传部等编的《仙居家训》(中国文史出版社 2016 年版),陈美观主编的《中华陈氏家训》(海峡书局 2016 年版),裴世平编的《裴氏家训》(黄山书社 2018 年版)等。

(二) 关于建立"中国家训学"与利用传统家训资源价值的研究

关于建立"中国家训学"的研究。近年来党和政府大力倡导弘扬包括家训文化在内的中华传统文化,不少学者从总体上研究传统家训的当代价值。对于传统家训文化如何实现现代性转化、与今天对接的问题,陈延斌几年来一直积极倡导建立一门"中国家训学",对如何利用家训文化资源问题进行系统的梳理、研究,分析它有哪些东西在内容、载体、途径方法上是可以借鉴的(2015)。学者们对这一设想表示支持。陈瑛提出这种"家训学"的研究要以唯物史观为指导,认真总结我国历史上家风家训的历史经验和教训,科学分析并上升到理论高度,以便为现实提供参考(2015)。孙云晓认为,建立中国家训学最需要科学精神,要有敬畏之心,也要有批判性继承的理性态度(2015)。李伟强调,家训的核心是家德,家训是家庭道德教育的核心内容和教育的主要路径,家训学研究要注意家德培育方面的研究(2015)。

2018年,陈延斌、田旭明进一步对建立"中国家训学"的宗旨意义、研究对象与研究内容、研究理路与范式作了全面探讨,提出建立"中国家训学","对于弘扬中华优秀传统文化,推进当前家庭家风建设,具有重要的学术传承价值和应用价值";家训学研究的主要研究内容是"传统家训思想研究,传统家训资源的开发利用与新型家训文化建设,家训教化与当代优秀家风培育等"。中国家训学的研究理路与范式"应该注重以传统家训文献整理与阐释为支撑实现反本开新,以契合时代要求促进家训文化的创造性转化与创新性发展,以对话与交流促进学术发展和学科建设"①。

关于利用传统家训资源,有学者认为"家训、家风是随着家庭、家族产生发展而出现的","中国传统文化的核心是家文化",弘扬传统文化一定要重视独具特色的家训文化(陈延斌,2015);要利用传统家训文化资源与构建中国特色现代家训文化(孔令慧,2003)。有的探讨了家训文化对我国当代家庭教育的多重启示(尹旦萍,2001);有的提出中国少数民族的家训家规在其传统文化中居于重要的地位,要注意挖掘其价值(李伟,2015)。有学者系统探讨了弘扬中国传统家训的"仁爱"教化以推进人类21世纪的道德文明(陈延斌,1998);梳理了弘扬传统家训的处世之道精华以加强中国现阶段的道德建设(陈延斌,2001);有学者倡导要挖掘中国古代商贾家训资源为当前的商德建设提供资源(徐少锦,1998)。也有不少学者从具体家训篇目的价值进行了探

---

① 陈延斌、田旭明:《中国家训学:宗旨、价值与建构》,《江海学刊》2018年第1期。

讨。例如《朱子家训》的和谐思想对于建设和谐社会的价值（靳义亭、李振宇，2013），《颜氏家训》家庭教育思想对于今天家庭教育的价值（陈舒婕，2011），借鉴司马光的家训、教化特色培养优良家风（陈延斌，2001）。

关于利用传统家训资源的研究论文中，不少从整体上研究传统家训的借鉴价值。例如《传统家训在高校思想政治工作中的借鉴与应用》（张晓普、严运楼，2019），《中国传统家训的现实文化价值与传承创新研究》（杨运庚，2019），《中国传统家训中责任伦理教育的继承与创新》（郑红，2020），《中国传统家训文化的基本特质及现代价值探析》（王凌皓、姬天雨，2022）。

也有不少学者挖掘了具体家训篇目的时代价值。例如《曾国藩家训思想与教化路径新探》（戚卫红，2016），《清代理学家方东树家训及其思想探析》（黄爱平，2016），《宗圣曾子家族家训文化研究》（徐国峰，2017），《严复家训思想初探》（冯之余，2017），《方苞家训：笃守礼法恪守宗法》（宋豪飞，2018），《王阳明家训思想研究》（欧阳祯人、张翅飞，2018），《于成龙家训：家国共建有德有"分"社会》（王娟、康长春，2020），《〈近溪隐君家训〉碑与吕坤的家训思想研究》（田玙琛，2021），《汪辉祖〈双节堂庸训〉中的家庭教育思想浅析》（朱红莉，2021）等。

关于传统家训文化如何实现现代性转化、与今天对接的问题，杨威和罗夏君撰写的《中华传统家训精粹》一书，在较为宽广的视域下，以传统家训的传承与发展研究为根本，直面当今家训文化价值转化过程中的诸多问题，并对传统家训文化的"传"与"承"、"弘"与"变"进行了深入思考，为传统家训的现代性转化提供了思路。刘耳、马惠娣认为未来的社会管理应给予家以足够的关注和设计，若要保障家训学的发展，社会环境、制度设计、政策选择都应该担负起维护家训延续的责任。① 郝云红、陆建猷对建构中国家学哲学话语体系作

---

① 刘耳、马惠娣：《"家训"与中华文化的复兴》，《晋阳学刊》2016 年第 5 期。

了研究,提出了一套以世家观念、私家藏书、家庭启蒙、经典家授、家教训示、家风传承、家族谱牒、家道尚正为论题视域的中国家学,对社会历史进程中家庭文化生活及其价值观念等问题进行了"家道哲学"的探讨,以期对现代家庭的质性发展提供价值借鉴。① 高昕、杨威认为理应致力于将家训文化从"学术资源"转换为"知识资源",不能将家训文化资源仅仅局限于象牙塔中,而要通过遴选经典家训文本、构建与家风相关的实践活动,肯定其为当今社会教育理念和道德规范重要来源的地位;家训研究不仅需要致力于滋养和丰富中国精神,着力于坚定价值观自信,阐发中国精神,还应当在立德化人的过程中抓住青年人、领导干部、哲学社会科学工作者等关键群体。② 戚卫红认为,家庭(家族)是家训文化的作用域,通过家训文化的规训,实现儒家思想价值社会化,从而将封建社会主导思想价值普遍化为中国人生存的样式方法,这对当下价值理性的构建有着重要的启发。当代价值理性的构建需要与现代社会、现代文明相一致,需要实现价值理性与工具理性的辩证性统一,也必须要遵循主体性原则。③

还有不少文章研究了以传统家训滋养社会主义核心价值观的问题。他们认为,尽管传统家训与社会主义核心价值观的产生时期不同,但"社会主义核心价值观与传统家训都是中华优秀传统文化与时代特征相结合在不同社会阶段结出的果实,是同质同构、一脉相承的社会价值追求。两者有着历史继承性和内在契合性"(金莉黎,2015);有人指出,涵养传承优良家风是弘扬社会主义核心价值观的有效途径(党刘栓,2015)。牛绍娜等认为,中国传统家训与社会主义核心价值观具有同根共质的特性,即文化同根性与伦理契合性,中国

---

① 郝云红、陆建猷:《中国家学哲学话语体系的理论建构》,《宁夏社会科学》2019 年第 3 期。

② 高昕、杨威:《新时代家训文化研究的价值、主旨与理路》,《甘肃社会科学》2021 年第 2 期。

③ 戚卫红:《传统家训文化的价值理性构建法式及其当代启示》,《邢台学院学报》2022 年第 2 期。

传统家训是涵养社会主义核心价值观的源头给养,社会主义核心价值观是传统家训创造性转换与创新性发展的价值指引。① 周斌认为,传统家训作为一种特色鲜明的教育范式,在漫漫历史长河中,以其独有的方式,在言传身教、潜移默化中对子弟进行齐家治国、为人处世等方面的教诲训示,而社会主义核心价值观正是建立在当代中国社会实际需求的基础上所倡导的全民价值追求,它扩大了传统家训的道德准则覆盖面,不仅对个人层面提出要求,更是从社会层面、国家层面提出了价值导向,变传统家训的"私人性"为全民的"公共性",因此,社会主义核心价值观是对传统家训的当代传承和现代性转化。② 对于利用传统家训家风文化促进价值观培育,朱莉涛等认为,传统家训家风文化对社会主义核心价值观道德根基的夯实,以及推动社会主义核心价值观的认知、认同、践行一体化模式的构建发挥着重要作用,充分发挥传统家训家风文化对社会主义核心价值观的涵养化育功能需要深度挖掘和汲取传统家训家风文化的精髓,立足于家庭教化促进价值观养正于蒙,构建政府、社会、家庭、学校、媒体五位一体的协同合力、互为支撑的长效机制。③

如何利用传统家训资源,更好地古为今用,各地党和政府也对传承传统家训和当代家训文化予以积极倡导。自 2015 年以来,江苏省在全省开展了以"最美家庭讲好家训"为主题的道德实践活动,组织编写《江苏历史名人家训》,加强江苏家训文化研究、整理和普及工作;着力讲好"全国时代楷模"的家庭故事,颂扬他们的好家训好家风;深入开展"最美家庭"寻找活动,选树群

---

① 牛绍娜、王国喜:《中国传统家训文化与社会主义核心价值观关系探究》,《长江论坛》2018 第 6 期。

② 周斌:《实现传统家训创造性转化的原则与策略:基于培育和践行社会主义核心价值观的视角》,《探索》2016 年第 1 期。

③ 朱莉涛、陈延斌:《以传统家训家风文化滋养社会主义核心价值观》,《重庆社会科学》2020 第 5 期。

众身边看得见、摸得着、学得到的好家庭榜样。依托各地的道德讲堂、"妇女儿童之家"以及家长学校、社区沙龙、企业课堂等平台，举办倡导家庭美德的文艺汇演。在社区居民活动中心、小区长廊等公共场所设立乡贤家训榜，着力加强城乡社区"最美家庭工作室"等阵地建设。这些举措，有力地推动了党风政风民风的好转。为了推广江苏经验，2016 年 2 月 25 日中央宣传部和全国妇联在徐州召开了"最美家庭讲好家训"全国经验交流会。此后活动在全国广泛开展。①

在传统家训文化宣传与当代价值借鉴方面，不少媒体做了大量工作。例如，中央纪委监察部网站 2015 年 5 月开始推出"中国传统中的家规"专栏，至今已经先后介绍了浙江浦江孝义传家九百年的郑义门家规《郑氏规范》、许汝霖倡俭戒奢的《德星堂家订》等历史上数十个家族的家规族训、优良家风。《中国纪检监察报》从 2016 年到 2017 年陆续发表介绍传统家训的长篇论文。一些报刊也组织专家对家训文化及其时代价值展开了研讨。比如，2015 年 8 月 31 日《光明日报》国学版就以《整齐门内，提撕子孙——专家学者谈家训文化与家风建设》为题，发表《国学》版主编梁枢对陈延斌、陈瑛、孙云晓、李伟四位教授的长篇专访，专家们就继承和弘扬优秀传统家训文化，以及当前优秀家风建设发表了各自的意见。

不少学者注意挖掘传统家训文化精华古为今用。譬如翟博主编的《中国人的家教智慧》，按历史年代脉络选辑经典家训，收录的家训都是历代有远见卓识的家长教育子孙后代智慧的结晶。该书遴选的家训内容涵盖了修身齐家、读书治学、为政治国、婚姻家庭、待人处世等社会人生的许多方面，对传承家训精华和家庭教育智慧具有十分重要的引领与导向作用。在家训文献选辑方面，作者注意紧扣时代要求和青少年教育实际，存优汰劣，剔除了传统家训

---

① 陈延斌、张琳、杜致礼：《家风家训与中国传统家教文化的弘扬》，载于孙云晓主编：《2017—2018 中国家庭教育蓝皮书》，湖南教育出版社 2018 年版。

中存在的封建糟粕,保留了民族性、时代性的精华,以便更好地为今所用,充分发挥传统家教智慧蒙以养正的正能量。①

有学者系统论述了传统家训的德育精华、德育方法及德育价值,认为我国公民道德建设及精神文明建设能从传统家训的道德教育中汲取经验。应秉承中国传统家训中丰富的德育思想,挖掘中华优秀传统文化的时代价值。② 有学者提出,"本着承故拓新、古为今用的原则取优汰劣,扬弃传统家训教化的思想理念,能为今天齐家教子和家德建设提供丰厚滋养,借鉴传统家训教化特色中行之有效的载体与路径方法可以为提升家教质量和培塑优良家风提供有益参考。"③有学者研究了社会转型期家庭伦理建设中传统家训的道德传承问题,认为传统家训在其流传发展中发挥了道德传承的作用,延续了中华民族的优秀道德,新时代加强家庭伦理建设,应该吸收传统家训精华,营造新时期良好家风;发挥家训教化作用,推动青少年德性养成;重视蒙养作用,提升家庭道德教育效果;加强新时代孝道教育,形成良好的家庭伦理氛围。④

(三) 关于家风与家训、家礼等家文化组成部分关系的探讨

传统社会订立家训的重要目的之一是规约家人子弟,营造良好家风。诸多研究者都认为,家风与家训家教相辅相成,家训文化是当代优良家风家规建设的重要资源,要注意继承和弘扬。

---

① 陈延斌:《弘扬传统家训精华,汲取先贤家教智慧——读〈中国人的家教智慧〉》,《人民教育》2018 年第 2 期。

② 张弛:《中国传统家训文化中的优秀德育思想及其当代价值研究》,天津工业大学硕士学位论文,2018 年。

③ 陈姝瑾、陈延斌:《中国传统家训教化理念、特色及其时代价值》,《中州学刊》2021 年第 2 期。

④ 高远:《社会转型期现代家庭伦理建设中传统家训的道德传承》,《江苏社会科学》2018 年第 2 期。

家风又称门风、门法、父风，是一个家庭的风气、风格与风尚。是一个家庭在世代繁衍过程中逐步形成的较为稳定的生活作风、传统习惯和道德风尚。①《颜氏家训》之《名实》、《治家》篇对"风教"、"风化"即家风的教育功能和父母的熏陶感染作用及其实现途径作了总结，提出"笃学修行，不坠门风"；强调家风与家学联系紧密，"吾家风教，素为整密。"

家风有优劣之分，优良家风传扬于外，就在社会上享有"家声"。以畏"四知"闻名于世的东汉杨震一族绵绵四百多年，四世任太尉，原因就在于德业相继，"能守家风，为世所贵。"②可见，良好家风一旦形成，就能使子弟家人耳濡目染，潜移默化，成为一种强大的精神力量，约束和激励子弟在家庭生活中继承父祖的优良品德和传统。

贵家声、重家风是中华民族的优良传统，不少传统家训作者都强调继承家族的优良家风。比如，司马光在家训《训俭示康》中告诫儿子司马康，要他吸取寇准不良家风致家败落的教训，而且要用这篇家训去训诫子孙，以继承祖辈节俭为荣、奢侈为耻的"清白"家风。③ 包拯在短短37字的家训中，要求为官子孙务必恪守廉洁家风，不得贪赃枉法，陆游的《放翁家训》中要子孙讲究节操，继承祖先流传下来的清白俭约之家风。清朝重臣曾国藩在家书中劝诲弟弟，要遵守祖先教诲，"以绍家风"（陈延斌，2016）。

学者们认为，家训文化是当代优良家风家规建设的重要资源，要注意继承和弘扬。"家训教化助推了优秀家风的营造和传承。家风是一种无言的教化，而优秀家风的培育离不开家训文化的滋养。"④有人认为，家风以家训为形式，在家训的训育即家庭或家族所有成员自觉遵守家训的过程中代代相沿，并

---

① 徐少锦、陈延斌：《中国家训史》，陕西人民出版社2003年版，第128页。
② （南朝）范晔：《后汉书·杨震列传》。
③ 田旭明、陈延斌：《古代廉吏贪官家风比较之镜鉴》，《中国纪检监察》2015年第10期。
④ 陈延斌：《家风家训：轨物范世的生动教材》，《光明日报》2017年4月26日。

体现在家族、家庭、社会具体活动中。家训蕴含着丰富的人生智慧和思想内涵,成为了家风的重要符号标识,是具体化的家风。同时,家训只有体现于家风才能实现价值,并得以巩固丰富发展下去。① 有人对家训、家风、家德、家礼、家学的关系作了分析,认为家训家教文化,侧重于对家庭成员尤其是未成年人的教诲和行为习惯养成的指导,是思想道德观念尤其是价值观培育的基本内容;家风文化表现为家庭风貌、习气,是教化熏陶积淀而成的,是家文化建设的落脚点和整体呈现;家德文化重在调整家庭成员关系,规范和保障家庭生活的进行;家礼文化以制度、礼仪方式维护家庭人际关系秩序,增强家训家教的训诲成效,促进家德、家风的形成和巩固。②

学者们认为家训文化是当代优良家风家规建设的重要资源,新时代家训文化研究有助于塑造优良家风和提振社会风气,要注意继承和弘扬。有的学者提倡运用中国传统家训资源加强对党员、领导干部的家风建设,他们主要研究了中国传统家训与党员、领导干部家风建设的内在契合,探讨借鉴传统家训促进党员、领导干部家风建设的具体做法。例如有人结合传统家训教育,提出通过加强领导干部"自律"层面的道德修养,进而构建良好的家风,坚固"拒腐防变"的思想城墙。③

还有学者从家文化的高度研究家训家风文化,提出中华民族家文化由家训(家教)文化、家礼文化、家德文化、家风文化、家史文化、家法文化、家学文化和谱牒文化等构成,内蕴极为丰富。家文化是中国传统文化的基石,对中国社会影响深远。传统家文化的各个构成部分虽然维度和分类不同,但在内容

---

① 李传玺:《优秀家规家训是当代政治建设的重要历史文化宝库》,《江苏省社会主义学院学报》2019 年第 4 期。

② 陈延斌、张琳:《建设中国特色社会主义家文化的若干思考》,《马克思主义研究》2017 年第 8 期。

③ 柴炜娟:《运用中国古代家训加强领导干部家风建设研究》,广西师范大学硕士学位论文,2017 年。

上相互渗透,形式上交叉互鉴,在功能上彼此为用、相辅相成,共同支撑起中华民族家文化的大厦。①

(四) 国家和地方社科规划部门设立基金项目支持家训文献整理与家训文化研究②

家训是中华民族的文化遗存、文化密码和文化基因,家训文化是中国传统文化中极具特色的重要组成部分,对传统社会家庭关系维系、国家治理、社会发展以及当今社会优秀家风培育、家庭美德建设、青少年道德素养提升都具有很大的借鉴价值。为了继承和弘扬中华民族优秀家训文化遗产,2014年底江苏师范大学陈延斌教授申报的国家社科基金重大项目"中国传统家训文献资料整理与优秀家风研究"获得立项,2018年该项目又获滚动资助。国家社科基金面上项目这些年也立项了一批家训文化方面的研究项目,有整体研究传统家训及其开发利用的,如"中国传统家训的创造性转化与创新性发展研究"(彭昊,2016),"传统家风家训文化涵育社会主义核心价值观对策研究"(张琳,2018),"家风家训与社会主义核心价值观培育研究"(洪明,2018),"家风家训与社会主义核心价值观培育研究"(陆树程,2018),"红色家训的文化基因及传承发展研究"(李泽昊,2019),"新时代中国传统家训文化的创造性转化和创新性发展研究"(赵婵娟,2019),"中国古代家训中的阅读史料整理与研究"(高田,2021);也有研究地域传统家训及其利用的立项项目,如"西南少数民族家训文献整理及现代性转换研究"(冉光芬,2016),"宋代江西士人家族家规家训文献收集、整理与研究"(邹锦良,2020),"基于中原地区家谱的中

---

① 陈延斌、陈姝瑾:《中国传统家文化:地位、内涵与时代价值》,《湖南大学学报(社会科学版)》2022年第3期。

② 参见陈延斌、张琳、杜致礼:《家风家训与中国传统家教文化的弘扬》,载于孙云晓主编:《2017—2018中国家庭教育蓝皮书》,湖南教育出版社2018年版。

华优秀家风家训搜集、整理与研究"（谢琳惠，2020）等。教育部和部分省市社科规划部门也对一些相关项目立项资助。例如，江苏省社科规划办近年来立项的家训研究方面的省社科基金项目有"利用优秀传统家训文化涵养社会主义核心价值观研究"、"江苏家训文献整理与研究"、"明清时期江苏地区士人家训对子弟教育和文化的影响"等等。

三、国外学者对中国传统家训
思想的研究与借鉴

从文献检索看，国外不少图书馆藏有中国家训文献，但对中国传统家训思想的研究成果极少。虽如此，中国传统家训文化在国外的影响却很大，特别是对东亚国家。日本、韩国、朝鲜、越南等国学者的著作和民间家庭教育中都曾参考借鉴我国传统家训文献。由吉备真备撰写的《私教类聚》，是日本第一部家训，该家训以《颜氏家训》为范本，由38条训文组成，其中引用不少《论语》、《礼记》、《颜氏家训》等中国典籍的内容，甚至直接将"五常"作为培养和训诫子孙的家规。日本古代的商家家训、女性家训，也都深受中国传统家训的影响。在日本江户时期，日本学者翻译出版了很多中国女性家训著作。

据李卓主编的《日本家训研究》（2006）介绍，家训在日本常被称作家宪、家掟、家慎。作为家长为家族成员、父祖长辈为后代子孙所规定的有关立身处世、居家治生训诫和教条的齐家之训，基本始自儒经，推及治国。以家训齐家、教子是中国传统文化中的一个显著特色，也是东邻日本在吸收中国文化过程中积极借鉴和模仿的内容之一。有学者提出，日本的武士家训也深受中国家训和朱子学的影响。有代表性的家训有德川家康的《东照宫御遗训》、室鸠巢作的《明君家训》，还有《细川宣纪家训》、《酒井忠进家训》、《松平定信家训》

等(刁振东、张广学,2008)。

中国传统家训对韩国影响也很大。韩国景仁文化社 2013 新版的《韩国历代文集丛书》(文集编纂委员会编)就收集了从 7 世纪至现代约 3500 种韩人汉文文集,卷帙万余,其中专门且完整的家训文献有百余篇。韩国家训文献出现于 14 世纪,基本集中在 15 — 19 世纪。韩国家训编撰深受中国儒家思想和中国家训的影响(刘永连,2011)。儒家文化对朝鲜时代的家训产生了重要的影响(周海宁,2010)。"不少韩国家训直接说明以中国前代家训为基本范例和理论依据。颜之推《颜氏家训》、朱熹《家礼》、司马光《家范》和《居家杂仪》以及班昭《女诫》、吕本中《童蒙诗训》等,在中国是影响较大的家训代表作,在朝鲜半岛的家庭教育中同样也具有示范作用。"①例如,朴垠《家训十七则》就规定,治丧治葬,一律依据文公《家礼》。另外,在"序长幼"一条中,引述的典范事例就来于吕氏《童蒙诗训》,在"御僮仆"一条中,借用司马光《居家杂仪》中的条规作了相应规定。② 再如,朴胤源《八条女诫书从子妇李氏寝屏》序明确说明借鉴中国家训的情况:"余就小学《立教》、《明伦》等篇采其最切于妇道者,略加节删,添入班昭《女诫·妇行》一章……"③

中国传统家训在越南等国也产生较大影响。比如,据《越南汉喃文献提要》记载,程颢撰写、朱玉芝翻译的《明道家训》,很早传入越南并被多次刊刻。尽管学者们认为,此家训实际上是翻译者朱玉芝模仿《明心宝鉴》、假借程明道名义对先贤言论进行加工而成,但在内容上趋同于中国流行的家训类典籍,在风格上奉行越南汉籍的简洁明快,这都说明了中国传统家训对越南的影响

---

① 刘永连:《从韩国文集中的家训文献看朝鲜半岛家庭教育与中国传统文化的关系》,《东北史地》2011 年第 4 期。

② 朴垠:《兰溪遗稿》(不分卷)页四十二,载于韩国文集编纂委员会:《韩国历代文集丛书》第 203 册,第 96 页。

③ 朴胤源:《近斋集》卷二十三,页八至九,见韩国文集编纂委员会:《韩国历代文集丛书》第 949 册,第 275—276 页。

之大。这种影响随着中国宋、明两朝家训文化的繁荣,使中国传统家训在越南得以更广泛的传播,并助推了越南家训的发展。①

但总起来看日本、韩国的家训编纂风格都较为简单,不论在思想内涵还是在编撰形式方面多是对中国家训的模仿借鉴,无法和我国家训文献相比。近代家训则与中国一样,更多采用家书形式。

四、已有研究成果与研究趋势的评析

(一) 关于家训文献整理出版成果的评析

从已经出版的典籍看,《四库全书》系列、《四部丛刊》、《四部备要》、《全上古三代秦汉三国六朝文》、《全唐文》、《全宋文》、《古今图书集成》、《丛书集成初编》、《丛书集成续编》、《四库全书总目》、《中国丛书综录》等皆为重要的参考文献、研究资料和工具书,其中的历代家训包含了存留下来的大部分家训文献。上述介绍的《戒子通录》、《女四书》、《五种遗规》、《课子随笔》等辑录的家训文献资料也给今天的家训文献整理、集成提供了部分文献。现仅以下述两套重要的丛书和近年来编辑出版的若干家训文献,说明进一步研究探讨、发展或突破的空间。

一是《古今图书集成·明伦汇编·家范典》。该书中的家训文献包括家训、家书、训子诗词歌诀、格言箴规等等。《家范典》中辑录的资料极为详细具体,范围极其广泛。《家范典》是研究古代家训的主要文献资料之一,具有重要的价值。但该书为语录体汇集,资料零杂,且无标点,需要根据该书线索花大力气整理全文并作考证、校释。

---

① 鱼欢:《浅论家训文化在越南的传播——以〈明道家训〉为例》,《青年文学家》2021 年第32 期。

二是"丛书集成"系列。包括《丛书集成初编》、《丛书集成新编》、《丛书集成续编》和《丛书集成三编》。该丛书收有家训名篇数十部,如《郑氏规范》、《放翁家训》、《蒋氏家训》、《孝友堂家规》、《孝友堂家训》、《聪训斋语》、《恒产琐言》等等。但这些家训仅作简单断句,不适合今人阅读,且多有错讹之处,需要考订、校释。

再以近年来编辑出版的若干家训思想史文献说明进一步研究探讨、发展或突破的空间。

20世纪90年代以来,中国内地(大陆)和港台编辑出版了近50种传统家训著作汇编,还有不少个别家训名篇的注释、翻译本,但仍然没有搜罗散佚,而且缺乏完整系统的整理。在这些家训出版物中,李茂旭主编的《中华传世家训》,张淑贤主编《中华家训珍典》,成晓军主编的《帝王家训》、《名儒家训》等五本家训系列丛书,赵忠心的《中国家训名篇》等是国内家训整理编辑较有代表性的成果。现分别作简要评析。

李茂旭先前主编的《中华传世家训》,分上下两卷,励志、勉学、修身、处世、治家、为政、慈孝、婚恋、养生九编,每部分以朝代为序,分别介绍。摘录的家训有题解、原文和翻译。后来李茂旭和郭齐家共同主编的《中华传世家训经典》实际上是将前书的两卷九编重新组合分为四卷而已。该书虽包含了中国历代四百多位作者共两千余则家训作品,但由于为摘录式汇辑,家训文献皆不完整,无法让读者看到历代家训思想史料的全貌,也不方便于研究者系统了解原文。

张淑贤主编《中华家训珍典》六卷本,具体内容包括家训原文、注释和译文。该书虽然装帧精美,但收入篇目却极为有限,只有《颜氏家训》、《曾国藩家书》、《容斋随笔》、《传习录》、《处世悬镜》、《孝经》等寥寥数部,而这其中大半根本不属于家训文献。至于近年来编辑出版的其他家训著作,虽然数量不少,但多是摘录而非全本。

成晓军主编的家训丛书,包括《慈母家训》、《名儒家训》、《名臣家训》、《帝王家训》、《宰相家训》五本。丛书优点在于编选体例根据家训作者身份,较有特色,而且每篇包括撰主简介、原文、注释、译文和评析,便于读者理解,但缺点在于丛书基本为节录,读者无法理解作者思想和家训文献的整体内容。

赵忠心的《中国家训名篇》,收有家训文献 16 篇。尽管这些家训也多为名篇节选,但作者选本精心,多是至今仍有积极参考价值的精华内容。每篇分为"作者和内容简介"、"原文"、"注释"、"译文"。缺陷主要是篇目较少,且选择标准不一,如王中书的《劝孝歌》就是劝善读物,而非家训。

总起来看,目前传统历史典籍中的家训文献除专书外,相对零散,整理不够,亟须进行系统的搜集与整理。而近年来已经出版的家训文献多为零散摘录或分类语录摘编,全文收编较少,而且这些家训汇编和节选有很高的相似性和重复性,尤其缺少系统全面的搜罗集成,也缺少整理、勘误、编校。出土家训文献和散佚家训文献需要抢救性发掘整理。笔者与徐少锦、许建良教授等1993 年出版的《中国历代家训大全》两卷本,尽管力求全文收入,但限于当时条件,仍然有不少没有辑录进去。在参考、借鉴上述古今家训文献汇集基础上求精、求真、求全,整理出最为完备、经得起检验的最为权威的家训文献集成本和面向广大读者的精华普及本,是保存这笔历史文化遗产的重要工作。

近年来,学者们在家训文献整理、出版方面做了不少工作,继续推出了一批家训文献点校整理或汇编、辑录成果。2017 年,中央办公厅、国务院办公厅印发的《关于实施中华优秀传统文化传承发展工程的意见》号召,实施中华优秀传统文化传承发展工程,传承中华文脉,要"挖掘和整理家训、家书文化,用优良的家风家教培育青少年"①。在党和政府倡导传承和弘扬中华优秀传统文化的背景下,近年来编辑出版了不少家训名篇和家训语录的注释本、翻译

① 中共中央办公厅、国务院办公厅印发《关于实施中华优秀传统文化传承发展工程的意见》,《人民日报》2017 年 1 月 26 日。

本、导读点评本之类的家训普及读本,为传统家训的传播和传承发挥了重要作用。但也应该看到,已经出版的家训文献多为零散摘录或分类语录摘编,且这些家训汇编和节选有很高的相似性和重复性。这种情况近年来虽然改变不少,但在参考借鉴古今家训文献汇集基础上整理勘误,求精求全,整理出全面完备、经得起检验的家训文献集成本和面向广大读者的精华普及本,依然是保存和传承这笔历史文化遗产需要持续推进的重要工作。

此外,域外家训文献和国内散佚家训文献也需要进一步搜集和发掘整理。近年来我们课题组曾去美国哈佛大学、夏威夷大学等图书馆寻访传统家训文献,但由于疫情无法去更多国家寻访查找。就国内而言,全国各地图书馆书目网络检索功能的优化,为寻访国内散佚家训文献提供了便利条件,但仍然需要进一步收集整理;一些世家大族家谱中收录的较有代表性的家训文献也需要挖掘整理。

在系统介绍家训文献及其藏本线索的研究著作中,赵振的《中国历代家训文献叙录》(齐鲁书社2014年版)无疑是其中的重要代表之一。该书仿《四库全书总目》体例,对先秦至晚清流传于世的230多部家训专著的作者、内容、版本、价值及影响都进行了详细的考辨和评述,是对中国古代家训进行系统清理和描述的著作,对于从事中国传统家训、中国家庭史、中国古代教育史等研究的专家学者及一般读者均具有参考价值。书末还附录有《历代家训专著存目一览表》及《历代亡佚家训专著一览表》,可以帮助读者更为全面地了解传统家训全貌和藏本信息。

在近几年出版的家训文献丛书中,有三部著作值得学界关注。一是《中国家谱资料选编》(18卷)。该书由陈建华、王鹤鸣主编,上海古籍出版社2013年出版。该丛书第八卷第九卷"家规族约"中,汇辑了很多民间家谱中的家训、族规、家礼、家法。该书以上海图书馆的2万余种藏谱为基础,并重点选辑国家图书馆、湖南图书馆、北京大学图书馆、美国犹他家谱学会和日本东京大学东洋文化研究所等所藏家谱,正是由于文献来源于原始谱牒,从海量的家谱中,选出各种有价值的资料,分门别类,汇辑而成,因此保证了家训资料的准确性和独有性,为学界相关研究和民间文化活动开展提供了一部经过系统整理、具有较高史料价值的家谱原始资料集,填补了这一领域的空白。二是《中国历代家训集成》(12卷)。该书由楼含松主编,主要为家训专著的汇编,共285种,由浙江古籍出版社2017年出版。该书是近年来出版的规模较大的家训文献丛书。三是陈延斌主编的《中国传统家训文献辑刊》和《中国传统家训文献辑刊续编》。前者30卷,由国家图书馆出版社2018年出版,共收录中国历代传统家训文献120余种,所收每种家训均有简明提要,略述作者或纂辑者生平、成书过程、内容大概及其得失与时代价值;后者《中国传统家训文献辑刊续编》,共50卷,国家图书馆出版社2023年出版。这两套大型家训丛书,系家训文献再造工程,通过影印,抢救了许多濒临腐蚀损毁的众多家训孤本、珍本,是值得肯定的中华传统家训文化保护、传承的重要工作。该丛书后续预计还将有30卷左右编辑出版。

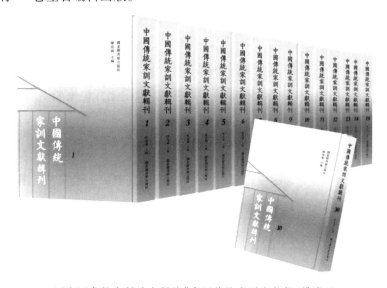

国家图书馆出版社出版的《中国传统家训文献辑刊》书影

在家训文献整理方面,国家社科基金重大项目"中国传统家训文献资料整理与优秀家风研究"课题组(由江苏师范大学陈延斌教授担任首席专家),积二十余年之功,搜集梳理、点校整理成《中国传统家训文献集成》20 卷(丛书即将由国家图书馆出版社出版),共收入家训文献 600 多部(篇),约 900 万字。较之已有的家训汇编,该书规模更为宏大,力求做到收录齐备,实现了集传统家训之大成的目标。另外,该书还广泛搜罗家训文献,认真比较,选取最好版本,以全、准、清为家训整理原则,力争将点校、整理的家训文献差错率减少到最低限度,确保整理的家训文献精益求精,使之更好传承。该书不仅全面收录经典传世家训文献,还广泛搜罗新发现的散佚资料以及域外所藏中国家训文献、散落于民间谱牒的相关家训文献,从而使得传统家训这笔丰厚的文化遗产得以更好保护和传承利用。

此外,各地还搜集整理了一些当地家训文献。譬如卞利整理的《明清徽州族规家法选编》(黄山书社 2014 年版),《安康优秀传统家训注译》编委会编、戴承元注译《安康优秀传统家训注译》(陕西人民出版社 2014 年版),中共福建省委文明办、福建省地方志编纂委员会、福建省妇女联合会编译《福建家训》(海峡文艺出版社 2014 年版)等。有些地方还将当地名人先贤家训选辑与其家风文化结合起来,如中共四川省纪委编《四川历代先贤名人家风家训》(中国方正出版社 2018 年版),中共曲周县纪委、曲周县监察委员会编的《曲周历史名人家风家训》(中国文史出版社 2019 年版)等。

在家训文献检索与研究平台方面,"中国传统家训文献数据库"已经基本建成。该数据库由国家社科基金重大项目"中国传统家训文献资料整理与优秀家风研究"课题组,与国家图书馆出版社共同合作建设。"中国传统家训文献数据库"目前局域网内上线运行。该数据库既包括影印的"传统家训文献",又包括整理的"传统家训文献",还包括"传统家训文化研究",数据库为家训文献的学习、传承和学术研究搭建了一个富有价值的平台。

（二）关于家训思想史研究成果的评析

目前系统研究家训的专著类成果依然较少。已出版马镛著的《中国家庭教育史》，是一部研究中国家庭教育史的重要著作，作为家庭教育范畴的传统家训的研究，在该书中虽占有不少的篇幅，提出了很多颇有价值的成果，但毕竟不是专门的家训研究著作。徐梓著的《家范志》，是一部侧重研究家训文本发展演变的著作，作者提出了不少很有价值的见解，但对家训的研究，更多的是从"已成的范式"——家范文献进行的，而且二十多万字相对较小的篇幅，致使对家训内容、规律的研究领域相对较窄，不少问题分析不够透彻。

"人民·联盟文库"修订再版的《中国家训史》书影

由徐少锦和陈延斌合著的《中国家训史》至今仍被认为是影响最大的家训研究专著。有学者评价"家训的研究专著，此类书籍已经开始从治史角度对家训进行理论性的研究，目前数量仍较为有限，……其中《中国家训史》可谓影响最大，堪称家训研究的集大成者，在家训研究史上具有重要地位。"（王帅：《中国传统家训研究30年》，《中国家庭教育》2009年第2期）。正因如此，2011年该书被人民出版社作为优秀学术著作选入"人民·联盟文库"修订再版。这部 62 万字的著作,在家训研究方面取得了七项成果:概括提炼了中国传统家训的基本内容;依据中国传统家训演进的历史轨迹,作了有根据的分期;总结出传统家训教化行之有效的教育原则与许多具体的方式方法;归纳了传统家训在其长期的发展演变中呈现出的五个鲜明特点;总结概括出传统家训演进的基本规律;探讨了被誉为教家立范"龟鉴"的家训对中国社会发展演进的重要功能和作用,梳理出需要继承的这笔丰厚文化遗产的精华;对家训中由于历史与阶级的局限性形成的封建说教以及错误方法等糟粕作了具体的分析批判。然而,徐少锦与陈延斌合著的这部《中国家训史》也存在一些不足。例如,由于当时搜集文献资料的局限,一些家训尚未论及,更没有研究。再如,书中提出周公诫子伯禽"开中国家训先河"的观点,由于清华简中周文王《保训》的发现,这种说法需要修正。又如,民国时期的家训发展历史尚未进行论述。

此外,还有两部相关研究著作。一是张怀承的《中国的家庭与伦理》(中国人民大学出版社 1992 年版)。本书论述中国家庭伦理问题,其中涉及对传统家训教化的不少颇有价值的史料。二是王长金的《传统家训思想通论》(2006)。该书在借鉴上述研究成果的基础上,对传统家训的历史渊源进行了系统的研究,探讨了其中蕴含的养德、重农、择友、严爱等教育思想,以及言传身教、知行合一、因人施教等教育方法,对于家庭教育理论和实践具有一定的参考作用。关于家训思想、教化和家风建设方面的研究论文,近年来虽然不少,尤其是 2014 年春节中央电视台海采"家风"之后。但这些成果多是对建设良好家风的呼吁、家风建设的必要,挖掘传统家训教化和家风营造经验并为今所用的成果较少,且无论深度、广度都有很大的拓展空间。

至于国外研究中国传统家训的成果极少,只有对个别家训篇目的研究或仅仅涉及。例如日本学者守屋美都雄博士在研究中国古代家族时探讨了六朝时代的家训,高度评价《颜氏家训》的成就,在 2010 年时撰文指出:"《颜氏家训》的卓越性，只有在与前后各类家训进行比较后才能真正确立。同时,《颜氏家训》超越一般'家训'概念,具有了内容极其广泛的文献形态,其原因也只有当它在家训史上所占地位被明确之后才能有所理解。"再如,美国学者包筠雅撰写的专著《功过格——明清社会的道德秩序》(1999)中,就对明代官吏袁黄的《训子言》(《了凡四训》)所附修身的"功过格"进行了研究。即便是东亚文化圈的国家如韩国、日本、越南等国的家训不少是对中国家训个别名篇的引经据典,而且编纂风格简单随意,不论在思想内涵方面还是在编撰形式方面都难以与中国的家训相比。

综观已有家训史料和家训思想研究,取得的成果较为丰硕,但依然存在以下不足,从而需要进一步深化和推进。

第一,已有研究成果多为传统家训部分著作或篇目的研究,系统研究家训的专著类成果也较少。因此,对中国传统家训思想发展历史尚待进行更为深层次的分析,对家训发展历史规律的探讨和论述也需加强。

第二,已有研究成果在中国家训思想史与中国社会史、思想史、教育史、伦理史的横向渗透和交互作用的研究方面远为不够,从而影响了对中国家训思想史历史地位和作用的正确评价,影响了对其历史价值的评估。

第三,已有成果对传统家训思想内涵研究较多,但对家训文化中卓有成效的教化载体、途径、方法研究不够,这就影响了我们今天在家庭教育和家庭家风建设中的参考借鉴。在这方面,无论研究深度还是广度都有很大拓展空间。

第四,已有研究成果虽然有不少挖掘了传统家训思想的当代价值,但多集中于《颜氏家训》之类常见的、影响较大的家训专书,其他家训研究相对较少,这就制约了对家训文化宝库的优秀资源进行爬梳研究,批判继承,需要深入挖掘,以便更好古为今用。

第五,关于开发利用传统家训文化,为新时代的家训文化建设提供滋养的问题,学界已有成果较为不够,对于如何开发利用传统家训思想、教化经验等资源,实现传统家训文化的创造性转化和创新性发展,以便创建新的家训文化,亟待进一步加强研究。

第六,在地域家训思想史、发展史研究上尚待拓展。上述介绍近年来研究地域家训历史的著作已经有《江苏家训史》《明清徽州家训研究》等个别省域和地区家训的研究,但目前此类专著依然较少,影响了我们对地域微观家训文化的认知。

上述几个方面的不足,影响了对传统家训文化这笔丰厚而珍贵的历史文化遗产,尤其是教育思想、伦理文化遗产的继承,影响了传统家训思想、家训教化在家德、家风、家礼建设,在齐家、睦亲、教子方面时代价值的发挥。要传承和弘扬优秀家训文化,为新时代的家教家风等家文化建设提供滋养,这些也是需要不断拓展深化的着力之处。

第三章 传统家训文化存在与存续的合理性[①]

如前所述,家训文化是我国传统文化中的重要组成部分,更是当代家教、家风建设可资借鉴的宝贵资源。为此,本章拟从传统家训文化存在的社会历史条件及其存续的内在动力出发,试图探究传统家训文化绵延数千年而未曾中绝的合理性,在论证其存续合理性的基础上,才能对家训文化进行当代构建,实现创造性转化和创新性发展。

一、传统家训文化存在的社会历史条件

法国著名哲学家保罗·利科(Paul Ricoeur)曾指出:"历史创造了人,人承受了历史。在很大程度上,不是人创造了历史,而是环境塑造了人的历史。"[②] 传统家训文化的存在不仅源于古人的创造,而且源于特定的社会历史条件的

---

① 本章主要内容,杨威、关恒曾以《传统家训文化存在与存续的合理性探究》为题,发表于《中州学刊》2016 年第 8 期。

② [法]保罗·利科:《法国史学对史学理论的贡献》,王献华译,上海社会科学院出版社 1992 年版,第 22 页。

塑造。特定的社会历史条件为传统家训文化的产生提供了先决条件，与此同时，传统家训文化的发展又促进了中国传统社会的自我调整与完善。纵观中国社会发展史，我们不难发现，在古代社会，传统家训文化赖以存在的社会历史条件均具有某种一致性，其具体表现在以下几方面：

首先，稳定、延续的农耕经济为传统家训文化的产生与发展提供了坚实的物质基础。生产工具与生产技术相对落后的传统社会不论是哪一时期都具有大体相同的自然地理条件，这就构成了中国传统社会特定的生产、生活方式——农耕经济。因此，自给自足的农耕经济始终是中国传统社会的经济基础，其所具有的稳定性与延续性为传统家训文化的产生与发展奠定了物质基础。具体而言，封闭的自然环境、久居的生活状态、"男耕女织"的经营方式，加之尚不发达的交通工具促使农耕经济形成了稳定性的特征。因此，它们的"共存"与"发展"就要依托家族与家族之间、家族成员之间紧密、有序的关系，而维系这一良好关系的方法即是家庭、家族的历史文化积淀与世代传承。

其次，"家国同构"的血缘政治为传统家训文化的产生与传承提供了重要的政治保障。血缘伦理关系及其观念贯穿于中国传统社会的始终，虽然在各朝各代的表现不尽相同，但却影响着中国传统社会的政治、经济、文化等诸多领域。稳定的血缘政治促进了家训文化的繁荣与发展，乱世的政治状态加强了上至帝王将相、下至平民百姓对于其子孙的管束。因此，"家国一体"、"家国同构"的治理模式为传统家训文化的产生与传承提供了重要的政治保障。此外，在四海鼎沸、内忧外患并存的时代，传统家训文化对于社会的稳定也发挥了重要作用。故而传统家训文化在"分久必合、合久必分"的中国传统社会中具有存在的天然合理性。

最后，儒家思想与传统家训文化相互依存、相辅相成。传统家训文化在封建社会时期能够得以保存并延续的另一个重要原因，即是其本身与儒家思想这一官方主流意识形态的完美结合与统一。一方面,传统家训文化是儒家思想家庭化的有效载体与抓手;另一方面,儒家思想也为传统家训文化提供了基本内核与理论根基。传统家训文化随时代的变迁其内容虽有或多或少的更新,但其所传递的儒家思想精髓却能够一以贯之、始终如一。在育人方面,它倡导儒学的价值追求,弘扬仁、义、礼、智、信的道德标准;在家法方面,它从儒家伦理道德观念出发,以道德评判的标准约束人的行为,以国家法("王法")的方式惩戒家庭成员。由此可见,传统家训文化与儒家思想一道维护了封建统治的稳定与社会秩序的"和谐"。因而,不论是帝王官宦还是文人墨客的家训,都不乏儒学中"圣人之治"的理想追求,也不乏"仁义礼智信、温良恭俭让"等道德标准,更不乏对于家庭成员的惩戒与责罚。道德标准的统一、国法与家规的统一,在一定程度上反映或呈现了儒家思想与传统家训文化的统一。

值得一提的是,一般而言,任何事物的存在和延续都受到时间和空间两个因素的共同影响,传统家训文化也不例外,其存在亦具有历时性与共时性的二重性。若从"历时性"的角度来看,传统家训文化既具有阶段性的时代具体性,又符合文明发展的历史规律;从"共时性"的角度来看,传统家训文化既具有恒定的本质共通性,又能满足人类文明发展的基本精神需求。

二、传统家训文化存续的内在动力

虽然传统家训文化几乎贯穿于封建社会的始终,但其内容与形式在历朝历代均不尽相同。除前已提及的特定的社会历史条件而外,能够使之得以存续并发展的核心因素之一,则是传统家训文化自身所蕴藏的内在推动力——主要表现为实践动力、需要动力以及精神动力等。

（一）传统家训文化存续的实践动力

恩格斯在《英国状况·十八世纪》中指出，"文明是实践的事情"①。作为中华文明重要组成部分的传统家训文化，既是实践的产物，又在实践中发展。具体而言，传统家训文化存续的实践动力主要体现在如下几个方面：

其一，实践创造了传统家训文化。马克思、恩格斯在其人类学研究中指出，人类的世界产生于实践。实践在创造物质财富的同时也创造了精神财富，而传统家训文化即是中国古代社会留给后人的一笔宝贵精神财富。因此，传统家训文化自然也是源于实践。首先，古人在实践活动中创造出了传统家训文化赖以存在和发展的社会土壤——物质文明与精神文明等。古人通过实践活动不断提升生产力水平，使经济条件不断改善，家族规模不断扩大，从而为家族的繁衍与血脉的延续提供了条件；古人通过实践活动不断调整和完善伦理规范，使儒家伦理思想体系日趋完备，家庭德育日渐普及，从而为家族的和谐与繁盛提供了条件。其次，古人在循环往复的实践活动中创造了传统家训文化。传统家训文化不是凭空想象出来的，而是古人在具体的包括日常生活实践在内的社会实践活动中创造出来的，即是社会实践的产物。一般看来，传统家训文化在其雏形阶段乃是圣贤一生的经验总结，而这些经验则源于其自身的实践，既包括其个人的经历、思考，也包括其对于他人实践结果的概括与总结。最后，传统家训文化的产生与发展是家庭德育产生与发展的表现，而进行家庭德育的过程即是一种教育实践。因此，正是在这一意义上，本书认为传统家训文化首先来源于特定的实践活动。

其二，传统家训文化在实践中不断发展。传统家训文化能够得以发展的实质即是在实践的检验下不断推陈出新，最终实现对自身的扬弃与创新。因

---

① 《马克思恩格斯全集》第3卷，人民出版社2002年版，第536页。

此,实践是传统家训文化得以存续与发展的不竭动力之源。从传统家训文化的形式来看:首先,实践推动家训文化的形式不断向前发展。在中国传统社会,随着生产力的不断发展与进步,传统家训文化也经历着从"口头训诫"到"文字入谱"再到"典籍传世"的几多变迁。其次,实践促使传统家训文化的辐射范围不断扩大。其辐射范围从最初的帝王皇室到文人墨客再到后来的普通百姓,这一演变的直接动力便是实践。帝王皇室订立家训的成功实践促进了社会各个阶层的效仿,从言传身教,到留文于世,均源于实践的强大动力。从传统家训文化的内容来看:首先,实践活动推动着其内容的不断更新。传统家训文化之所以能够贯穿于中国传统社会的始终,其中一个重要的原因即是其能够随着实践的发展而不断进行自我扬弃。家训内容从最初的制定到修订到再修订的过程,从道德教育到行为规范再到惩戒制度的转向与递演,从简单的家庭德育到与国家道德教化的统一,都是其自身在长期发展过程中不断改变、不断妥协、不断扬弃与不断发展的表现。其次,实践是传统家训文化变革的推动力量。传统家训文化的发展演变——包括内容的更新与形式的嬗变都发生在实践之中。先进的生产力会颠覆传统家训文化中的落后思想,促使其发生变革并与先进的物质文明、精神文明的发展脚步相适应,从而推动传统家训文化加速向前发展。由此不难看出,从实践出发创造出的物质文明、精神文明乃至政治文明共同孕育和涵养着传统家训文化。

（二）传统家训文化存续的需要动力

一般认为,"需要"是一种客观性的存在,所以当下才会有"刚需"一语,而个人、社会抑或是事物其自身的不平衡与缺乏,则是产生需要的原因与动力。显而易见,需要不仅仅是人之特质,同时亦具备社会性。传统家训文化的产生与发展源于需要,但这里所指的需要不仅仅局限于个体的人,于家庭、家族、宗族亦有一种需要。传统家训文化是一种育人之法,是人何以为人、何以治学、何以立世之法；传统家训文化是一种治家之道，是一种在家庭、家族抑或是宗族中的成员所不能逾的"矩"。当然，对于国家而言，传统家训文化更是构建"家国一体"模式的一种需要，它是国与家紧密联系的纽带。具体而言，传统家训文化存续的动力主要来源于以下几方面的需要：

第一，人之本身的需要是推动传统家训文化产生与存续的直接动力或内因。首先，人之本身对于生存与发展的需要促进了传统家训文化的不断完善与发展。传统家训文化不再简单地囿于治学修身与伦理关系维系，而是在继承、总结和概括前人经验的基础上，使之内容更加丰富、体系日趋完善，从而对后世的影响也越发广泛。其次，如果把传统家训文化落细、落小、落实，也就是落到每一个个体身上就不难发现，个体的需要才是推动传统家训文化存续的最直接动力。毫无疑问，个体是传统家训文化最初的发起者和直接受益者。传统家训文化经由个体的口头传述、笔下落实，再由个体向外逐一传播，最终又反过来作用于每一个个体身上，使之从中受益。传统家训文化旨在使个人的品行更加完备，使个人的利益得到更加公平的分配，也使个人的生存环境和发展空间更为广阔。因此，家庭中个体的推动，无疑有助于传统家训文化的存续与发展。或者换言之，个人的需要乃是推动传统家训文化存续的直接动力。

第二，宗族的需要是推动传统家训文化存续的加速器。传统家训文化不是偶然性的产物，也不是宗族中的某个个体突发奇想或信手拈来的"作品"，它具有较强的历史传承性。进而言之，传统家训文化是传承与扬弃结合的产物，而传承、凝练、扬弃的主体即是家庭或宗族本身。它们根据时代的风云变幻，不断调整、改善传统家训文化中的育人之道；它们根据占统治地位的主流思想的变迁，不断磨砺、锻造传统家训文化中孕育的基本精神。从和风细雨般的家训指导到雷霆万钧般的家规约束，都是传统家训文化不断扬弃的过程，而这一过程离不开"子子孙孙无穷匮也"①的家庭与宗族常葆璀错之华的需要。毋庸置疑,传统家训文化的存续是追随着时代的脚步而不断摸索前进的,但是在新旧文明的更迭中,其难免要落后于先进文明的发展脚步,而解决这一问题的关键则是宗族的需要。宗族对其自身、对族众、对子孙后代的殷殷期望促使它在文明转换的当口迅速作出改变,使之能够以最快的速度适应社会环境的变迁、主流思想的更迭。宗族不仅需要借助传统家训文化培育子孙成才,还需要借助传统家训文化维系族内安定,更需要借助传统家训文化壮大本族势力。因此,在一定程度上可以说,只要有个体家庭及其所依靠的宗族的鼎力支持,传统家训文化就会尽可能跟上时代的脉搏。

第三,国家的需要是推动传统家训文化存续的保护伞。如前所述,中国传统政治社会的突出特征即是"家国同构"。在这一主导架构下,国家、宗族、个人从宏观来看都具有共同的精神追求、共同的理想人格、共同的处世原则等等,因而在不同家族的家训中,通常均可找到有关上述特征的论述,这就从一个侧面说明了国家需要、宗族需要与个人需要的统一。首先,从传统家训文化的辐射范围来看,其最初肇始于帝王家训——用以训诫皇子皇孙,后被宰相大夫、名臣名儒所效仿,并在统治者的大力支持下推广至市民阶层。不难发现,传统家训文化的缔造者即是统治阶层,其对于皇族成员的训诫自然要先满足国家的需要。其次,传统家训文化在一定程度上与国家法又具有统一性。传统家训文化不仅仅是对于宗族成员的训导,同时也包含了一种特定的宗族法律规范(即"宗族法"或"家法族规")。对于如何保持宗族的稳定,以及如何解决宗族内部的各种矛盾和问题,传统家训文化无疑起到了重要作用。特别是在"家"的治理中,传统家训文化几乎等同于国家法对于社会成员的规范,甚至约束得更细、更小、更实。最后,根据马克思主义的观点,国家是阶级进行

---

① 《列子·汤问》。

阶级统治的工具,这就说明只要有国家存在,就会有阶级及其统治的存在,而这种统治不能简单地依靠暴力手段,因此,家庭中的道德教育,亦即家训,便应运而生。传统家训文化作为道德教育中的基础教育或启蒙教育,只有迎合和满足国家的需要才能够得到推广与发展。传统家训文化之所以能够从先秦时期开始存续千年,主要就是得益于国家的需要与支持。国家需要借助传统家训文化渗透统治意志,需要借助传统家训文化规范民众行为,更需要借助传统家训文化维系社会稳定。因此,国家的需要与庇佑,无疑有助于传统家训文化的存续与发展。

(三) 传统家训文化存续的精神动力

传统家训文化存续的精神动力主要来源于以下三个方面,即作为文化胎记的家庭本位观念、作为心理纽带的共通性认知,以及作为理念之桥或反思之镜的批判性思维。

第一,家庭本位观念是传统家训文化存续的文化胎记。家庭本位观念之所以在中国传统文化体系中长期占据主导地位,一方面源于儒家思想的推动,另一方面则来自血缘和地缘关系的影响。它不仅使家庭内部的凝聚力不断增强,同时还能使家族之间不断发生碰撞和进行交流,从而有助于形成较为完善的普适的家训文化。在中国长期的历史发展中,人们的家庭依附观念逐渐增强,以家为本位的思想观念越发根深蒂固,传统家训文化也随之日益丰富和完善。可以说,家庭本位观念与传统家训文化二者始终在共同成长与发展。传统家训文化来源于家庭,尔后应用于家庭并走向社会,最终也将遵循以家庭为本的文化理念从而又回归家庭。因此可以说,家庭本位观念始终是推动传统家训文化存续下去的不可磨灭的文化胎记。

第二,共通性认知是传统家训文化存续的心理纽带。传统家训文化植根于中国传统社会的丰厚土壤中,它所包含的治家教子、为人处世之道等也始终处于中国文化共同理念的统摄之下。譬如,《姚氏家训》中要求子孙"不能欺""不忍欺""不敢欺"①,以达到"省身克己,庶几乎立行可模。主敬存诚,岂专以置言成范"②的状态;朱柏庐在其《治家格言》中强调:"一粥一饭,当思来处不易;半丝半缕,恒念物力维艰",告诫家人崇尚节俭,拒绝挥霍;高攀龙在《家训》中亦提到"世间第一好事,莫如救难怜贫,人若不遭天祸舍施能费几分。故济人不在大费己财,但以方便存心"③,教诫家人始终以仁爱之心待人;等等。古往今来,虽经世事变迁,但是这种讲诚信、尚节俭和与人为善等共通性认知,不但扎根于人们的家庭生活之中,而且融入普通百姓的血液之中。可见,传统家训文化也正是在这种共通性认知的连接和作用下不断延续和向前发展的。

第三,批判性思维是传统家训文化存续的理念之桥或反思之镜。批判性思维对于传统家训文化的存续主要表现为一种反作用,它不仅有利于构筑起传统家训文化贯通古今、与时俱进的理念之桥,而且有利于搭建起传统家训文化鉴古知今、推陈出新的反思之镜。具体而言,这种反作用主要表现在两个方面:其一,用先进的思想批判旧的不合时宜的传统家训文化,即进行理论的批判。它能够使个体、家族从死板僵化的桎梏中解放出来,从而更好地思考并加以行动以适应现实社会的需要。通过理论的批判,人们能够更好、更快地理解、接受和顺应新的因时制宜的家训文化。其二,将精神动力转化为物质手段,即进行物质的批判。马克思曾说:"理论一经掌握群众,也会变成物质力量。"④由此可见,精神动力的力量不可小觑,它是其他内生动力所无法取代的。因此,要将精神动力转化为普通百姓的物质力量,并以此来改变虽风光不

---

① 陈建华、王鹤鸣主编:《中国家谱资料选编》第 8 卷,上海古籍出版社 2013 年版,第 100 页。
② 陈建华、王鹤鸣主编:《中国家谱资料选编》第 8 卷,上海古籍出版社 2013 年版,第 106 页。
③ 郭齐家、李茂旭主编:《中华传世家训经典》第 2 卷,人民日报出版社 2009 年版,第 477 页。
④ 《马克思恩格斯全集》第 3 卷,人民出版社 2002 年版,第 207 页。

再,但仍旧待吐新枝的传统家训文化。换言之,就是要用先进的思想引导普通百姓打破固有陈旧观念,做到与时俱进,从而推动传统家训文化的不断更新与发展。

三、传统家训文化存续的合理性构建

基于上述传统家训文化存续的合理性分析,笔者试图对当下的家训文化进行一番当代构建,主要体现在如下几个方面:

(一)转变"整旧如旧"的文化保护理念,实现"活态传承"

虽然传统家训文化的保护和传承一直处于进行时中,但是,传统家训文化的保护理念却没有完全跨越过去时,难以真正实现所谓"活态传承"。有鉴于此,我们应转变"整旧如旧"的文化保护理念,以确保传统家训文化存续的生命力。当前,随着新媒体、新技术的出现,人们已经大踏步地迈进了新媒体时代。在传统家训文化的存续问题上,应力求处理好"传统"与"现代"之间的关系,最终实现"活态传承"。而若实现"活态传承",首先就要转变"整旧如旧"的文化保护理念。尽管复原与修缮在一定程度上确实能够达到"以存其真"的目的和效果,但是,文化保护的任务是要不断发现并理解文化保护过程中出现的新变化,从而使文化的延续能够与时俱进,最终实现价值共享与世代传承的统一。"活态传承"并不是单纯地将传统家训文化恢复成旧日的模样,而是在对传统家训文化的表现形式加以重塑之外,更加注重其内容的现代转化及其当代价值的实现。

作为非物质文化遗产之一,传统家训文化的本质属性是"世代相传",其与物质文化遗产的最大差异就在于它的"活态性"。对于工艺类、表演类的非物质文化遗产,可以采取合理的生产性保护,使文化延续与经济效益、社会效益相结合,在不随意进行商业加工和改造的基础上,实现"活态传承"。然而,并不是所有的非物质文化遗产都可以"生产"出来,如祭典、二十四节气、传统家训文化等等。如果为了商业目的而对这类文化遗产进行加工和改造,就破坏了"活态传承"的价值意蕴。毫无疑问,传统家训文化乃是中华民族文化遗产中不可分割的一部分,是各个家庭、家族乃至整个中华民族的历史生命在现实社会中的传承与延续。因此,传统家训文化的存续既具有历史性,同时又具有现实性。而所谓"历史性",是指传统家训文化是在农耕经济、血缘政治和儒家思想的共同影响下,经过长时间的积淀并传承下来的;所谓"现实性",则是指传统家训文化可以在现实生活中被继承,仍具有强大的生命力,是一种"活"的文化。因此,如果能够确保传统家训文化存续的生命力,就会实现其自身的"活态传承"。

(二) 创建理性权威的话语交际模式,实现话语民主

虽然传统家训文化的存续离不开话语交际模式的影响,但是,只有形成理性权威的话语交际模式,进而实现话语民主,传统家训文化才能够充分融入当代社会,做到古为今用。所谓"话语",即是在特定语境中围绕某一对象而展开,并对其进行系统构建,以塑造人们相关的知识与价值立场。传统家训文化经由后世子孙的传承,得以进入话语领域,成为知识、价值立场的一部分。因此,其自身的延续与传承也是依靠话语交际模式。从传播学的角度来看,传统家训文化存续的话语交际模式属于深层的话语传播层次。它并非简单的"时刻表达",也不是结构化的媒介话语,而是承载着意义的文本与讯息,是制造与再造意义上的文化发展过程。它并不仅指向具体的实物,而且是一种"对世界(或其中某一方面)的言说与理解方式"①。事实上,传统家训文化并不

---

①　Jorgensen M.,Phillips L.,*Discourse Analysis as Theory and Method*,London:Sage,2002:1。

是孤立存在的。它不仅是本领域内的一系列话语组合,而且还与外部更大范围内的话语体系有所关联。随着传统家训文化的发展与延续,其自身的存续也愈来愈向跨学科的综合性方向发展,其存续的建构方式也愈来愈多样化,话语的转换趋势与话语主体的实践活动对传统家训文化的影响更是愈来愈重要。并且,传统家训文化的话语转换往往紧随当时社会的主流话语趋势。然而,不同的话语主体往往会直接或间接地影响传统家训文化的最终定型与呈现,而传统家训文化的话语转换无疑会直接影响其存续的理念及其模式。因此,充分顺应当前的话语变化趋势,创建合理的话语交际模式至关重要。

英国学者诺曼·费尔克拉夫(Norman Fairclough)在其著作《话语与社会变迁》中指出,当前话语变化的三种趋势分别是话语的"民主化"、"商品化"和"技术化"。① 相比之下,对于传统家训文化的存续更多地强调其话语转换的"民主化"。而所谓话语的"民主化",则是指消除话语权利的不平等,包括性别的不平等、等级制度等等,进而通过讨论和协商达成行动共识。这一过程体现在传统家训文化上,就是消除传统家训文化中的男尊女卑、宗法等级观念等消极因素,使之成为更具有恒常价值的文化话语。但是,这种在行动中所达成的共识,只是建立在话语主体间相互承认的人际关系的基础之上的,并不是完全意义上的共识。若要实现真正的共同理解或得到认同,依靠的不是强迫,而是理性的裁决,即形成理性权威。这样不仅有利于消除当代社会对于传统家训文化的部分偏见,而且更有利于传统家训文化从精英制定到平民化延续的流畅运作,从而顺应平民化潮流,实现其从"高贵"到"朴素"的转变。

(三) 规范民众的当代生活方式,实现伦理自觉

虽然传统家训文化不具有强制性,甚至不具有合法性,但其始终具有辅助

---

① [英]诺曼·费尔克拉夫:《话语与社会变迁》,殷晓蓉译,华夏出版社 2003 年版,第186—203 页。

国家法律实行的性质,并可以有效规范民众的生活方式和行为,帮助民众确立个体自我、发展个体自我和实现个体自我,最终实现责任伦理自觉。譬如,在当代社会,有些人将吸毒辩称为一种"亚文化",有些人盲目渴望"一搏必胜"、"一夜暴富",以致道德冷漠、道德滑坡事件层出不穷。对于某些涉毒的明星、青少年或其他人群可以采取法律措施进行惩戒,但是对于其精神层面和道德层面的缺失,就只能借助于社会、家庭规范来进行约束和管理。虽然传统家训文化中关于惩戒族众、子孙的某些规范和措施在当下看来已然完全不适用,但是这并不意味着对传统家训文化持全盘否定的态度。传统家训文化中的优秀德育思想可以用来规范民众的当代生活方式及行为,规范不合理的和非正义的个人和集体生活方式。而就帮助民众确立个体自我而言,就是借助于传统家训文化中的合理内核使民众能够自我决断,而不受其他力量和条件的约束与限制,以保证民众对公共事业和公共利益的关心。如果说确立个体自我是实现民众的自主性的话,那么发展个体自我则是实现民众的社会性,也就是民众的个体自我塑造。就帮助民众发展个体自我而言,就是借助于传统家训文化的规范性,使民众具备按照法律规范和社会道德准则进行实践活动的基本素养,使其相互理解、彼此认同。就帮助民众实现个体自我而言,就是借助于传统家训文化中的基本价值理念,使每位民众实现自身的个体价值和社会价值的统一。

传统家训文化对于民众的现实生活方式的规范和约束,最终是要实现民众的责任伦理自觉。从伦理学角度来看,责任伦理就是要求民众"无条件"地对自己的伦理实践行为及其后果承担责任,"责任伦理作为道德原则,它所关注的不是工具理性的'目的—手段'的事实关联,而是承担行动后果的'当为',即价值关联。"①这种价值关联与孔子所提倡的"己欲立而立人,己欲达

---

① 冯钢:《责任伦理与信念伦理:韦伯伦理思想中的康德主义》,《社会科学研究》2001年第4期。

而达人"①的理念基本相同,主要表现为责任担当意识和温情脉脉的人文关怀。总之,借助于传统家训文化对个体自始至终的规范,既有助于匡正"质胜文则野"②的偏颇,更有助于社会道德风尚的弘扬,从而最终实现个体的伦理自觉。

法国"年鉴学派"创始人之一的马克·布洛赫(Marc Bloch)曾指出,"各时代的统一性如此紧密,古今之间的关系是双向的。对现实的曲解必定源于对历史的无知,而对现实一无所知的人,要了解历史也必定是徒劳无功的。"③基于此,我们探究传统家训文化存在的社会历史条件,就是在找寻鉴往知来的历史依据;我们探究传统家训文化存续的内在动力,就是在找寻其贯通古今的合理内核;而在此基础上所进行的传统家训文化的合理性构建,就是在找寻其能够与时俱进的传承模式。当下,在大力提倡和弘扬优秀家风、积极加强家庭德育建设的背景下,面对传统家训文化的"复兴",应积极探索与构建其存续的有效方式和途径,从而有助于传统家训文化在新时代的厚积薄发与价值实现。

---

① 《论语·雍也》。
② 《论语·雍也》。
③ [法]马克·布洛赫:《历史学家的技艺》,张和声、陈郁译,上海社会科学院出版社 1992 年版,第 36 页。

第四章 中国传统家训文化的
类别与载体研究

中国传统家训文化承载着中华民族的文化基因,是我国传统文化特别是伦理道德文化中极具特色和极富生命力的部分,是代代相传的精神文化遗产。传统家训在对子弟、家人进行处世之道等教育时,为取得良好效果,在教化方式、路径等实践方面都作了一些颇有价值的探讨,既成就了传统家训文化类别的丰富多彩,亦形成了一套行之有效、颇具特色的家训传承载体,构成了中华传统文化的重要组成部分。

一、中国传统家训文化的类别

就文本形式的家训而言,我国传统家训自产生之日起,其文本样式与著述形式就一直处于不断完善和发展中,可谓灵活多样、不拘一格。依据不同的标准,可以将中国传统家训分成不同的类别。

(一)体裁多样:专书、诗词、家书、遗令、碑铭、家仪等

就体裁而言,家训可分为专书、诗词、散文、家书、遗令、碑铭、格言、楹联匾

额、家仪等。

1. 家训专书

家训专书，指的是作者撰作的家训专著。班昭的《女诫》虽是较全面地训诲女儿的家训，但教诲内容基本局限于品德教育，而被誉为"历代家训之楷模"的《颜氏家训》则是全面系统的家训专著。唐代开始家训专书创作有了突飞猛进的发展，出现了一批思想成熟、涵盖内容广泛全面、结构完善的家训专著。其中比较著名的有：李世民的《帝范》、卢僎的《卢公家范》、姚崇的《五诫》、柳玭的《柳氏叙训》和柳珵的《柳氏家学》等。

宋元时期特别是南宋以后，随着印刷术的发展，大量家训专著纷纷涌现，蔚为大观。这一时期的家训代表作有：司马光的《家范》、欧阳修的《家诫二则》、江端友的《家训》、赵鼎的《家训笔录》、吕本中的《童蒙训》、陆九韶的《居家正本制用篇》、倪思的《经锄堂杂志》和郑太和的《郑氏规范》等。明清以降，家训发展达到高峰，家训专著大量增加，达数百部之多。明代姚舜牧的《药言》、许相卿的《许云邨贻谋》、庞尚鹏的《庞氏家训》、明末清初孙奇逢的《孝友堂家训》、张履祥的《训子语》和清代康熙帝的《庭训格言》、张英的《聪训斋语》、朱柏庐的《治家格言》、蒋伊的《蒋氏家训》、郑板桥的家书等都是其中的上乘佳作。

2. 诗词家训

诗词家训即诗词体裁的家训。我国古代诗歌十分发达，教子诗也因此成为一种独具特色的教子方式。诗体家训在我国产生较早，在西周时期，周文王就以"靡不有初，鲜克有终"①的诗句，告诫子孙为人处世要善始善终。西汉东

---

① 《诗经·大雅·荡》。

方朔的《戒子诗》和西晋潘岳的《家风诗》都很有影响。唐代既是我国古代诗歌发展的鼎盛时期，也是诗体家训的高潮期。初唐时期王梵志的《世训格言白话诗》；盛唐时期李白的《送外甥郑灌从军三首》，杜甫的《示从孙济》、《又示宗武》；中唐时期白居易的《闲坐看书贻诸少年》、《狂言示诸侄》、《遇物感兴因示子弟》；晚唐时期杜牧的《留诲曹师等诗》、《冬至日寄兄子阿宜》等，都是这一时期有名的教子诗。

相对于诗体家训来说，词这种文体产生较晚，词体家训数量也相对较少。宋代是词发展的巅峰时期。词体家训中人们谙熟于心的如南宋著名词人辛弃疾的《最高楼·吾衰矣》和《菩萨蛮·稼轩日向儿童说》。前者对儿子进行切勿贪恋田产的告诫，后者则训诲子孙不要追逐名利。此外，南宋词人陈著的《沁园春·示诸儿》，教育子弟安于贫穷、坚守信仰；明代吴节妇黄氏的《百字令·戒子》训示两个儿子勤奋学习，"莫枉生今世"，都是十分难得的训子佳作。

3. 散文家训

散文家训是以单篇形式呈现的一类家训著作。散文家训大多通过引用儒家经典，并与作者自己的人生经历相结合，对后世子孙进行劝导和训诫。北齐魏收的《枕中篇》，南朝宋颜延之的《庭诰》，三国时期魏国嵇康的《家诫》，唐代刘禹锡的《犹子蔚适越戒》、柳宗元的《送内弟卢遵游桂州序》，宋代司马光的《居家杂仪》、陆游的《放翁家训》，明代杨继盛的《杨忠愍公遗笔》、《谕应尾应箕两儿》和清代谭献的《复堂谕子书》、冯班的《家戒》、张习孔的《张黄岳家训》、刘德新《余庆堂十二戒》等，都是代表性的散文体家训作品。

4. 家书体家训

家书又叫家信，是指家庭中的长辈以书信的方式对其他家庭成员进行家庭教育教化的一种家训形式。家书早在两汉时期就开始流行，历朝历代的人们撰写了大量的教子书信以训示子弟。家书体家训具有如下三个方面的显著特点：

其一，篇幅长短不一。从总体来看，两汉魏晋南北朝时期的家书，普遍篇幅较短小。例如魏武帝曹操的《戒子植》只有短短几十字，其文曰："吾昔为顿丘令，年二十三。思此时所行，无悔于今。今汝年亦二十三矣，可不勉欤！"[1]其他如汉高祖刘邦的《手敕太子》、东晋陶渊明的《与弟子书》、南朝梁简文帝萧纲的《诫当阳公大心书》、南朝齐萧襄的《戒子》等，篇幅都比较简短。而隋唐时期的家书往往篇幅比较长，如李华的《与外孙崔氏二孩书》、李翱的《寄从弟正辞书》、元稹的《诲侄等书》和舒元舆的《贻诸弟砥石命》等。

其二，内容丰富广泛。家书内容涉及读书治学、修身做人、治家理财、和睦乡党、报国恤民等等诸多方面，内容极为丰富广泛。被誉为"近世一大奇书"的《曾国藩家书》，记录了曾国藩人生最后三十年的经历体会，涉及修身、为学、治家、孝悌、为官、交友、处世等多方面，是曾国藩一生的主要活动和其为政、齐家、治学之道的生动反映。

其三，情感真挚感人。家书多以日用家常语行文，似家人间促膝长谈之语，情感亲切真挚，受训诲者在心理上也更愿意接受与遵从。例如清代书画家、文学家郑板桥留下不少雅俗共赏的家书奇珍，他在《板桥自叙》中云："板桥《十六通家书》，绝不谈天说地，而日用家常，颇有言近指远之处。"[2]他把深刻的哲理与人生的体会，用最凝练浅显的"日用家常"的语言表达出来，其感人的力量穿越千载而不衰。

5. 遗令体家训

遗令又称遗训、遗命、遗敕、遗书、遗嘱等，是指训诲主体在逝世之前对家

---

① 陈明主编：《中华家训经典全书》，新星出版社 2015 年版，第 34 页。
② 王锡荣：《名家讲解郑板桥诗文》，长春出版社 2009 年版，第 554 页。

庭和家族成员的教诫与嘱托。遗令最早可追溯至周文王的《保训》,发展至汉代尤其是魏晋南北朝时,遗令的数量已经大大增加了。例如杨春卿的《临命戒子统》、袁安的《临终遗令》、马融的《遗令》、李固的《临终敕子孙》、郦炎的《遗令书》、曹操《遗令》、刘备的《遗诏敕后主》、向朗的《遗言诫子》、王祥的《训子孙遗令》、赵咨的《遗书敕子胤》和崔觉的《临终与妹书》等。

遗令在行文上的特点主要表现为散体化和口语化。口语化的特点在南北朝以前表现得最为明显。例如东汉袁安的《临终遗令》曰:"备位宰相,当陪山陵,不得归骨旧葬。若母先在祖考坟垄,若鬼神有知,当留供养也。其无知,不烦徙也。"①三国魏郝昭的《遗令戒子凯》曰:"吾为将,知将不可为也。吾数发家取其木以为攻战具,又知厚葬无益于死者也。汝必敛以时服。且人生有处所,死复何在耶? 今去本墓远,东西南北,在汝而已。"②这些遗令的语言,口语化特色就极为突出。汉魏六朝时期,遗令还往往以格言警句的形式表现出来,非常类似于座右铭,语句简约但寓意深远,极易记诵。例如,东汉郦炎的《遗令书》曰:"事君莫如忠,事亲莫如孝,朋友莫如信,修身莫如礼。"③三国中山恭王曹衮的《令世子》曰:"事兄以敬,恤弟以慈。……奉圣朝以忠贞,事太妃以孝敬。"④

从内容上看,遗令体家训大致包括以下两类:

第一,训主关于自己后事的安排。训主对自己后事的安排,涉及丧、葬、祭诸事。例如汉文帝刘恒在《遗诏》中,训诫子孙要提倡薄葬、简葬之风,以免劳民伤财,规定随葬物"皆瓦器,不得以金、银、铜、锡为饰"⑤。曹操在病危之际

---

① 严可均辑:《全后汉文》(上),商务印书馆 1999 年版,第 301 页。
② 胡建林主编:《太原历史文献辑要》(第一册·先秦两汉卷·魏晋南北朝卷),山西人民出版社 2013 年版,第 439 页。
③ 严可均辑:《全后汉文》(上),商务印书馆 1999 年版,第 820 页。
④ (晋)陈寿撰,(南朝)裴松之注:《三国志》(上),上海古籍出版社 2011 年版,第 534 页。
⑤ (宋)司马光:《资治通鉴》,北京联合出版公司 2015 年版,第 155 页。

留下了《遗令》一文,告诫家人:"天下尚未安定,未得遵古也。"①嘱子丧事简办。诸葛亮在征战中病卒,临终前遗命家人"葬汉中定军山,因山为坟,冢足容棺,敛以时服,不须器物"②。魏晋南北朝时期,有些士大夫生前非常豪华奢侈,但其遗训却明确要求薄葬。例如,《晋书·夏侯湛传》载:"湛族为盛门,性颇豪侈,侯服玉食,穷滋极珍。及将没,遗命小棺薄敛,不修封树。论者谓湛虽生不砥砺名节,死则俭约令终,是深达存亡之理。"③

第二,训主对家庭成员的最后嘱托和叮咛。根据嘱托和叮咛内容的不同,又可分为以下三个方面:

一是关于做人立世的训诫。子女做人立世是家庭教育的重要内容,也是长辈一生的挂念。东汉大臣张霸在《遗敕诸子》中教育儿子们与人相处的道理,"人生一世,但当畏敬于人,若不善加己,直为受之。"④北魏大臣源贺的《遗令敕诸子》总共91个字,却对其子从修身到治学、从处世到事君均予以临终告诫和劝勉,既面面俱到,又言简意赅。

二是要求子弟继承自己遗志的教诫。例如东汉祭肜在《临终敕其子逢、参等》中说:"吾奉使不称,微功不立。身死惭恨,义不可以受赏赐。汝等赍兵马,诣边乞效死前行,以副吾心。"⑤教育其子继承遗志,以了却其平生心愿。此类遗训还有不少,如西晋王祥的《训子孙遗令》、北魏崔光韶的《诫子孙》和杨椿的《诫子孙书》等。

三是勉励子弟清正廉洁。例如西汉尹赏在《临死戒诸子》中教诫儿子们要认真为官,他说:"丈夫为吏正,坐残贼免,追思其功效,则复进用矣。一坐

① 徐寒主编:《中华传世家训》(上),中国书店出版社2010年版,第23页。
② (晋)陈寿:《三国志》卷三十五《诸葛亮传》,中华书局1959年版,第927页。
③ 岳麓书社编:《二十五史精华(图文珍藏本)》第2册,岳麓书社2010年版,第811页。
④ (南朝)范晔:《后汉书》(上),三秦出版社2008年版,第452页。
⑤ (清)严可均编纂,陈延嘉等校点:《全上古三代秦汉三国六朝文》第2册,河北教育出版社1997年版,第268页。

软弱,不胜任免,终身废弃,无有赦时,其羞辱甚于贪污坐减。慎毋然。"①西汉欧阳地余在《戒子》中说:"我死,官属即送汝财物,慎勿! 汝九卿儒者子孙,以廉洁著,可以自成。"②临死时教诫儿子拒受官属财物,要清正廉洁。

6.碑铭体家训

我国传统家训还通过刻石立铭的方式实施教育,使家人子弟可以随时随地对照检省。例如,北宋时期的名臣包拯为官清廉刚毅,他在家训中严肃告诫为官子孙要清明廉洁。子孙中若有贪赃枉法之人,活着的时候不允许踏入家门,死后也不能葬入祖坟。包拯要求将石碑竖于堂屋东壁,以警钟长鸣:

> 后世子孙仕宦,有犯赃滥者,不得放归本家;亡殁之后,不得葬于大茔之中。不从吾志,非吾子孙。仰工刊石,竖于堂屋东壁,以昭后世。③

在太原永祚寺(即双塔寺)中至今仍保存一块碑额为《近溪隐君家训》的碑石。《近溪隐君家训》为明代著名思想家、政治家吕坤的父亲吕得胜(字近溪)所撰,《近溪隐君家训》碑石所刻家训有"存阴骘心,干公道事,做老成人,说实在话,天理先放在头顶上","处身要俭,与人要丰,见善就行,有过便认,尤可戒者,奢侈一节"④等,这些教诲在今天看来仍大有裨益。

7.格言体家训

格言体家训是指通篇由有独立主旨的格言组成的家训。以格言、警句

---

① (清)严可均编纂,陈延嘉等校点:《全上古三代秦汉三国六朝文》第1册,河北教育出版社1997年版,第715页。

② (清)严可均编纂,陈延嘉等校点:《全上古三代秦汉三国六朝文》第1册,河北教育出版社1997年版,第572页。

③ 杨国宜整理:《包拯集编年校补》,黄山书社1989年12月版,第256页。

④ 吕明月、吕俊海主编:《中原吕氏概况》,洛阳吕氏宗亲会编印2001年版,第39页。

为主的家训文体最早见于宋元时期,至明清时期更是出现了大量的格言体家训。

格言体家训以其形式简短、主旨鲜明、言约义丰、易于记诵之特点,深受人们的喜爱。明末清初著名理学家、教育家朱柏庐的《治家格言》,堪称此类家训的典范之作。《治家格言》因具有以下几个特色而为人们所喜闻乐见:首先是齐整押韵,便于记诵。这篇家训文字十分流畅通顺,采用对仗句式,极为工整,文句基本押韵合辙,韵律优美,读起来朗朗上口,易于传诵和记忆;其次是语言生动,通俗易懂。《治家格言》的语句大多言简意赅,生动形象,深入浅出,耐人寻味,具有极强的感染力,给人以深刻的启迪教育;最后是内容贴近百姓日常生活,实用性强。《治家格言》从子孙日常生活中的小事出发,传授修身治家之道,实用价值颇高。

8. 匾联体家训

所谓"匾联",即匾额和楹联的合称。匾额是指"题字的横牌,挂在门、墙的上部"[1]。楹联又称对联、对子,是悬挂或粘贴在门坊或堂柱上的联语。匾额和楹联是中国传统建筑的语言,不但标示建筑意境,而且阐发建筑的文化价值和精神功能,集教化、启迪、言志、咏物、抒情、娱乐于一体,历来受到国人喜爱。传统家训作者也往往借用匾联来抒发情感、教诲子弟。

古民居祠堂楹联中,基本上是劝善戒恶或勉励后代努力上进的内容。例如,江西省上犹县黎氏宗祠楹联:

祖宗有灵,孰是孰非祸福终有报应;天地无私,为善为恶休咎总

无负人。

广东省蕉岭县林氏祠堂楹联:

---

① 《新华汉语词典》编委会编:《新华汉语词典》(彩色版·大字本),商务印书馆 2006 年版,第 60 页。

念乡饮之望重，存善心，行善事，道德仁义绳祖武；

想铎音之宏远，讲圣学，体圣言，诗书礼乐大家声。

这些楹联都强调仁善道德，警示后代子孙要"存善心"、"行善事"。

比比皆是的楹联匾额也是人们表达立世修身思想的载体。比如山西祁县渠家大院五进院落的每一扇门额上，都刻写着诸如"善为宝"、"学吃亏"、"慎俭德"等嘉言箴句，无处不在提示家人为人处世之道。

河南巩义康百万庄园的"康氏家训"匾，图上文字为："经商结交务存吃亏心，酬酢务存退让心，日用务存节俭心，操持务存感恩心，愿使人鄙我疾，勿使人防我诈也，前人之愚，断非后人之智所可及，忠厚留有余。"

9. 家仪体家训

所谓家仪，主要是指家族内部用来协调成员生活中的伦常关系与等级秩序的一系列礼仪规范和伦理准则。家仪体家训的代表作如司马光的《居家杂仪》、朱熹的《朱子家礼》、吕祖谦的《家范》、许相卿的《许氏贻谋四则》等等。

北宋著名文学家司马光撰写的《居家杂仪》,是一篇简洁且极具操作性的封建大家庭的日常生活礼仪范式,对家庭日常生活的礼节规范的规定十分详尽。如《居家杂仪》规定:"凡子事父母,妇事舅姑,天欲明咸起,盥漱栉总,具冠带。昧爽,适父母舅姑之所,省问。父母舅姑起,子供药物,妇具晨羞。"①这些规定非常便于学习和操作,对人们的日常生活具有很强的现实指导意义,被不少后世家训家仪的作者借鉴效仿。

南宋著名理学家、哲学家朱熹十分尊崇古礼,他以司马光的《居家杂仪》为基础撰写了《朱子家礼》。"《朱子家礼》详细地规定了家庭生活中的日常礼仪,还具体阐述了子弟在成长的不同时期所要遵行的各种礼仪规范,包括通礼、冠礼、婚礼、丧礼和祭礼五个部分,每一部分的内容都介绍得十分详细。"②《朱子家礼》是家礼著述的典范,确立了中国封建社会后期家礼的基本范式,对后世影响深远。

(二) 著编方式:单篇、专著与汇辑

就著编方式来看,家训可分为单篇家训、个人家训专著和家训汇辑总集。

1. 单篇家训

单独成篇的家训作品在汉代就已出现。此种家训在表现形式上主要是因事生教、一事一议,具有临时性和随机性的特点。在内容上以引用和阐释儒家经典为主,由此来表达作者的写作意图和思想情感,具有较浓厚的评论意味。例如汉高祖刘邦的《手敕太子书》,西汉东方朔的《诫子书》、孔臧的《与子琳书》、刘向的《戒子歆书》、陈咸的《戒子孙》,东汉司马徽的《诫子书》、郑玄的

---

① (清)陈宏谋:《五种遗规》,线装书局 2015 年版,第 159 页。
② 洪燕云、陈延斌:《传统家训与中国特色社会主义家文化建设》,《淮阴师范学院学报(哲学社会科学版)》2018 年第 4 期。

《戒子益恩书》、张奂的《诫兄子书》,三国时期诸葛亮的《诫子书》、嵇康的《家诫》等,都是其中的典范之作。

2. 个人家训专著

个人家训专著多为多卷本的著述,内容较为系统全面,结构完善,自成一个较为完备的理论体系。南北朝时期颜之推撰写的《颜氏家训》,是我国家训史上首部专著式家训,也是我国现存体系完整、影响最大的成熟性家训专著。《颜氏家训》全书共七卷二十篇,内容涉及教子、治家、勉学、养心、处世等。其内容覆盖面之广、系统性之强、体例之完备、文采之绝妙都超越了此前的相关家训著述,无论是其文学价值还是教化之功都意义深远,堪称中国家训史上的一座里程碑。此书的问世被宋代著名藏书家陈振孙誉为"古今家训,以此为祖"①。清代学者王钺在《读书丛残》中也盛赞此书"篇篇药石,言言龟鉴"②。宋代是专著式家训的成熟时期,其著述之多、涉及面之广,是以往任何一个朝代都不可比拟的。仅见于记载并流传后世的家训专著就有数十部,其中比较著名的有袁采的《袁氏世范》、司马光的《温公家范》、叶梦得的《石林家训》、赵鼎的《家训笔录》和陆游的《放翁家训》等。到了明清时期,这类家训数量更多。

3. 家训汇辑总集

随着印刷技术的发展,宋代家训著作进一步普及化和社会化,出现了家训汇辑总集。所谓家训汇辑总集,是指不分文体将各个朝代的家训作品,通过全文移录或摘要收录的方式编辑整理汇成专辑。《古今家诫》是我国古代第一部家训总集,由北宋中叶的孙顗所编撰,共收录了四十九位前人的家训。但该

---

① (宋)陈振孙:《直斋书录解题》卷十。
② 丁万明主编:《中华文化五千年》(中),九州图书出版社1998年版,第1053页。

书已经失传,我们只能在苏辙《〈古今家诫〉叙》中窥见一斑。苏辙明确指出,《古今家诫》采集资料的来源是"自周公以来至于今,父戒四十五,母戒四"①。南宋年间,刘清之编纂完成了一部内容更丰富、体系更宏大的家训总集《戒子通录》。该书博采经史群籍,共收录从西周到两宋时期的家训171篇,涵括了经、史、子、集等不同方面的内容,体裁丰富、形式多样,真正称得上"博极群书"、"采摭繁富",具有极高的文献价值,对家训文化的传播和发展起了积极的促进作用,对后世家训著作的编撰也产生了重要的影响。

清朝康熙时期,由福建侯官人陈梦雷主编的《古今图书集成》,是我国现存体例最完整、资料最丰富的类书,全书共6个汇编、32典、6117部、1万卷、1.7亿字,被西方人称为"康熙百科全书"。它不仅内容广博,而且分类细密。其中的《古今图书集成·明伦汇编·家范典》的家训文献,"包括家训、家书、训子诗词歌诀、格言箴规等等。《家范典》中辑录的资料极为详细具体,范围极其广泛。《家范典》是研究古代家训的主要文献资料之一,具有重要的价值。"②其后清代名臣陈宏谋编辑的《五种遗规》,分门别类辑录了前人关于修身、治家、为官、处世、教育等方面的著述,其中的《养正遗规》、《教女遗规》、《训俗遗规》三种,包含不少家训文献。

(三) 载体类型:训诫活动式家训和文献式家训

从家训得以施行的形式来说,家训可分为训诫活动式家训和文献式家训。

1. 训诫活动式家训

所谓训诫活动式家训,是指训诫仅以口头方式表达,未以文字形式呈现。我国历史上最早的家训,包括先秦时期的全部家训,都是训诫活动式家训。例

---

① 王琳、邢培顺编选:《苏洵苏辙集》,凤凰出版社2007年版,第354页。
② 陈延斌:《中国传统家训研究的学术史梳理与评析》,《孔子研究》2017年第5期。

如,周公在派他的儿子伯禽前往鲁地封国时,以自己"一浴三捉发,一饭三吐哺"的事例,告诫其子要礼贤下士,"慎无以国骄人"。① 春秋时期鲁国人敬姜针对其子公父文伯不劳而获、好逸恶劳的错误观点,训诫他"劳则思,思则善心生;逸则淫,淫则忘善,忘善则恶心生"②。春秋时期的楚国令尹子发的母亲,以越王勾践讨伐吴国为例,教育和告诫儿子要与士卒患难与共,从而使士气高涨、旗开得胜。此外,还有孔子教子学诗礼、孟母断机教子等。这些可称为训诫活动式家训的代表。

2. 文献式家训

文献这一概念内涵丰富,一般是指有历史价值或参考价值的图书资料。从这个意义上说,流传下来的以文字记载和文本呈现的各种题材、形式的家训都可以称为文献式家训。与口头说教相比,文献式家训意义更为持久,也因其易于流传而影响愈加深远。文献式家训是在训诫活动式家训基础上的进一步升华,是同一内容在更高层次的体现。

(四) 训示对象:私人家训和社会家训

1. 私人家训

"私人家训是指家训主体针对本家庭或家族成员所作的家训。那些在题目中明确标明劝诫对象的家训或直接以'家'或姓氏等字眼命名的家训,往往属于此类。"③由于受图书传播手段的限制,当时大多数家训都只能在其家族内部流传,都是私人家训。例如,《颜氏家训》在第一篇《序致》中,就直截了当地阐明了编写此书的目的:"吾今所以复为此者,非敢轨物范世也,业以整齐

---

① (汉)司马迁:《史记·鲁周公世家》。
② 《国语·鲁语下》。
③ 付元琼:《汉代家训研究》,广西师范大学硕士学位论文,2008年。

门内,提撕子孙。"① 又如,北宋熙宁年间出现的陕西蓝田《吕氏乡约》,虽名为"乡约",但却具有限定性,即它只是吕氏家族的乡约,是族约,属于私人家训范畴。

2. 社会家训

唐宋时期特别是南宋以后,随着印刷技术的发展及家训作者个人对家训社会教化功能的重视,家训著作进一步突破了某一个家庭或家族的局限,传播得更广泛,家训著作愈加社会化和普及化了。家训的社会化、大众化主要表现在以下两个方面:

一是一些俗训类家训文献具有"范世"的功能。例如,著名的《袁氏世范》,乃作者袁采在担任温州乐清县令时,为达到"厚人伦而美习俗"的教化目的而撰。该书明白易晓,老妪能解,作者力图能"使田夫野老、幽闺妇女皆晓然于心目间",使"夫妇之愚皆可与知,夫妇之不肖皆可能行"。② 后人称其"皆吾人日用常行之道,实万世之范也"③。因此,《袁氏世范》一经问世就在社会上迅速地传播开来,久盛不衰。正如袁采好友刘镇所言,此书不仅可以"施之乐清"、"行之一时",而且"达诸四海"、"垂诸后世"可也。④

二是一些蒙学性质的家训因内容具有普遍性而广为流传。例如,宋人朱熹的《童蒙须知》、《小学》,吕祖谦的《少仪外传》,郑至道的《琴堂谕俗编》,彭仲刚的《谕俗续编》,吕本中的《童蒙训》;元人王结的《善俗要义》;明人吕得胜的《小儿语》和吕坤的《续小儿语》等,原本都是"其家塾训课之本"⑤,是古人用来教诫子弟的蒙学读物和家训教材,却被广为流传,并深刻影响当时的童蒙教育。

---

① (北齐)颜之推:《颜氏家训·序致第一》。
② 陈延斌、陈姝瑾译注:《袁氏世范·朱子家训》,江苏人民出版社 2017 年版,第 268 页。
③ 陈延斌、陈姝瑾译注:《袁氏世范·朱子家训》,江苏人民出版社 2017 年版,第 274 页。
④ 陈延斌、陈姝瑾译注:《袁氏世范·朱子家训》,江苏人民出版社 2017 年版,第 9 页。
⑤ 吴玉贵、华飞主编:《四库全书精品文存》,团结出版社 1997 年版,第 184 页。

（五）撰作缘由：日常训诲、因事而训和遗训

从家训撰写的原因来看，家训可分为日常训诲、因事而训和遗训等。

1. 日常训诲

日常训诲是指训诫者在日常生活中，对家人子弟日常生活所作的建议、训示或规诫。具有传家意图的日常训诫，篇幅长短不一，内容十分广泛，读书、修身、治家、处世等都有涉猎。日常训诲类文献十分丰富，长篇的如颜之推《颜氏家训》、司马光《家范》，短篇的如三国时期王肃的《家诫》、王脩的《诫子书》、诸葛亮的《诫外甥书》、杜恕的《家诫》、王昶的《家诫》、姚信的《诫子》，两晋时期李秉的《家诫》、羊祜的《诫子书》、李充的《起居诫》，南朝颜延之的《庭诰》、张融的《门律》、任昉的《家诫》，北朝甄琛的《家诲》、刁雍的《教诫》和张烈的《家诫》等都属于此类。

2. 因事而训

因事而训起因各异，内容上就事论事，针对性较强，篇幅较短。代表性的家训作品有：三国时期刘廙的《诫弟纬》、辛毗的《却子言》、潘濬的《疏责子翥》，两晋时期殷褒的《诫子书》、谢混的《诫族子诗》、湛氏的《封鲊反书责陶侃》，南朝王僧虔的《诫子书》、孙谦的《诫外孙荀匠》、徐勉的《为书诫子崧》、王筠的《与诸儿书论家世集》和北朝崔休的《诫诸子》，宋代司马光的《训俭示康》等等。

3. 遗训

此类家训前文已经述及。遗训又叫遗令、遗戒、遗敕等，是指训诫者在垂暮之年或离世之前，以书面或口头形式对家庭成员或族众关于身后之事的嘱

咐和教诫。其嘱咐和教诫的内容包括丧葬事宜及亲人日后生活的安排等。遗训作为训诫者在不久于人世前留给后辈子孙的最后劝导和训诫,大多语重心长,动之以情、晓之以理,往往使受训者印象深刻。春秋时期齐国著名的政治家、思想家晏婴的《楹书》,称得上我国历史上较早地由作者本人亲笔写下的教子遗书。汉代以降,此类家训更是数见不鲜。例如刘邦的《手敕太子书》、刘备的《遗诏敕后主》、诸葛亮的《诫子书》、刘向的《诫子歆书》、王褒的《幼训》、吴越王钱镠的《武肃王遗训》等,皆是其中的名篇。

(六)撰作主体:帝王家训、仕宦家训、商贾家训和庶民百姓家训

从家训撰写者身份来看,家训可分为帝王家训、仕宦家训、商贾家训和庶民百姓家训等。

1.帝王家训

帝王家训又常称作"帝范",指的是帝王对储君及皇属的教诫、训示。早在西周时期,文王训诫武王的《保训》,首开帝王家训之先河。汉代开国皇帝刘邦结合自己的亲身经历,写出了篇幅短小却内容丰富、至今具有重要教育意义的《手敕太子书》,告诫太子刘盈要勤于读书练字、尊敬老臣、加强修养等,堪称汉代帝王家训的典范之作。三国时期蜀主刘备的《遗诏敕后主》也是帝王家训中的传世经典。在《遗诏敕后主》中,刘备反复告诫儿子要加强品德修养,"勿以恶小而为之,勿以善小而不为。惟贤惟德,能服于人。"①其中"勿以恶小而为之,勿以善小而不为"的家训名句,至今仍被人们广泛引用。

唐太宗李世民以隋亡为戒,为使长期生活在宫中"未辨君臣之礼节,不知

---

① 陈明编:《家训》,新星出版社 2016 年版,第 12 页。

稼穑之艰难"①的太子李治,能够继承帝王万世之业,成为守业之主,在去世前一年写成了《帝范》一书,对李治进行完整、系统的教诫。此书结构严谨,内容系统全面,除去序文,正文部分共计十二篇。"从君体、建亲、求贤、审官、纳谏、去谗、诫盈、崇俭、赏罚、务农、阅武、崇文等十二个方面,对帝王如何修身治国进行了全面的训诫"②,为太子李治确立了治国理政等方面的行为准则。《帝范》是我国历史上第一部系统化的帝王家训,把帝王家训推进到新阶段,堪称帝王家训史上的一座丰碑。

唐代之后的许多帝王如明成祖朱棣、清雍正帝等,都十分重视对《帝范》思想内容的吸收与借鉴,并将它视为帝王家训之典范。康熙帝的教子训言由其子雍正帝加以追述并整理汇编而成《庭训格言》,以供子孙后代学习。《庭训格言》共一卷二百四十六则,内容丰富全面,既有安邦治国的大事,也有日常生活、保健修身等的经验传授,可以说把传统帝王家训推向了巅峰。雍正帝自己也著有《圣谕广训》一书留存于世。《圣谕广训》"意取显明,语多直朴"③,不仅是约束皇室子弟的规矩,而且还在全国范围内颁行,影响颇广。

2. 仕宦家训

中国的仕宦家训历史源远流长,春秋战国时期就已出现关于仕宦家训的记录。汉代的仕宦家训数量明显增多,当时的一些名臣、名士都有家训篇章传世。比较著名的有东方朔的《诫子书》、孔臧的《与子琳书》、刘向的《诫子歆书》、司马谈的《遗训》、韦玄成的《戒子孙诗》、尹赏的《临死诫诸子》、疏广的《告兄子言》、马援的《诫兄子严、敦书》和樊宏的《戒子》等,内容涉及修身、齐家、为政等诸多方面。

---

① 《四库全书·子部·儒家类·帝范》。
② 高保田:《论〈帝范〉中唐太宗的语言与储君教育》,《汉字文化》2018 年第 9 期。
③ 王有英:《清前期社会教化研究》,上海人民出版社 2009 年版,第 97 页。

与汉代相比,魏晋南北朝的仕宦家训不仅数量大大增多,而且在内容的丰富性、思想观念的多元化等方面也远远超越前代。此时期出现的影响较大的仕宦家训主要有诸葛亮的《诫子书》、《诫外甥书》,嵇康的《家诫》,陶渊明的《命子》、《责子》、《与子俨等疏》,颜之推的《颜氏家训》,魏收的《枕中篇》等。北宋时期仕宦家训更是大量涌现,当时的很多名臣显宦都有家训名著传世,如范仲淹、贾昌朝、赵鼎、包拯、司马光、苏轼和陆游等。其中,尤以司马光的《温公家范》、《居家杂仪》和《训俭示康》,以及包拯、陆游的家训对后世影响最大。

3. 商贾家训

商贾家训是指作为从事商业活动的父兄长辈,就商业经营之道等对其子弟进行的教诫。中国古代商贾家训起始于先秦时期。春秋时期齐国的著名政治家管仲最早明确肯定商贾家训的价值并加以提倡。然而,由于受重农抑商思想的影响,商人的社会地位不高,甚至被轻视乃至鄙夷,如汉代规定商人"不得衣丝乘车,重租税以困辱之"①,晋代的侮辱更甚,以至规定商人必须"额贴白巾"、"两足异履"。

"从北宋中期开始,随着商品经济的发展和城市的繁荣,商业在社会生活中的地位日益重要,商人势力逐渐抬头"②。到了明代,商品经济迅速发展,工商业城镇逐渐兴起,从事商品贸易的家庭越来越多。尤其是到了明朝中叶时,在不同地区的不同行业当中都出现了资本主义萌芽。与此相对应,"贱商贾、薄工技"的旧观念发生了巨大变化,士农工商泾渭分明、不容杂处的旧政策也开始改变。越来越多的人靠经商走上致富之路,社会上逐渐形成了重商逐利

---

① (汉)司马迁:《史记·平准书》。
② 徐少锦:《中国古代商贾家训探析》,《齐齐哈尔师范学院学报(哲学社会科学版)》1998年第1期。

的风气,商人的地位得到一定程度的提高。"民家常业,不出农商"①,成了当时人们的普遍共识。这些都为商贾家训的兴起和繁荣奠定了一定的社会基础。

明清时期的家训中鼓励子孙从商、宣扬从商择业观的内容增多,内容涉及立志从商教育、商德教育、守法教育、杜绝恶习教育和兴家旺族教育等。代表性著作"主要有明代末期澹漪子所编的《士商要览》中的《士商规略》、《士商十要》,清代王秉元纂集的《生意世事初阶》"②,还有徽商中流传的《生意蒙训俚语十则》等。这些商贾家训有关商业理念与经营之道等方面的教育既丰富了传统家训的内容,也进一步补充发展了传统社会的经济商业法规。

4. 庶民百姓家训

普通的庶民百姓在日常生活中,也为教诫子弟家人而留下了大量的家训,其中不乏在当时影响较大的家训佳作,譬如《温氏母训》就很有代表性。《温氏母训》系明代官吏温璜记录母亲陆氏的平日教诲编订而成。温家曾是一户普通人家,温母是一名普通的目不识丁的家庭妇女。《温氏母训》非常通俗易懂,近乎白话,然而其对于立身处世的要点和理家应对的方法,简要完备而又恳切周到,耐人寻味,发人深省,蕴含着深厚的人生阅历以及修身齐家的远见和智慧。例如,在持家之道上,温母要求重德轻利,体恤贫穷。她批评"世人眼赤赤,只见黄铜白铁,受了斗米申钱,便声声叫大恩德"③。在结交朋友方面,温母要求儿子温璜对不同性格气质的朋友采取不同的态度方法对待:"汝与朋友相与,只取其长,弗计其短。如遇刚鲠人,须耐他戾气;遇骏逸人,须耐

---

① 徐梓编注:《家训——父祖的叮咛》,中央民族大学出版社 1996 年版,第 141 页。

② 吴晓曼:《明清家训中优秀德育思想的当代价值及转化路径探析》,安徽农业大学硕士学位论文,2017 年。

③ (明)温璜述:《温氏母训》,《四库全书》第 717 卷。

他闷气;遇朴厚人,须耐他滞气;遇佻达人,须耐他浮气。不徒取益无方,亦是全交之法。"①

温母的言传身教培养出了一个忠君报国的忠臣。据史书记载,温璜是明崇祯十六年进士,曾在徽州任职。他在清军大兵压境的危急时刻,率领军民顽强抵抗,最后全家自杀殉节,以忠义之气节而为世人所追忆和怀念。"《四库全书》的编撰者们在《温氏母训》的提要中转引了这段史实以后,对温母的家教作了这样的评价:'知其家庭之间素以名教相砥砺,故皆能临难从如是,非徒托之空言者也。'"②

二、中国传统家训文化的载体③

中国传统家训文化的载体是指"能够传递、承载家训内容、要素,能为家训主体所运用、且主客体可借此相互作用的一种形式"④。载体在家训传承中占有十分重要的地位,是家训传承的媒介和具体表现形式。传统家训文化在传承过程中,呈现出多种多样的载体形式:既有口头语言形式,也有书面文字形式;既有实物形式,也有实践形式;既有长辈自身的行为教育,也有家风的熏陶濡染。

(一)语言形式的家训

语言形式的家训是指其内容并非成文的家训著作或诗文,而是训导者在

---

① (明)温璜述:《温氏母训》,《四库全书》第 717 卷。
② 邹巧灵:《论传统家庭教育思想及其现实价值开掘》,《船山学刊》2008 年第 4 期。
③ 本题主要内容,朱冬梅曾以《中国传统家训文化的载体初探》为题,发表于《中北大学学报(社会科学版)》2022 年第 6 期。
④ 龙慧、陈桂蓉:《民间家训传承载体探析——以福建省大田县华坑保严氏家训为例》,《莆田学院学报》2017 年第 4 期。

日常生活中通过语言的鼓励表扬、批评斥责和讨论交流等形式对子弟进行教育,并经过后人的追记或编纂而得以流传。汉代之前的家训大多以语言形式表现出来,成文的家训或以文本形式表现的家训数量极少。语言形式的家训主要包括口头训诫、口头遗诫和听训辞三种。

1. 口头训诫

口头训诫,即口口相授、耳提面命。周代以前,家训没有形成特定的文献著述,多以口头训诫为主。其特点是因事而诫,一事一议,具有很强的即时性和针对性。行文以对话的形式为主,是一种口口相传的最大众化的家训范式。此类家训多为子孙追记和传承先人教家言行。

西周至秦,我国出现了教化意义上的家训作品,其中最早的似为周文王的《保训》《诏太子发》等。在《诏太子发》中,周文王训诫其子曰:"汝敬之哉!民物多变,民何向非利? 利维生痛,痛维生乐,乐维生礼,礼维生义,义维生仁。……后戒后戒。谋念勿择。"①此外,如"周公诫成王'无逸'、孔子的'过庭之训'、敬姜诫子勿'怠惰'、楚国令尹子发母训子与士卒同甘苦"②等等,皆为口头训诫。先秦时期的家训作品,内容简单而零碎,大多是只言片语或单独成篇的短小文章,还未形成内容丰富的家训专书,一般保存在子书、史传、文集和类书里。

先秦以后的口头训诫大多以语录式训诫的形式呈现。所谓语录,即训主的言行由门人弟子或家人子弟记录而成。语录式家训不仅可以简明扼要地表达家庭训诫,而且能警示后世子孙后代。汉代家训主要是一些名臣、名将和名士教育训诫后人的语录,大体上沿袭了先秦时期的语录体家训。例如疏广的《告兄子言》、张奂的《遗命诸子》、樊宏的《戒子》和崔瑗的《遗令子实》等,皆

① 李孝国、董立平译注:《教子名文十六篇》,安徽师范大学出版社 2015 年版,第 2—3 页。
② 谢金颖:《明清家训及其价值取向研究》,东北师范大学硕士学位论文,2007 年。

为语录式训诫。魏晋南北朝时期的士大夫家训中仍然还有语录式训诫存在，如羊祜的《诫子书》、辛毗的《却子言》等均为代表性的家训语录。与汉代相似，这些语录大多十分简短精练，零星出现在正史相关人物传记中。宋代及以后的家训仍有部分作品采取语录体的形式。例如北宋范仲淹的家训就是后世子孙追记其言行而成，首句即云："范文正公为参知政事时，告诸子曰……"①元代郑太和的《郑氏规范》、明朝温璜记述的《温氏母训》和明末清初毛先舒的《家人子语》等均以此形态出现。

2. 口头遗诫

口头遗诫是指家训的主体在临终之际的口头训诫，由后人加以补录，是家训的一种特殊表现形式。遗诫类家训在汉代之后开始盛行，其后此类家训层出不穷。例如《旧唐书》卷八一《卢承庆传》记载，唐朝宰相卢承庆卒于总章三年，临终训诫其子曰："死生至理，亦犹朝之有暮。吾终，敛以常服；晦朔常馔，不用牲牢；坟高可认，不须广大；事办即葬，不须卜择；墓中器物，瓷漆而已；有棺无椁，务在简要；碑志但记官号、年代，不须广事文饰。"②像这样简短交代如何办理丧事的遗诫，很可能出于后人记录，属于口语体家训。

3. 听训辞

训辞是一种特殊的语言形式的家训。训辞的内容既有父祖长辈的现场训诫，也包括让子弟背诵祖训、家谱和家训歌诀等。在家训发展史上最早采用唱诵韵语对家人进行教诲的是南宋著名学者陆九韶。陆家是一个"累世义居"的大家庭。据《宋史·陆九韶传》记载，为了更好地对家族子弟实施教育，陆

① 王文宝主编：《中国儿童启蒙名著通览》，中国少年儿童出版社1997年版，第422页。
② （五代）刘煦著，廉湘民标点：《旧唐书》（卷78—卷104），吉林人民出版社1995年版，第1741页。

九韶将训诫之辞编成韵语,每天训诫:

> 晨兴,家长率众子弟谒先祠毕,击鼓诵其辞,使列听之。①

> 晨揖,击鼓三叠,子弟一人唱云:"听听听听听听听,劳我以生天理定。若还惰懒必饥寒,莫到饥寒方怨命。虚空自有神明听。"又唱云:"听听听听听听听,衣食生身天付定。酒肉贪多折人寿,经营太甚违天命。定定定定定定定。"②

类似的还有浙江浦江的郑氏义门:

> 每旦击钟二十四声,家众俱兴。四声咸盥漱,八声入有序堂,家长中坐,男女分坐左右。令未冠子弟朗诵男女"训戒"之辞。男训云……女训云……③

浙江浦江县郑义门家族聚会朗诵训辞的有序堂

①　(元)脱脱等:《宋史》(卷四三二至卷四九六),吉林人民出版社1995年版,第8934页。

②　(宋)罗大经:《鹤林玉露》,上海古籍出版社2012年版,第196页。

③　毛策:《孝义传家——浦江郑氏家族研究》,浙江大学出版社2009年版,第271页。

此外,每月初一、十五及家族中重要日子等,有的家族也都有类似的语言形式的家训:

> 朔、望家长率众参谒祠堂毕,出坐堂上,男女分立堂下。击鼓二十四声,令子弟一人唱云:"听听听,凡为子弟,必孝其亲。为妻者,必敬其夫。为兄者,必爱其弟。为弟者,必恭其兄。听听听,毋徇私以妨大义,毋怠惰以荒厥事,毋纵奢侈,以干天刑,毋用妇言,以间和气,毋为横非,以扰门庭,勿耽曲蘖,以乱厥性。有一于此,既损尔德,复堕尔胤。眷兹祖训,实系废兴。言之再三,尔宜深戒。听听听。"
>
> 四月一日系初迁之祖遂阳府君降生之朝,宗子当奉神主于有序堂,集家众行一献礼,复击鼓一十五声,令子弟一人朗诵谱图一过。日明谱。会团揖而退。①

通过朗诵这些训辞,引导子弟、家人认同和遵守家庭规范和家族秩序。

(二)文字形式的家训

文字形式的家训是指家训作者有意识地将自己教育子孙的思想亲自记录成文以便在家庭中流传,而不是由别人记录或追记。文字形式的家训,相较于一时的口头说教,具有不易消失、可反复诵读、代代相传等优势,因而有着更为持久的意义和更为深远的影响,是最普及也是最重要的一种家训形式,为我国传统家训的发展与传承起到了关键的作用。

两汉时期,家训更多地由单纯的口头训诫发展到了书面文本形式。文字形式的家训表现形式更加丰富多样:

> 既有帝、后训谕皇室、宫闱的诏诰,也有教导幼童稚子的启蒙读物;既有家训、家范、家诫等长篇专论,也有家书、诗词、箴言、碑铭等

---

① 毛策:《孝义传家——浦江郑氏家族研究》,浙江大学出版社 2009 年版,第 271 页。

简明训示;既有苦口婆心的规劝,也有道德律令性质的家法、家规、家禁等。①

最常见的主要有以下几种:

1. 家书

家书是传统家训文化的重要载体和传播范式。家书往往随事而写,有感而发,语言平易朴素,词意恳切、自然,多肺腑之言而感人至深,极具亲和力、感染力和说服力,因而更易于被教诫对象所接受。

两汉魏晋南北朝时期,以书信训诫子弟盛行一时。当时,常年在外地为官的父亲和兄长训导家中的子弟,或者在家的父兄教诫身在异地的子弟,通常以家书的形式进行。前面提及的孔臧、刘向、马援、郑玄、张奂、司马徽、诸葛亮、羊祜、陶渊明、王僧虔和徐勉的家书等,都是有名的教子家书。

唐代含有家训内容的家书不少,内容也更加丰富。其中比较重要的有颜真卿的《与绪汝书》,李华的《与外孙崔氏二孩书》、《与弟莒书》,李翱的《寄从弟正辞书》和李观的《报弟兑书》等。宋代家训以书信形式表达的作品也有一定数量,如苏轼的《与子由弟二则》、《与侄书》,范仲淹的《与兄弟书》和朱熹的《训子帖》等,都是利用书信的形式来教育子弟的家训名作。明清时期,以家书形式呈现的家训更多。现今流传于后世比较完整的有《郑板桥家书》、《史可法家书》、《汤文正公家书》、《曾国藩家书》、《纪晓岚家书》和《林则徐家书》等等。其中,近代政治家、文学家曾国藩以训诫子弟、家人为大任,一生写下了二百二十余封家书,为历代之最多者,流传很广,影响巨大。

---

① 陈延斌:《家训:中国人的家庭教科书》,《中国纪检监察报》2016 年 3 月 14 日。

2. 家训诗

所谓家训诗（包括词），是指运用诗歌的形式对子孙进行劝诫。古人十分注重子孙教育，并运用诗歌的形式表现家训内容，借诗文抒怀、以文戒子，或直接或委婉，形成了独具特色、脍炙人口的家训诗。家训诗是传统家训文化的重要载体，是家训的特殊化表达方式之一。家训诗往往形式优美，富有节奏感和韵律感，语言凝练明快，婉曲动人，以物喻理，形象生动，能够使受教育者在极美的艺术享受中受到感化和熏陶，达到预期的教化效果。

以诗训子在西周时期就已经出现。汉代以后，家训诗数量愈来愈多，并涌现出了一些家训诗词名篇，如韦玄成的《戒子孙诗》，东方朔的《诫子诗》，潘岳的《家风诗》，陶渊明的《命子》、《责子》、《与子俨等疏》等。唐代是诗歌发展的繁荣期，也是家训诗创作的又一高峰。唐朝时期的著名诗人大多有家训诗留存后世，其数量更是多达千余首。其中比较著名的家训诗有李白的《送外甥郑灌从军三首》、《南陵别儿童入京》，杜甫的《宗武生日》，白居易的《狂言示诸侄》，韩愈的《符读书城南》、《示儿》、《左迁至蓝关示侄儿孙湘》，颜真卿的《劝学》，李商隐的《骄儿诗》，韦庄的《勉儿子》，杜荀鹤的《送舍弟》、《题弟侄书堂》等。内容涉及修身、治学、立业、爱国等诸多方面，形式生动，语言质朴，情感真挚，鉴赏价值和研究价值颇高，对后世影响甚大。

家训诗到宋代得到了进一步的丰富和发展。王安石、欧阳修、苏轼、陆游和杨万里等诗人名家，以诗歌所创作的家训作品数量十分可观。其中爱国诗人陆游尚存的九千多首诗中，专门训诫子弟或与训诫子弟相关的就达到二百多首，是中国历史上创作家训诗数量最多的诗人。陆游的《示儿子》、《读经示儿子》、《五更读书示子》、《雨闷示儿子》、《示子孙》、《黄祊小店野饭示子坦子聿》、《示元礼》、《示子聿》、《秋夜读书示儿子》和《送子龙赴吉州掾》等都是千古传诵的诗歌名作,从而将中国古代的家训诗推到了一个前所未有的高度。①

明清时期,采用诗歌的形式教诫子弟的文人士大夫数量不少。例如明代于谦以《示冕》诗寄予长子于冕勤勉用功、读书治学;吕坤写有《收塞北·示儿》和《望江南·示儿》,告诫其子切勿贪图小便宜,以求得"无私心自宽";清代魏源写有《读书吟示儿耆》,教导其子知错就改、择善而从;曾国藩写有《不忮诗》和《不求诗》,指出嫉妒和贪婪是两种十分有害的病态心理,劝诫子孙不忮不求。

3. 格言

格言既是家训的形式也是家训的载体。以格言为载体的家训风格清新、对仗工整、言约义丰、富有哲理、耐人寻味,能时时给人以警醒,更容易被子孙所铭记和遵循,以达事半功倍之效。

前面已经介绍一些,另外具有代表性的格言体家训主要有北宋林逋的《省心录》,南宋李邦献的《省心杂言》、赵鼎的《家训笔录》,明代陈继儒的《安得长者言》、吴麟征的《家诫要言》、陈龙正的《家矩》,明末清初傅山的《十六字格言》,清代金缨的《格言联璧》、胡达源的《治家良言汇编》等。其中流传最广、影响最大、最有代表性的首推上文介绍的朱柏庐《治家格言》,全文仅522字,却以格言警句的简短形式精辟概括了修身、立德、治家、孝悌、日常规范等各个方面的内容,内容浅显易懂,言简意赅,对仗工整,合辙押韵,朗朗上口。此篇几百年来一直被奉为治家之本、家训圭臬而家喻户晓。不但成为许多书香门第、名人绅士的日常座右铭,而且被视为理家教子、整齐门风的治家良策,堪称格言体家训的典型代表。

---

① 参见陈延斌:《论陆游的"诗训"教化及其特色》,《徐州教育学院学报》2001 年第 2 期。

4.家法族规

家法族规,是指由家族长者制定,借助尊长权威施行,用以约束家族成员行为、协调家族内部关系和维持家族秩序的各种行为规范和规章制度的总称。家法族规是中国传统家训的重要组成部分和重要载体。家法族规作为整治家庭、家族的法规、训令,其最大的特点是带有"法"的性质,在教化方面呈现出更多的强制性和约束性,对家族中的每个人都具有一定的约束力。家族成员若是触犯了家法族规,必会受到相应的惩罚,轻则鞭笞杖责,重则开除族籍、交官府治罪甚至处死。

公元 885 年唐僖宗李儇旌表江州陈氏并题词"义门陈氏"①

成文的家法族规大约形成于唐代。唐末名臣柳玭所著的《柳氏叙训》被认为是我国古代家庭教育史上最早的一部比较系统和完整的家法,有"言家

---

① 转引自《义门陈文献选集·御封题词楹联》,江西高校出版社 2016 年版。

法者,世称柳氏"之誉。① 唐代成熟的家法当属与柳玭同时为官的江州陈氏家族的第七代家长陈崇制定的《陈氏家法三十三条》。仅举两条:"恃酒干人及无礼妄触犯人者,各决杖十下。妄使庄司钱谷,入于市肆,淫于酒色,行止耽滥,勾当败缺者,各决杖二十,剥落衣妆,归役三年。"②对于违犯家规的家庭成员,将分别处以杖责、剥夺衣妆、与雇工一起服役等惩罚。这些规定有效地维护了陈氏大家族的秩序和稳定,使陈氏族人言行有章可循,子孙守继祖业,史称其"宗族千余口,世守家法,孝谨不衰,闺门之内,肃于公府"③。

自宋代开始,利用宗法族规来辅助教化的家族逐渐增多。正如宋人熊禾所言,同宗族人聚集在一起居住的大家庭,"善为家者,必立为成法,使之有所持,循以自保"④。比较典型的如司马光的《居家杂仪》,不但对每一个家庭成员应遵守的家庭规则作出了详细规定,而且还规定对违犯家规者予以杖责、鞭笞、驱逐等不同形式的惩罚。如媳妇对公婆不孝敬,"姑教之。若不可教,然后怒之。若不可怒,然后笞之。屡笞而终不改,子放,妇出。"⑤女仆有争斗者,"即诃禁之。不止,即杖之。理曲者,杖多。一止一不止,独杖不止者。"男仆"专务欺诈,背公徇私,屡为盗窃,弄权犯上者,逐之"⑥。

从宋代开始,还出现了不得葬于祖坟、逐出族谱、开除族籍等精神性惩罚,如上文名臣包拯的家训规定。这种精神性惩罚是古代对不肖子弟的一种最严厉的惩罚。

到了明清,这种带有强制性法律规范的家法族规数量更多,对族人约束和

---

① 赵忠心编:《中国家庭教育五千年》,中国法制出版社 2003 年版,第 176 页。
② 费成康主编:《中国的家法族规》,上海社会科学出版社 2016 年版,第 202 页。
③ 陈月海主编:《义门陈文史考》,江西人民出版社 2006 年版,第 224 页。
④ (宋)熊禾:《勿轩集》卷三《江氏族谱序》,台湾商务印书馆影印文渊阁四库全书本,第 1188 册,第 798 页。
⑤ (清)陈宏谋:《五种遗规》,线装书局 2015 年版,第 161 页。
⑥ (清)陈宏谋:《五种遗规》,线装书局 2015 年版,第 162 页。

惩罚的规定更为具体和严格,对族人的处罚方法也更加多样,"包括训斥、罚跪、记过、锁禁、罚银、革胙、鞭板、鸣官、不许入祠、出族、处死等"①,共计十一种之多。

家法族规作为重要的民间规约,是国家法律制度的重要补充,在中国传统社会里不但对维护宗族成员团结、保持宗族兴旺发挥了积极作用,而且对维护封建统治和稳定社会秩序产生了重要影响。

5. 谱牒

谱牒,又称家谱、族谱、宗谱、祖谱、家乘等,是记载同宗共祖的血缘集团世系繁衍和重要人物事迹的特殊图书载体,是一个家族或宗族的世系表谱,是维系家族血缘关系的纽带。我国的家训自宋代以后有相当的数量是保存在家谱中的,以家谱为实体进行传承,以祖宗、先贤的名义,垂示后人,勖勉子孙。

据史料记载,宋代司马光、欧阳修、苏洵等十分热衷于编修家谱,其中最有影响力的当属欧阳氏和苏氏家谱。但是直到宋代末年,家谱编修还未进入寻常百姓家。正如当时的学者欧阳守道所指出的,现今"世家",也少有族谱,虽是"大家",但也"往往失其传"。② 宋代以后,家谱编修越来越普遍。到明清时期,编家谱撰家训更加盛行,家训进入家谱,常常累代纂修,并不断添加新的内容。民国年间,整个中国几乎是家家都存有家谱。家谱的修撰从精神上、组织上团结了族众,是维持家族凝聚力的有效途径。

6. 乡约

乡约即乡规民约,是指由乡民或村社自主自发订立的,处理众人生活中面

---

① 王永祥:《儒家家庭教育思想研究》,兰州大学博士学位论文,2017年。
② (宋)欧阳守道:《巽斋文集》卷一一,《黄师董族谱序》。

临的诸如治安、礼俗和教育等问题的行为规范和规则制度。乡约是古代乡民自治的一种体现,是教民化俗和培育个体品德的民间化道德教育形式之一。制定乡约之目的是维护公序良俗的民间社会秩序和实现地方社会教化,是"协和尔民"以成仁厚之俗的重要举措。乡约因与中国传统家训的精神追求一脉相承而具有家训文献的性质。正如有学者所言:"我国聚族而居的传统,往往一村一乡就是一个家族,这样地域关系便转化成了血缘关系,乡约也就有了家范的意义。"①

我国历史上第一部成文乡约是《吕氏乡约》,由北宋蓝田吕氏兄弟所订立。"《吕氏乡约》定规约四条,即德业相劝,过失相规,礼俗相交,患难相恤"②,每一条下面又有更为详细的规定,内容涵盖乡村日常生活的方方面面。其目的在于扬善抑恶、扶正驱邪、和谐邻里和淳化世风。虽然《吕氏乡约》只是吕氏家族的族约,但其历史影响甚大,深刻影响着后世的乡村治理模式和社会教化。宋代以后,乡约备受关注和推崇,多地出现了以《吕氏乡约》为范本的乡约文本。南宋时,朱熹对《吕氏乡约》进行了重编修订,史称《增损吕氏乡约》,乡约的影响更加扩大。

明朝时期,乡约是实施社会教化的重要工具。吕坤和王阳明等都大力提倡和鼓励乡约教化。特别是王阳明"参酌蓝田乡约以协和南赣山谷之民"③,制定出《南赣乡约》,并推广实践。《南赣乡约》要求:

> 同约之民,皆宜孝尔父母,敬尔兄长,教训尔子孙,和顺尔乡里,死丧相助,患难相恤,善相劝勉,恶相告戒,息讼罢争,讲信修睦,务为良替之民,共成仁厚之俗。④

---

① 徐梓:《家范志》,上海人民出版社1998年版,第276页。

② 转引自谢长法:《乡约及其社会教化》,《史学集刊》1996年第3期。

③ (明)王阳明著,陈恕编校:《王阳明全集(伍)世德纪·辅录》,中国书店出版社2014年版,第187页。

④ 牛铭实编著:《中国历代乡规民约》,中国社会出版社2014年版,第125页。

《南赣乡约》在江西南安、赣州一带推行,收到良好效果。据相关县志记载,瑞金县"近被政教,甄陶稍识,礼度趋正,休风日有渐矣。习俗之交,存乎其人也"①;"人心大约淳正,急公输纳,守礼畏法……子弟有游惰争讼者,父兄闻而严惩之,乡党见而耻辱之。"②清代以后,乡约内容更加丰富,并且在乡村治理实践中发挥了重要作用。清末著名教育家贺瑞麟强调指出,乡约法最关风化,务各力行。乡约的推行对于匡正民风、革除陋习、促进社会教化和维持社会秩序起到了重要作用。

7. 蒙学读物

蒙学即启蒙之学,是指专门针对儿童所进行的启蒙教育。蒙学读物又称蒙书、蒙学教材、启蒙教材、童蒙课本等,是我国古代专为学童启蒙教育编写的教材。唐宋以来,许多家训文献因具有"厚人伦而美习俗"之立意,而成了私塾蒙馆对儿童进行教育的启蒙课本。例如,"唐代无名氏的《太公家教》采录经史子籍中的嘉言隽语及民间俗语,对儿童进行道德教育和社会规范教育。"③由于其文字直白易懂,讲授的内容与儿童年龄相宜,是中唐到北宋初年最盛行的一种童蒙读本,传播甚广,其阐述的修身应世思想也影响了一代又一代人。

随着儿童教育的发展和印刷术的革新,宋元时期蒙学教材的编撰和流传更甚。许多家训文献常常被用作蒙学课本来教育儿童,甚至还出现了蒙学专书。这一时期的蒙学教材,不仅数量更多,内容更丰富,而且形式也更加多样。其中较具代表性的蒙学著作,当属南宋理学家真德秀的《教子斋规》。该书针对儿童身心发展特点,从礼、坐、行、立、言、揖、诵、书等八个方面严格要求儿童

---

① (清)黄鸣珂:《南安府志》卷二,清同治戊辰年刊本,第38页。
② 江西省志编辑室:《江西地方志风俗志文辑录》,1987年铅印本,第179页。
③ 赵振:《试论唐宋家训文献的转型与特点》,《安阳工学院学报》2007年第2期。

的日常行为举止,注重童蒙时期儿童生活习惯和道德品质的培养,对后世影响极大。此外,袁采的《袁氏世范》、吕祖谦的《少仪外传》、司马光的《家范》和赵鼎的《家训笔录》等都曾作为蒙学读本被广泛推广使用,从而进一步扩大了其在社会上的传播范围和影响面。到了清代,朱柏庐的《治家格言》更成为影响最大的蒙学读物而流传甚广。

8.民俗钱币

民俗钱币古时雅称"花泉",俗称"花钱",最早起源于汉代,不作流通使用,主要用于馈赠、祝福、把玩、配饰、卜卦等,其性质大致相当于现在的纪念币。民俗钱币不但种类繁多,形制各异,而且具有丰富的文化内涵,是家训传播的有效载体。虽然尽管花钱的尺寸很小,字数不多,但它所传达的内容却是家训精华的高度提炼。仅介绍几种民俗钱币上的传统家训。

(1)清白传家花钱

清白传家花钱(宋元时期)正面刻有"清白传家"四字篆书,意思是把清廉洁白的家风传给后人,古人常常用它来要求后人出污泥而不染、清正廉洁。

清白传家花钱

(2)敦诗说礼忠厚传家花钱

敦诗说礼忠厚传家花钱正面是"敦诗说礼"四字,背面是"忠厚传家"四字。意思是要按照《诗经》温柔敦厚的精神和古礼的规定为人处世。花钱上耕读为本、诗礼传家的古朴家风扑面而来,让人心生敬意。

敦诗说礼忠厚传家花钱

（3）为善最乐背双龙花钱

为善最乐背双龙花钱正面是"为善最乐"四字,背面是双龙的图案,意思是做好事是最快乐的事情,双龙寓意吉祥。以此为家训,表达了先辈对后代的修身引导和良好祝愿。

为善最乐背双龙花钱

（三）实物形式的家训

所谓实物形式的家训,是指家长通过陈列或展示祖先遗留下来的器物及其所承载的文化与价值意蕴,引导教诫子弟、家人。

祖先遗留下来的器物是最显著、最重要的实物形式的家训。例如五代后唐名将符存审戎马一生,身上中了一百多箭,他便以此作为家训勉励子孙。史书记载:"临终,戒其子曰:'吾少提一剑去乡里,四十年间取将相,然履锋冒刃、出生入死而得至此也。'因出其平生身所中矢百余而示之曰:'尔其勉哉!'"[1]他

---

① （宋）欧阳修著,徐无党注,马小红标点:《新五代史》（卷 1 至卷 42）,吉林人民出版社1995 年版,第 147 页。

将从自己身上拔下的一百多个箭头积聚起来展示给儿子们看,以这些触目惊心的实物警示子弟今日之富贵来之不易,以激励他们奋勇杀敌、立功报国,维护家族荣誉。符氏家族成员以祖辈遗物为感召,奋发图强,也因此显赫一时。

王质是北宋名相王旦之侄,也善于运用实物教子。王质有一天在阅读家中收藏的书籍时偶然发现,叔父"文正(王旦)作舍人时,家甚虚,尝贷人金以赡昆弟,遇期不入,辍所乘马以偿之"。王质持这张借券"召家人示之曰:'此前人清风,吾辈当奉而不坠。宜秘藏之。'"[1]王质还将他父亲做官时因为家境贫穷而向别人索取粮米的借据也保存下来,借以教诫子弟清正为官。"又得颜鲁公为尚书时乞米于李大夫墨帖,刻石以模之,遍遗亲友间。其雅尚如此,故终身不贪。"[2]

此外,父辈赠予晚辈的物品,其中寄托着长辈的祝愿与希望,也应当看作是实物家训。例如宋人高登将砚赠送给儿子们,其意显而易见:"人以田,我以砚。遗尔箕,意可见。"[3]运用实物教子,比一般的家教更形象、直观,朝夕观览,更能给人留下深刻印象和熏陶。

(四) 传统民居建筑中的家训

古人讲究器以载道、寓教于物,庭院建筑是重要的生活环境,是长辈对晚辈施行教化的重要载体。传统民居的主人通过将家训写于建筑上,或在建筑中摆设某种器物、栽培某种植物,或者以雕刻、绘制特定教化内容等方法,营造良好的道德教育氛围,使生活在其中的家人子弟在抬头驻足、嬉戏玩耍间,不知不觉地受到影响和熏陶,并逐步固化为自身的行为准则。

---

[1]　曾枣庄、刘琳主编:《全宋文》,巴蜀书社1990年版,第47页。
[2]　曾枣庄、刘琳主编:《全宋文》,巴蜀书社1990年版,第47页。
[3]　曾枣庄、刘琳主编:《全宋文》第180册,上海辞书出版社2006年版,第422页。

被民居主人用作家训文化载体的建筑部件及屋内装饰有很多，如门、窗、墙壁、屏风、石碑、楹联、匾额、雕刻乃至庭院命名等，可谓林林总总，不胜枚举。

1. 门

"门"是建筑物的进出口，它不但发挥着实体性使用功能，而且也是精神的载体。例如，云南团山民居张家花园巷门上醒目地书有"百忍家风"四个大字，告诫家人处世要多多忍耐，以忍传家。在山东栖霞牟氏庄园牟宗夑的住宅西忠来院，其黑漆大门的门簪上雕刻有"琴棋书画"四种图案，门上还雕着"耕读世业，勤俭家风"饰金对联，使人出入即见，触目可诵，时时处处受到教育。

云南团山民居张家花园巷门上书有"百忍家风"四个大字

皖南民居雕花门上刻有"孝友任姻睦恤"

2. 窗

中国传统民居建筑中的窗棂设计真可谓多姿多彩,家庭教化的形式也非常丰富。福建培田吴昌同故居双灼堂,堂前有八块精美的窗扇,每块窗扇上都浮雕有一字,连起来为"礼、义、廉、耻、孝、悌、忠、信",突出四维八德,强调以德持家和治理乡村。四川宜宾夕佳山民居前厅正中的四扇格门上镂空窗饰的主题为"渔"、"樵"、"耕"、"读",反映出黄氏一族以"勤耕苦读"传家的家风。

3. 墙壁

在传统民居建筑中,利用墙体上的雕刻装饰等进行家庭道德教化的情况十分常见。例如晚清重臣左宗棠要求儿子把他写的"早眠,早起。读书要眼到、口到、心到","走路、吃饭、穿衣、说话,均要学好样"等有关修身做人的训示,粘贴在学堂墙壁上,方便子孙日日诵读并对照反省。① 位于安徽绩溪县湖

---

① 左宗棠著,刘泱泱校点:《左宗棠全集(家书·诗文)》,岳麓书社 2014 年版,第 4 页。

"孝、悌、忠、信"窗(上)"礼、义、廉、耻"窗(下)

村的章氏宗祠,其两厢墙壁上写有两米见方的"忠"、"孝"、"节"、"廉"四个大字。这几个大字,既是用来装点祠堂的艺术作品,更是章氏家族的家训族规,章氏家族成员无论谁违背了其中之一,都要按族规在祠堂接受处罚。

4.屏风

屏风一般多放置在厅堂中较为明显的位置,起挡风、分隔及美化等作用。古代的家长为了子弟能时时审视省察自己,将家训写在家中的屏风上。例如南宋著名学者杨简将自己对外甥读书治学的训诫写于屏风之上。"学如不及,犹恐失之。冯甥请书于屏,儆戒深意,殊慰老怀。微意云兴,日月亏照。古圣犹兢业,吾甥其戒之。"①明代学者陈继儒也将其家训《安得长者言》的内容书写在屏风上,以便子孙们躬耕之余阅读,受到教育。

---

① 曾枣庄、刘琳主编:《全宋文》第276册,上海辞书出版社2006年版,第19页。

"渔"、"樵"、"耕"、"读"四幅镂空木窗雕刻的图画故事

5. 石碑

石碑即石头碑刻。民居主人往往把承载主人期待、或记述先辈祖德、或记录家庭故事、或雕刻朝廷旌表等具有教育意义的石碑长期放置在宅院之中,树碑立训,使子孙朝夕诵思。例如南宋大儒张栻曾经把教诫后辈的话刻成碑文,竖立在他的家中,名为"四益碑",以此对家人子弟进行训诫。时人赵蕃即云:"四益堂中四益碑,南轩文字述家规"①。明代学者吕坤将他为家人子弟制定

①　（南宋）赵蕃:《淳熙稿》,中华书局 1985 年版,第 455 页。

安徽绩溪县湖村的章氏宗祠内墙壁上的忠、孝、节、廉四个大字

的居家做人、积德行善的家训《孝睦房训辞》的内容镌刻在石头上,其名曰为"戒石",要他们"朝夕诵思",检查自省。清代著名文学家李调元之父李化楠所撰写的《李氏家规》,被刻于石碑之上,立于四川省德阳市文星乡李氏宗祠之内,警示后人,累世流传。

6.楹联匾额

楹联匾额既是家训的一类,也是家训文化的重要载体。上文已从分类上简要介绍,这里再从其承载的训诲教化功能略作展开。

楹联作为文本,是人们抒发情感、表达立世修身思想的载体。传统民居建筑的主人常常用楹联来装饰房子,宣示自己的精神文化追求,也借此教育和引导家人。例如"清代学者王士禛家中悬挂着祖传的家训联:继祖宗一脉真传,克勤克俭;教子孙两行正路,惟读惟耕"①,让子孙牢记王家"耕读传家、克勤克

---

① 曾昭安:《家训对联韵味长》,《思维与智慧》2010 年第 17 期。

四川省德阳市文星乡"李氏宗祠敦本堂存赜"摩崖石刻①

俭"的优良传统。清代另一位学者孙寄圃曾为子孙撰联："甘守清贫,力行克己;厌观流俗,奋勉修身。"劝勉儿孙要廉洁勤政,淡泊明志,努力修身养德。山西灵石的王家大院几乎是凡堂必有楹联,每首楹联皆具教化意义。例如教人读书的楹联有"万卷诗书四时苦读一朝悟,十年寒窗三鼓灯火五更明";教人立德修身的楹联有"廉耻自守则常足,道德是乐乃无忧";教人勤俭持家的楹联有"创业维艰祖辈备尝辛苦,守成不易子孙宜戒奢华";等等。

　　匾额,堪称古建筑的点睛之笔,在传统民居建筑中被广泛应用,用以表达民居主人的情趣、志向、节操或寄托民居主人的文化、价值追求。山西灵石王家大院的"缥缃居"大厅悬挂着一帧"澡身浴德"匾额。"澡身浴德"出自《礼记·儒行》,意思是人们要像日常洗澡净身一样修养身心,增进道德。王家大院悬挂此匾是要告诫家人要像日常搞好个人卫生一样,时常清扫心中的私心

　　① 刘军:《罗江"四李"光耀后世》,四川省情网,http://www.scdfz.org.cn/bssz/szrw/content_9625.2018-08-20。

杂念,经常进行道德修炼,提高个人的道德修养,以德服人。在四川仪陇丁氏庄园,其正中的大堂屋后墙中心有雕花神龛,神龛两边的墙壁上悬挂有几块大匾,上面镌刻着"为善最乐"、"凤梧鹤松"等,寄托着房屋主人在道德品质上对家人的殷切期望。

7. 雕刻

雕刻同样既是家训文化的种类,也是家训内容的载体。雕刻有木雕、砖雕、石雕等,在传统民居建筑中,雕刻这种装饰方法往往被民居主人用作对子弟、家人进行教化的手段。民居主人常常把家训内容雕刻在大院建筑物上,让家人在进出之际、转身之间、回眸之时都能看到,耳濡目染得到教化。例如在江西婺源东北乡的不少传统民居建筑中表现"忠义"类题材的木雕很多,像《杨家将》、《木兰从军》和《岳母刺字》等,既表现了民居主人对民族英雄的敬仰,也以此对家人子弟进行爱国主义和民族精神的教育。

8. 庭院命名

世间万物皆有名称。民居主人期冀通过对民居建筑、厅堂宅院的命名来表达自己的伦理价值诉求,并对子孙后代进行潜移默化的价值引导和道德教化。例如,为了教育后代,晚清名臣曾国藩将其位于湖南省双峰县荷叶镇的住宅命名为"八本堂"。"八本"为曾国藩家训思想之精华。"八本"者,即:

> 读古书以训诂为本,作诗文以声调为本,事亲以得欢心为本,养生以少恼怒为本,立身以不妄语为本,治家以不晏起为本,居官以不要钱为本,行军以不扰民为本。①

曾国藩认为,若能坚守此"八本",无论世道怎样改变,家运都会永远兴

---

① 唐浩明著:《唐浩明评点曾国藩家书》下册,岳麓书社 2016 年版,第 195 页。

湖南省双峰县荷叶镇曾国藩故居"八本堂"横匾上书"八本"内容

旺。位于江苏省南京市秦淮区的甘家大院,是晚清金石家、藏书家甘熙的故居。甘氏先辈以"友恭堂"命名这座建筑群落,意在十分鲜明地告诫子弟、家人要始终牢记兄弟要团结、妯娌要相亲、家庭要和睦的齐家之道,这是家庭、家族发展昌盛的基础。甘家的发展史也充分证明,"友恭"两字已成为甘氏家族辈辈恪守的家训。

　　总之,传统民居建筑中的家训较之于其他家训载体而言,其教诫载体更为丰富、方式更为多元、过程更为生动、功能更为强大,极大地扩展了家训文化的传播力和影响力。

（五）训诫仪式与实践锻炼

　　传统家训十分注重在日常生活实践中对家庭成员进行训导,让家庭成员

南京甘熙故居"友恭堂"

在平凡生活中潜移默化地塑造良好品格。传统家训的实践载体常见的有以下
两种:

1.举行经常的训诫仪式

经常的训诫仪式包括"祠堂读谱"和"会所读约"两种。"祠堂读谱"即族
长在祭祀时或重大节日在祠堂向家族众人宣读本宗族的家训家规,讲述家族
荣辱盛衰的历史,训诫家族子弟言行不得有违家法族规。祠堂读谱的教化方
式在宋代就已出现,到了明清时期更加普遍。例如《郑氏规范》详细描述了祠
堂读谱的操作规范:"每天早晨,家人集中于'有序堂',让未成年子弟朗诵劝
善戒恶及和睦家庭、慈爱子孙等家庭道德内容的《男训》、《女训》"①;每逢初

---

① 张宗婉:《我国传统家训中的家庭美德教育研究》,天津师范大学硕士学位论文,2016年。

一和十五聚会时,全家人还要在家长的带领下在祠堂唱诵道德歌诀和家规祖训等。这种家庭中规范化的训诫仪式,使家人子弟接受系统的家庭道德教育。又如明代官吏、文学家许相卿制定的《许云邨贻谋》,是其传示家人子弟的一部"家则"。《许云邨贻谋》中对"读则"制度有详细规定:每年岁末,将家族的全体人员集合起来阅读"家则",对"守身持家有不如则者,众相规警,已亟惩义"①。众人对违反家则的家人子弟进行批评规劝,这对所有家庭成员都是一种教育。

以乡约产生和宗法家族制度完善为前提,出现了一种新的道德教育实践方式——"会所读约"。所谓"会所读约","是指族长在乡或村里的公共场所对族众或本村本乡的异姓村民宣读乡约,宣扬封建道德思想,使族众和村民的言行符合封建道德规范。"②"会所读约"是对祠堂读谱的进一步发展。

2. 接触社会的实践锻炼

让子弟参加实践活动,既能学到书本上学不到的知识,还能提升道德修养。所以,传统家训的作者十分重视加强子弟的实践锻炼。

为了使子弟开阔眼界、通晓人情世故、积累处世经验、增强谋生和治家的本领,《郑氏规范》明确规定:"凡子弟当随掌门户者,轮去州邑,练达世故,庶无懵暗不谙事机之患。"③姚舜牧在《药言》中指出:"盘根错节,可以验我之才;波流风靡,可以验我之操;艰难险阻,可以验我之思;震撼折冲,可以验我之力;含垢忍辱,可以验我之量。"④在他看来,一个人只有经过实践的锻炼才能

---

① 张鸣、丁明主编:《中华大家名门家训集成》上册,内蒙古人民出版社 1999 年版,第 591 页。

② 洪丽婷:《宋朝家训道德教育思想研究》,厦门大学硕士学位论文,2017 年。

③ 张鸣、丁明主编:《中华大家名门家训集成》上册,内蒙古人民出版社 1999 年版,第 501 页。

④ 周秀才等编:《中国历代家训大观》上册,大连出版社 1997 年版,第 414 页。

增长真知,发现自身的不足。

清代政治家、思想家林则徐也十分注重让子弟在社会的大课堂上去经受风雨,锻炼能力。他的次子林聪彝长期蛰居家中,十分缺乏社会经验,林则徐专门撰写家信一封,要他到广州来历练自己。信中说:"吾儿年虽将立,而居家日久,未识世途,读书贵在用世,徒读死书,而全无阅历,亦岂所宜?……此间名师又多,吾儿来后更可问业请益,以广智识,慎勿贪恋家园,不图远大。男儿蓬矢桑弧,所为何来,而可如妇人女子之缩屋称贞哉!"①

(六)家长身教

家长在日常生活中以自己的为人处世方式、原则等对子弟进行潜移默化的教育,以身立范、立教,是传统家训教化的又一重要载体。在家庭环境中,作为教育者一方的家长,其一言一行、一举一动无时无刻不在影响着受教育者。正因为如此,家长在教育子女的过程中,无论言行,都要起到模范表率作用,以身作则胜于口头训诲。正如明末清初文学家申涵光在《格言仅录》中所指出的:"教子贵以身教,不可仅以言教。"②

赵轨在隋高祖时为齐州别驾。他的邻居家种着桑树,桑葚熟了,落在赵轨家的院子里。赵轨见了便叫家人把桑葚一个个捡拾起来,全部送还给邻居,并教诫儿子们:"吾非以此求名,意者非机杼之物,不愿侵人。汝等宜以为戒。"③送还桑葚事小,但赵轨以自身不贪小便宜的言行给予孩子无声的教育,对他们的健康成长有着积极的意义。任环是明朝中叶著名的抗倭爱国将领,嘉靖年间在苏州任兵备副使。倭寇大举扰苏,他率领军民奋起抗击倭寇,保境护民,竭尽全力,立下了不朽的功勋。他在写给家人的书信中,明确表明自己英勇杀

---

① (清)林则徐:《林则徐家书》,中国长安出版社 2015 年版,第 28—29 页。
② 武东生:《人之父》,南开大学出版社 2000 年版,第 159 页。
③ (唐)魏徵:《隋书》(卷 61—85),中华书局 1999 年版,第 480 页。

敌、报国安民的坚定决心和豪迈气概。对于其亲属来说,这种正身率下的爱国主义教育远比训诫子孙效法先贤来得更加深刻。曾国藩教训子弟要习劳守朴,自己更是一辈子以此进行检点约束。尽管日理万机,却潜心读书,一日都不落下;虽然历经繁华富贵,却谨慎守持俭省朴实的家风,以节俭朴素为美德。正是这种以身立范与言传身教,让曾国藩的优良家风传承后世。

相较于家长有意为之的实物家训或文字训诫,家长自身的行为教育淡化或模糊了教育主客体之间的对立,更具亲和力、可信性,濡染更直接、更现实,因而更具感染力,效果自然也更佳。

(七) 家风熏陶

"家风是一个家庭、家族在世代累居、繁衍生息的过程中所形成的较为稳定的生活作风、传统习惯和道德面貌。"①家风是家庭文化和家庭教育的集中体现,是隐形的"家训",于无声无息、耳濡目染中影响着家庭成员的道德品格。良好的家风一旦形成,就能成为一种潜在的、无形的道德力量,激励子弟秉承父辈的优良品德。历史上不少家训作者都非常重视纯朴、善良、正派的家风对子弟品德养成的重要作用。陆游在《放翁家训》中要求子孙将祖先清白做人、俭省节约、注重气节操守的家风继承下来。他在《示子孙》的教子诗中谆谆告诫子孙,"汝曹切勿坠家风"②,要求子孙勤奋努力、恬静淡泊、固守气节、崇尚德行。元代名相耶律楚材出身声名显赫的皇族,在写给房孙重奴行的一首诗中,他告诫其孙加强自身修养,不要辱没家风:"汝亦东丹十世孙,家亡国破一身存。而今正好行仁义,勿学轻薄辱我门。"③明清之际的学者、教育家朱舜水通过讲述朱家的清白家风对子弟进行家风教育,他在《与诸孙男书》中

---

① 陈延斌:《中国传统家训教化与公民道德素质养成》,《高校理论战线》2002 年第 7 期。
② (宋)陆游:《陆游集·剑南诗稿》,中华书局 1976 年版,第 1213 页。
③ (元)耶律楚材:《湛然居士文集》,中华书局 1985 年版,第 160 页。

说:"汝曾祖清风两袖,所遗者四海空囊。我自幼食贫,虀盐疏布。年二十岁,遭逢七载饥荒,养赡一家数十口,无有不得其所者。汝伯祖官至开府,今日罢职,不及一两月,家无余财。宗戚过我门者,必指以示人曰:'此清官家',以为嗤笑,非赞美之也。岂但我今日独薄于汝辈?勿怨可也。"①

---

① 王竞成主编:《中国历代名人家书》,国际文化出版公司 2009 年版,第 387 页。

第五章　中国传统家训思想与教化特色

家训文化作为中国传统伦理文化和国学的重要组成部分,整体上看是儒家文化的世俗化、通俗化,因而也就在一定程度上淡化了儒家学说的抽象说教意味而更加贴近生活,包容了斑斓多姿的思想内蕴和丰富多彩的鲜明教化特色。

一、传统家训思想的丰富内蕴

中国传统家训的内容极为丰富庞杂,涉及的领域极其广泛,①但核心始终是围绕睦亲治家、教子立身、处世之道展开的,具体而言,可以分为修身观、齐家观、教子观、励志观、勉学观、处世观、为政观、养生观等。

(一)修身观

传统家训的修身思想涉及内容非常宽泛,主要包括下述内容。

---

① 参见徐少锦、陈延斌:《中国家训史》,陕西人民出版社、人民出版社 2011 年版,导言。

其一，修德检迹，以身立范。

东汉蔡邕，在写给女儿的家训《女训》中，以"对镜梳妆"作喻，强调了内在品德修养的重要性，循循善诱地教育女儿要"修心"。

> 心犹首面也，是以甚致饰焉。面一旦不修饰，则尘垢秽之；心一朝不思善，则邪恶入之。咸知饰其面，不修其心，惑矣！ 夫面之不饰，愚者谓之丑；心之不修，贤者谓之恶。愚者谓之丑犹可，贤者谓之恶，将何容焉？①

在修身方面，不少家训作者都告诫子弟家人要从"修德"做起，从小事做起。比如，刘备《敕后主辞》中教育儿子"勿以恶小而为之，勿以善小而不为。惟德惟贤，能服于人。"要儿子加强品行修养，使自己的品德和能力能够为大家所信服。再如，明代吴麟征的《家诫要言》也指出，"人品须从小作起，权宜苟且诡随之意多，则一生人品坏矣。"②

在传统家训的订立者看来，修身首先是对做家长的要求，要想家运长久，全在于家长品行端正，"身正"为先，以身示范。清代张履祥《训子语》就强调，为家长者首先要注重道德修养，然后才能教育好子孙，未有家长"不能修身能教子孙者也"。他说：

> 人家不论大小，总看此身起。此身正，贫贱也成个人家，富贵也成个人家，即不能大好，也站立得住……所以修身为急，教子孙为最重，然未有不能修身能教子孙者也。③

清代学者孙奇逢在《孝友堂家训》中，把修身教育作为子弟培养的首要任务。他说："士大夫教诫子弟，是第一要紧事。子弟不成人，富贵适以益其恶；

---

① 陈延斌、葛大伟编著：《中国好家训》，凤凰科学技术出版社 2017 年版，第 1 页。
② 徐少锦、陈延斌、范桥、许建良：《中国历代家训大全》，中国广播电视出版社 1993 年版，第 319 页。
③ 陈延斌、葛大伟编著：《中国好家训》，凤凰科学技术出版社 2017 年版，第 80—81 页。

子弟能自立,贫贱益以固其节。"①明代方孝孺的《家人箴》告诫家人,地位低下、生活穷困者更要注意节操,"贫贱而不可无者,节也贞也;富贵而不可有者,意气之盈也。"②清代张英在其家训名著《聪训斋语》中嘱咐后人:

> 予之立训,更无多言,止有四语:读书者不贱,守田者不饥,积德者不倾,择交者不败。③

在张英的"四训"中,除了"守田者不饥"外,其余三训都涉及修身处世。

关于修身的路径方法,传统家训也多有论述。比如袁黄的《了凡四训》就介绍了"功过格"的修养方法,告诫儿子要日日"知非""改过"。

> 务要日日知非,日日改过;一日不知非,即一日安于自是;一日无过可改,即一日无步可进;天下聪明俊秀不少,所以德不加修、业不加广者,只为因循二字,耽阁一生。④

其二,贵名节,重家风。

注重子弟名节、倡导优良家风,是中国传统家训的鲜明特征,家训作者都将此作为家训的重要教化内容。颜之推的《颜氏家训》开篇就说:"夫圣贤之书,教人诚孝,慎言检迹,立身扬名,亦已备矣。"⑤他在家训中还结合自己生活于乱世的经历,进行注重节操的教育。

> 行诚孝而见贼,履仁义而得罪,丧身以全家,泯躯而济国,君子不咎也。自乱离以来,吾见名臣贤士,临难求生,终为不救,徒取窘辱,

---

①　徐少锦、陈延斌、范桥、许建良:《中国历代家训大全》,中国广播电视出版社1993年版,第301页。

②　陈延斌、葛大伟编著:《中国好家训》,凤凰科学技术出版社2017年版,第18页。

③　(清)张英:《聪训斋语》卷一,陈延斌主编:《中华十大家训》卷三,教育科学出版社2017年版。

④　(明)袁黄:《了凡四训·立命之学》,陈延斌主编:《中华十大家训》卷三,教育科学出版社2017年版。

⑤　(北齐)颜之推:《颜氏家训·序致第一》。

令人愤懑。①

在这段家训中，颜之推批评了那些"临难求生"的"名臣贤士"没有节操，意在警示子孙后代。

众多家训作者都把节操教育与传承家族优良家风培塑结合起来。颜之推在谈及写作家训的目的时就告诉后人家族夙重家风之事，说"吾家风教，素为整密"②。明代吴麟征《家诫要言》强调，"家业事小，门户事大"③，叮嘱子孙维护和传承家族优良门风。在《放翁家训》序言中，陆游说自己祖先"廉直忠孝，世载令闻"，其家训向子孙们讲述了陆氏家族的历史，要子孙学习先人，生活俭约，诚实做人；大力弘扬家族对"挠节以求贵，市道以营利"视为耻辱的家风。

> 仕而至公卿，命也，退而为农，亦命也，若夫挠节以求贵，市道以
>
> 营利，吾家之所深耻，子孙戒之，尚无坠厥初。④

陆游还以诗训诲子孙，他一生留下二百多首家教诗篇，堪称"诗训"第一人。他在《示子孙》的家训诗中写道：

> 为贫出仕退为农，二百年来世世同。
>
> 富贵苟求终近祸，汝曹切勿坠家风。⑤

号召子孙恪守陆氏家族二百年来耕读传家、不慕富贵的清白家风。

其三，言行循礼，力戒恶习。

开帝王家训先河的周公教育侄子成王，居官不可贪求安逸、淫乐；要做到

---

① （北齐）颜之推：《颜氏家训·养生第十五》。

② （北齐）颜之推：《颜氏家训·序致第一》。

③ 徐少锦、陈延斌、范桥、许建良：《中国历代家训大全》，中国广播电视出版社1993年版，第321页。

④ （宋）陆游：《放翁家训》，《丛书集成初编》，第九七四卷，中华书局1985年版，下引此书略去版本。

⑤ （宋）陆游：《陆游集·剑南诗稿·示子孙》。

"无淫于观、于逸、于游、于田",即不沉溺于观赏,不纵情于逸乐,不无节制地嬉游,以及不分时令地田猎。① 作为官宦世家的张英,特别注意对子弟品德修养的教育。将"立品"作为子孙"思尽人子之责,报父祖之恩,致乡里之誉,贻后人之泽""四事"之第一事,力戒恶习。接着"四事",张英写道:

> 世家子弟原是贵重,更得精金美玉之品,言思可道,行思可法,不
>
> 骄盈、不诈伪、不刻薄、不轻佻,则人之钦重较三公而更贵。②

这里,张英以"精金美玉"比喻纯良温润的人品,要子孙注意修养,言行举止"不骄盈、不诈伪、不刻薄、不轻佻",这样才能赢得世人的尊重,较之"三公"③之类的高官更为尊贵。

许多家训作者都要求在生活实践中对子弟加以约束,而且辅以惩罚措施以惩恶劝善。清代麻城鲍氏家族的家训《鲍氏户规》,对盗窃、赌博恶习以及骂人、诽谤等违反道德法律的行为作了详细的惩罚规定,如:

> 盗窃、掏摸,计物之多寡,照律治罪;以迷药得财者,送官治罪。
>
> 假以建言为由,污人名节、报复私仇者,挟仇诬告人者,杖一百。
>
> 赌博财物,开设赌坊。教而不改者,杖八十、免祀。
>
> 妇女肆行无忌而乱骂人者,及无故骂人者,笞四十。
>
> 以私债强夺人妻妾、子女,因而奸占者,送官治罪。④

其四,宽厚谦恭,谨言慎行。

许多家训文献都嘱告家人,宽厚待人,谦恭处世,敦品励行。浦江郑义门的《郑氏规范》,用了大量篇幅谆谆嘱告家人子孙要"和待乡曲,宁我容人,毋

---

① 参见徐少锦、陈延斌:《中国家训史》,陕西人民出版社、人民出版社 2011 年版,第 65 页。

② (清)张英:《聪训斋语》卷二,陈延斌主编:《中华十大家训》卷三,教育科学出版社 2017年版。

③ "三公"是古代高级官爵名,历代各有不同,如周朝为"太师、太傅、太保",东汉为"太尉、司徒、司空"。

④ 徐少锦、陈延斌、范桥、许建良:《中国历代家训大全》,中国广播电视出版社 1993 年版,第 1153—1154 页。

使人容我"①。明代许相卿的《许云邨贻谋》中，要求家人宽以待人，"宁人欺，毋欺人；宁人负，毋负人。"②明代的《庭帏杂录》，是袁衷、袁黄（原名袁表，号了凡）等兄弟五人回忆整理父亲袁仁和母亲李氏平日训诫的家训著作，书中记载了母亲李氏很多要他们兄弟宽厚待人的身教故事。李氏是一个非常宽厚慈爱的人，儿子们回忆说：

> 有一个富家乘着条大船娶亲经过李氏门前的河流时，撞坏了她家的船舫，邻居抓住船主要其赔偿。李氏听说后，先问新媳妇是否在船上。当知道新妇在船上时，立即要邻居放人家走，理由是若要其赔偿，婆家必然以为不吉利而怪罪新媳妇。还有一次，儿媳偶而得到一条鳜鱼，就亲自下厨烧了让小仆胡松给婆婆送去。过了一会见到婆婆，便问鱼烧得如何？李氏开始一愣，旋即说是好吃。媳妇见状怀疑是仆人偷吃，核实后就来问婆婆没吃何以说吃？李氏笑答："汝问鳜，则必献；吾不食，则松必窃。吾不欲以口腹之故，见人过也。"③

不少家训都要求子弟家人注意言谈举止的修养。张履祥《训子语》说："子孙以忠信谨慎为先，切戒狷薄。不可顾目前之利而妄他日之害，不可因一时之势而贻数世之忧。"④家训作者们之所以告诫家人子弟谨言慎行，还有一个原因，那就是："在缺少民主的专制时代，鉴于统治阶级内部尔虞我诈、相互倾轧的事实，不少家训都教育子弟恪守深自韬晦的处世之道，'多说一句不如少说一句，多识一个人不如少识一个人'。"⑤

---

① （元）郑文融等：《郑氏规范》，陈延斌主编：《中华十大家训》卷二，教育科学出版社 2017 年版。
② （明）许相卿：《许云邨贻谋》，《丛书集成初编》，第九七五卷。
③ 陈延斌：《〈庭帏杂录〉与李氏的以身立教》，《少年儿童研究》2005 年第 6 期。
④ （清）张履祥：《杨园先生全集·训子语》。
⑤ 陈延斌：《中国传统家训教化与公民道德素质养成》，《高校理论战线》2002 年第 7 期。

（二）齐家观①

由于家文化的重要基础地位,传统家训将齐家之道作为教化子弟家人的重要任务,因而这方面的论述相当丰富。传统家训的齐家观主要包括"居家之道"和"治家之道"两个方面的内容。

1.居家之道:谨守礼法,各无惭德

《颜氏家训》认为要使家庭和睦,最要紧的是处理好父子、夫妻、兄弟这三种关系,"一家之亲,此三而已矣。"②由于留有家训传世的大多是官宦之家或世家大族、殷实之家,除了"六亲"关系外,还要调整主人与仆人的伦理关系。因而,居家之道由调适家庭各种关系的规范组成。

第一,父义母慈、正身率下的父辈之道。

尽管传统家训极为强调家长的权威,或多或少地渗透着封建专制主义,但也有不少家训作者在论述父母子女关系时,也同时对为父母者提出了"慈"为核心的父母之道,要求做父母的在不失家长权威的条件下,对儿女、家人宽以待之,这样,如仁孝文皇后《内训》所言,"慈者,上之所以抚下也。上慈而不懈,则下顺而益亲。"否则,"父不慈则子不孝"。③ 袁采的《袁氏世范》,其《睦亲》篇讲得更为入情人理。他指出:"为人父者能以他人之不肖子喻己子,为人子者能以他人之不贤父喻己父,则父慈而子愈孝,子孝而父益慈"。

由于家训的制定、撰著者均为家庭中德高望重的前辈长者,他们多是深受儒家封建伦理熏陶的人士,深知"其身正不令而行"的道理,因而,每篇家训在

---

① 本题主要内容,笔者曾以《传统家训的"齐家之道"》为题,发表于国际儒联组编:《儒家齐家之道与当代家庭建设》,华文出版社 2015 年 11 月版。

② （北齐）颜之推:《颜氏家训·兄弟第三》。

③ （明）仁孝文皇后:《内训·慈幼章第十八》。

论及治家的道德要求时,总是把家长以身作则、正身率下放到一个突出的位置。司马光指出:"凡为家长,必谨守礼法,以御群子弟及家众。"①赵鼎特别强调子女多的大家庭的家长更要憎爱不偏,"唯是主家者持心公平,无一毫欺隐,乃可率下。不可以久远不慎,致坏家风。"②《袁氏世范》强调,做长辈的一般情况下应该对子弟一视同仁,不可偏憎偏爱,否则反倒是害了孩子。原因何在? 袁采说:"衣服饮食,言语动静,必厚于所爱而薄于所憎。见爱者意气日横,见憎者心不能平。积久之后,遂成深仇,所以爱之适所以害之也。"③因此做父母的应该"均其所爱"。不仅如此,为人父母者还要避免对子弟的"曲爱"、"妄憎"两种错误倾向;要注意教子宜早、宜正,"子幼必待以严,子壮无薄其爱。"只有这样处理父子关系,家庭才能和睦。

第二,孝顺父母、恭敬尊长的为子之道。

"孝"是传统伦理的基本范畴。由于封建经济是以家庭为单位的自然经济,家长一般是由家庭中辈分最长的男子担任,加之家庭权力的转让、财产的继承都是由父辈决定的,因而儿子绝对地服从、孝顺父母就成为封建家庭道德最为根本的道德规范。对此,传统家训无一例外地都把"孝"放在家庭道德的首位加以强调。范质《戒从子诗》一开始就提出,"戒尔学立身,莫若先孝悌。怡怡奉尊长,不敢生骄易。"王夫之认为,"孝友之风坠,则家必不长。"④不少家训都将"孝"与"敬"联系起来加以要求,认为"养"固然重要,而"敬"更应提倡。例如仁孝文皇后《内训》中就说:"孝敬者,事亲之本也。养非难也,敬为难。以饮食孝奉为孝,斯末也。"⑤

---

① (宋)司马光:《司马氏书仪》卷第四《居家杂仪》。
② (宋)赵鼎:《家训笔录》,《丛书集成初编》,第九七四卷。
③ (宋)袁采:《袁氏世范》卷一《睦亲》。陈延斌主编:《中华十大家训》卷二,教育科学出版社 2017 年版。
④ (明)王夫之:《船山遗书姜斋文集补遗》。
⑤ (明)仁孝文皇后:《内训·事父母章第十二》。

第三,择偶重品、夫义妇顺的夫妇之道。

夫妇关系是"三纲"、"五常"所强调的重大伦常关系之一。在古代的宗法社会中,夫妻关系的调适是片面地遵照着"夫为妻纲"、"男主女从"的准则进行的,古代家训不可能不受到这些封建纲常礼教的影响,然而尽管如此,传统家训仍有不少可取之处。一是婚姻关系上强调重视品行,忠贞专一。姚舜牧的《药言》主张"一夫一妻是正理",他特别强调婚姻的忠贞专一,告诫子弟"结发糟糠,万万不可乖弃";"嫁女不论聘礼,娶妇不论奁赀"。① 袁采一再叮嘱家人不能在儿女幼小时就为他们议定婚姻,以免误了子女的终身。蒋伊极力反对婚嫁上的门当户对、嫌贫爱富的旧观念,主张"嫁娶不可慕眼前势利,择婿须观其品行"。二是不少家训都反对女子"从一而终"的封建礼教,主张应允许女子再嫁。《蒋氏家训》告诉家人,"妇人三十岁以内,夫故者,令其母家择配改适,亲属不许阻挠。"②范仲淹甚至给再嫁的本族女子以经费资助。三是认为夫妇和睦,夫义妇顺。彭定求的《治家格言》教诲子弟"为夫妇,和顺好";孙奇逢《孝友堂家训》中指出,"一家之中,老老幼幼,夫夫妇妇,各无惭德,便是羲皇世界。"③

第四,兄友弟恭、亲睦家齐的兄弟之道。

传统家训论及家庭成员之间关系的调适时,都把兄弟姊妹妯娌之间的和睦相处、团结合作作为一个重要的规范。认为"父父子子,兄兄弟弟,元气团结"是"家道隆昌"必不可少的条件。④ 要求"兄须爱其弟,弟必恭其兄,勿以纤毫利,伤此骨肉情。"⑤《颜氏家训》强调了兄弟失和、家庭不睦的危害性,指出:"兄弟不睦,则子侄不爱;子侄不爱,则群从疏薄;群从疏薄,则童仆为仇敌

---

① （明）姚舜牧:《药言》,陈延斌主编:《中华十大家训》卷三,教育科学出版社 2017 年版。

② （清）蒋伊:《蒋氏家训》,《丛书集成初编》,第九七七卷。

③ （清）孙奇逢:《孝友堂家训》,《丛书集成初编》,第九七七卷。

④ 徐少锦、陈延斌、范桥、许建良:《中国历代家训大全》,中国广播电视出版社 1993 年版,第 301 页。

⑤ 徐少锦、陈延斌、范桥、许建良:《中国历代家训大全》,第 731 页。

矣。"①被誉为"《颜氏家训》之亚"的《袁氏世范》开篇一章就是"睦亲",袁采不仅从正、反两方面分析了家庭成员之间的和睦相处对于"兴家"、"齐家"的极端重要性,而且系统地阐述了如何从财产的分配、不受婢妾仆隶的谗言迷惑、避免姑嫂妯娌间的言行失和等方面保证家庭和睦的具体措施。②

第五,关心体恤、宽其处之的待仆之道。

由于大多数的家训作者都是官吏和家道殷实的士绅,因而如何对待奴婢下人自然也就成为一个必须论及的问题。调整主仆关系的道德准则在家训中非常具体,除了强调坚持封建尊卑原则、要家人对仆人严加管束之外,同时要求家人善待他们。这包括几个方面:一是关心仆人生活。《袁氏世范》从许多方面告诫做家长的要关心奴仆,"奴仆欲其出力办事,其所以御饥寒之具,为家长者不可不留意。衣须令其温,食须令其饱";"奴仆宿卧去处,皆为检点,令冬时无风寒之患。"③他还指出,婢妾无丈夫、儿子或兄弟可依,仆隶无家可归的,要养其老。姚舜牧认为,"待童仆不得不严,然饮食寒暑,不可不时加省视。己食即思其饥,己衣即思其寒。"④二是体恤仆人辛苦。庞尚鹏要求家人宴会宾客应早点结束,好让下人早些休息,"大寒、大暑,犹当体息厨下人。"⑤《郑氏规范》说,"佃家辛苦,不可备陈,……新管当矜怜痛悯,不可纵意过求。""田租既有定额,子孙不得别增数目,所有逋租,也不可起息以重困里党之人。"郑板桥甚至嘱咐弟弟将前代家奴的契卷烧掉,这在封建社会里实在难能可贵。三是对待奴仆要宽恕。蒋伊的《蒋氏家训》严格规定,"不得苛虐童仆,

---

① （北齐）颜之推：《颜氏家训·兄弟第三》。

② （宋）袁采：《袁氏世范》卷一《睦亲》。陈延斌主编：《中华十大家训》卷二,教育科学出版社 2017 年版。

③ （宋）袁采：《袁氏世范》卷三《治家》。

④ （明）姚舜牧：《药言》,陈延斌主编：《中华十大家训》卷三,教育科学出版社 2017 年版。

⑤ （明）庞尚鹏：《庞氏家训》,陈延斌主编：《中华十大家训》卷三,教育科学出版社 2017 年版。

女人不得酷打奴婢"。《袁氏世范》认为凡为家长者在使唤男仆和婢妾时,应"宽其处之,多其教诲",不可轻易鞭挞惩罚。康熙皇帝认为,下人犯了不可饶恕的过失,教训过以后就不应该记恨在心,更不能借一些烦细小事蹂躏折磨他,使他恐惧不安。① 四是尊重仆人人格尊严。郑板桥在给堂弟郑墨的家书中,就委托其严格教育儿子,要求将自己的儿子与下人子女一样看待。他说:"家人儿女,总是天地间一般人,当一般爱惜,不可使我儿凌辱他。凡鱼香果饼,宜均分散给,大家欢喜跳跃。若我儿坐食好物,令家人子远立而望,不得一沾唇齿;其父母见而怜之,无可如何,呼之而去,岂非割心剜肉乎!"这段朴实无华的话,洋溢着浓郁的人道精神和仁爱情怀。②

2. 治家之道:持家谨严,勤俭睦邻

曾国藩认为,家庭家族的兴衰,全靠内政的治理如何,"家中兴衰,全系乎内政之整散。"③封建家长们深知兴家之艰难,在家庭的管理上都非常谨慎,譬如《袁氏世范》的《治家》篇就有 72 则,几乎涉及家务管理的各个方面。详细交代了周密藩篱、防火防盗、宅基择选、房屋建造、雇请乳母、管理仓米、置造契书、借贷钱谷、纳税应捐、植种桑果、饲养禽畜等等家务管理的具体事宜。良苦用心,跃然纸上。《郑氏规范》对制度制定、管理人员任用、具体家事料理等都作了详尽周到的规定。

勤劳节俭是我们中华民族的优秀传统美德,这在历代家训中都得到了鲜明的体现。无论是平常百姓,还是达官贵族,无不在家训中反复叮嘱家人尚节俭、戒奢靡。几乎家喻户晓的家训名篇——《朱子家训》仅五百多字,涉及勤

---

① （清）爱新觉罗·玄烨:《庭训格言》,徐少锦、陈延斌、范桥、许建良:《中国历代家训大全》,中国广播电视出版社 1993 年版,第 361 页。

② 参见陈延斌:《中国传统家训的"仁爱"教化与 21 世纪的道德文明》,《道德与文明》1998 年第 2 期。

③ 陈延斌、葛大伟编著:《中国好家训》,凤凰科学技术出版社 2017 年版,第 112 页。

劳、俭朴内容的就不下一百多字。告诫子弟"黎明即起,洒扫庭除","一粥一饭,当思来自不易;半丝半缕,恒念物力维艰"。清代官吏、学者许汝霖在辞官回乡途中,针对当时的奢靡之风日甚,拟出《德星堂家订》这篇著名的家训。家训分别规定了"宴会"、"衣服"、"嫁娶"、"凶丧"、"安葬"、"祭祀"几个方面的礼节、标准,严格控制开支。他规定招待来客不许用"燕窝鱼翅之类";客人如住数日,中午只以"二簋一汤"相待;他要求家人衣着朴素,婚嫁务求俭约,丧葬祭祀从简,不得"鼓乐张筵",将省下的钱物去立私塾、济孤寡、助婚丧。这些主张,实在难能可贵。

农耕文明时代,一个家庭、家族要能自立于社会并获得发展,不仅要处理好家庭内部的关系,而且要处理好邻里关系。这是因为从小处说,"居宅不可无邻家,虑有火烛,无人救应"①;从大的方面说,盗贼土匪侵扰,也好有个照应。因此,许多家训在家庭生活管理中都强调奉行和待乡邻、讲究人道的睦邻之道,体恤孤寡,救难怜贫。被朱元璋誉为"江南第一家"的浙江浦江县郑氏家族的家训《郑氏规范》,用了大量篇幅谆谆嘱告家人、子孙要"和待乡曲,宁我容人,毋使人容我"。家训还作了一系列具体规定,诸如:灾荒年月借给穷苦乡亲的粮食不得收息;开一爿药店为无钱请医生的穷人医治疾痛;炎夏季节在大道旁设一些茶水站,以济行路的"渴者";捐资修桥补路,"以利行客";族人中无子嗣者,应在生活上予以周济;设"义冢"一座,以供无地的乡邻死后安葬……

(三) 教子观②

"以义方训其子,以礼法齐其家"③,是传统家训的订立宗旨。由于子孙担

---

① (宋)袁采:《袁氏世范》卷三《治家》。陈延斌主编:《中华十大家训》卷二,教育科学出版社 2017 年版。

② 参见笔者《传统家训的"齐家之道"》一文,国际儒联组编:《儒家齐家之道与当代家庭建设》,华文出版社 2015 年 11 月版。

③ (宋)司马光:《家范》卷二《祖》。

负着延续家族、光宗耀祖的重任,因而历代家训都十分注意子孙的教育,将加强子弟修身做人的养成教育作为家庭教育、"整齐门内"的一个基本原则,几乎所有谈及该问题的家训都强调端蒙重教。

首先,在教育宗旨上,强调做个品行端正的"好人"。宋代家颐的《教子语》告诫子弟,"人生至乐无如读书,至要无如教子"。他还以养芝兰这两种香草为喻,以知识教育和品德培养使他们成人成才。"养子弟如养芝兰,既积学以培养之,又积善以滋养之。"①传统家训提倡"爱子有道",反对溺爱、宠爱,强调以进德修身、贵名节、重家声、清白做人为重。孙奇逢的《孝友堂家训》中告诫子弟,读书的目的在于"明道理,做好人",而"取科第犹第二事";②"子弟中得一贤人,胜得数贵人也"③。郑板桥也认为,比起做官,做个好人是第一重要的,"夫读书中举中进士作官,此是小事,第一要明理作个好人。"④他将这种思想意识贯穿于对儿子的教育之中。

其次,在教育的时间上强调"蒙以养正"。传统家训的作者们认为,"端蒙养是家庭第一关系事",如果"蒙养不端,待习惯成性,始识补救,晚矣"。⑤ 姚舜牧家训《药言》中认为,蒙以养正的"养正",最重要的就是养成孝悌、谨信、爱众、亲仁的思想道德素养。他说:

> 蒙养无他法,但日教之孝悌,教之谨信,教之泛爱众亲仁,看略有
> 余暇时,又教之文学。不疾不徐,不使一时放过,一念走作,保完真

①　徐少锦、陈延斌、范桥、许建良:《中国历代家训大全》,中国广播电视出版社 1993 年版,第 963 页。

②　徐少锦、陈延斌、范桥、许建良:《中国历代家训大全》,中国广播电视出版社 1993 年版,第 302 页。

③　徐少锦、陈延斌、范桥、许建良:《中国历代家训大全》,中国广播电视出版社 1993 年版,第 301 页。

④　《潍县署中与舍弟墨第二书》,《郑板桥集》,上海古籍出版社 1979 年版,第 16 页。

⑤　徐少锦、陈延斌、范桥、许建良:《中国历代家训大全》,中国广播电视出版社 1993 年版,第 301 页。

纯,俾无损坏,则圣功在是矣。是之谓"蒙以养正"。①

颜之推家训十分注重孩子早期行为习惯的培养,他在这方面有很多极具价值的论述。比如:

> 人生小幼,精神专利,长成已后,思虑散逸。固须早教,勿失机也。②

> 当及婴稚,识人颜色,知人喜怒,便加教诲,使为则为,使止则止。比及数岁,可省笞罚。③

这里,颜之推强调了早期教育的重要意义,认为在孩子还处于"婴稚"阶段、能够识别大人喜怒表情时就应该加以教诲,告诉他们哪些是可以做的,哪些是不可以做的。这种观点在今天看来也是符合品德、习惯养成教育规律的。

《庭帏杂录》是儿子们记录父母平日训诫的家训名篇,尤其是母亲李氏,非常注重从孩子小时加强教育,也十分注意从点滴小事上培养孩子的良好品德。儿子袁衷说母亲对他们兄弟,"坐立言笑,必教以正,吾辈幼而知礼。"④此外,还有不少传统家训作者论述了"严"与"爱"的关系,提倡爱子有道,反对无原则的溺爱。

最后,在教育内容上,传统家训的作者们着重从修身、齐家、勉学、处世、交友等几个方面加强训诲。要求子孙从小读书知礼,立志成为对国家、社会有用的人才;要自立自重,淡泊名利;要谨慎处世,宽厚待人;要慎重交友,"择善而处","近贤远佞"。在这方面张英《聪训斋语》的一段话,可以说是言简意赅地从整体上阐述了家庭教育的基本内容。他说:

> 教之孝友,教之谦让,教之立品,教之读书,教之择友,教之养身,

---

① 徐少锦、陈延斌、范桥、许建良:《中国历代家训大全》,中国广播电视出版社 1993 年版,第 286 页。

② (北齐)颜之推:《颜氏家训·勉学第八》。

③ (北齐)颜之推:《颜氏家训·教子第二》。

④ 参见陈延斌:《〈庭帏杂录〉与李氏的以身立教》,《少年儿童研究》2005 年第 6 期。

教之俭用，教之作家。其成败利钝，父母不必过为萦心；聚散苦乐，父母不必忧戚成疾。但视己无甚刻薄，后人当无倍出之患；己无大偏私，后人自无攘夺之患；己无甚贪婪，后人自当无荡尽之患。至于天行之数，禀赋之愚，有才而不遇，无因而致疾，延良医慎调治，延良师谨教训，父母之责尽矣！①

张英关于孝友、谦让、立品、读书、择友、养身、俭用、作家八个方面，不仅可以作为传统家训教子观的代表，也对那些过分注重孩子"成败利钝"的父母，提出了很有见地的忠告。

有些家训作者还对不同家庭背景的子弟教育提出不同的要求。譬如，明代温璜的母亲在家训中就提出，"远邪佞，是富家教子弟第一义。远耻辱，是贫家教子弟第一义。至于科第文章，总是儿郎自家本事。"②

（四）励志观

励志教育也是传统家训的主要内容，他们教育子孙从小树立远大志向，认为这是将来成就事业、学问的基础。明代姚舜牧家训《药言》说做人先要砥砺志向：

> 凡人须先立志，志不先立，一生通是虚浮，如何可以任得事？老当益壮，贫且益坚，是立志之说也。③

《诫子书》是诸葛亮临终前写给八岁儿子诸葛瞻的一封家书，成为后世历代文人修身励志的座右铭。诸葛亮家训中对"立志"与"成学"、"成才"的辩证关系作了很有见地的分析。《诫子书》说：

---

① （清）张英：《聪训斋语》卷一，陈延斌主编：《中华十大家训》卷三，教育科学出版社 2017 年版。
② （明）温璜述：《温氏母训》，文渊阁《钦定四库全书》第 0717 册。
③ 徐少锦、陈延斌、范桥、许建良：《中国历代家训大全》，中国广播电视出版社 1993 年版，297 页。

> 夫君子之行,静以修身,俭以养德。非淡泊无以明志,非宁静无以致远。夫学须静也,才须学也。非学无以广才,非志无以成学。淫漫则不能励精,险躁则不能治性。年与时驰,意与日去,遂成枯落,多不接世,悲守穷庐,将复何及!①

"竹林七贤"之一的嵇康,在《家诫》中甚至将立志提高到人与"非人"相区别标志的高度,强调"人无志,非人也,但君子用心,有所准行,自当量其善者,必拟议而后动。若志之所之,则口与心誓,守死无二。"②嵇康认为,如果确定了志向所在,就要心口一致,坚守到死都不作第二种选择。清代理学家王心敬《训子帖》叮嘱儿子:"业成于勤荒于嬉,然世未有有志而不勤,无志而不嬉者。故君子欲砥德进业,时时以责志、励志为第一义。"③

(五) 勉学观

许多家训的作者都以自己的经验教训,向子弟传授治学方法,从小就注意培养他们的良好学风。其中较有名的有颜之推的《颜氏家训》、叶梦得的《石林家训》、孙奇逢的《孝友堂家训》、张英的《聪训斋语》、曾国藩的家书等等。

西汉开国皇帝刘邦年幼时因为生于乱世,遇秦禁学,故读书不多。他当了皇帝以后,深感学习的重要,故教育太子勤奋学习,亲自撰写奏章,不要他人代笔。刘邦写道:

> 吾生不学书,但读书问字而遂知耳。以此故不大工,然亦足自辞

---

① 徐少锦、陈延斌、范桥、许建良:《中国历代家训大全》,中国广播电视出版社 1993 年版,第 452 页。

② 徐少锦、陈延斌、范桥、许建良:《中国历代家训大全》,中国广播电视出版社 1993 年版,第 10 页。

③ 《清》王心敬:《训子帖》,楼含松主编:《中国历代家训集成》,浙江古籍出版社 2017 年版,第 4133 页。

解。今视汝书,犹不如吾。汝可勤学习,每上疏宜自书,勿使人也。①

不少家训将是否读书学习视为君子与小人的分野,比如,欧阳修就告诉儿子:

> 玉不琢,不成器,人不学,不知道。然玉之为物有不变之常德,虽
> 不琢以为器,而犹不害为玉也;人之性因物则迁,不学则迁,不学则舍
> 君子而为小人,可不念哉!②

诸多家训都强调读书学习可以陶冶情操,改变气质。曾国藩指出,"人之气质,由于天生,本难改变,惟读书则可变化气质。"③《庞氏家训》认为,"学贵变化气质,岂为猎章句、干禄哉?如轻浮则矫之以严重,褊急则矫之以宽宏,暴戾则矫之以和厚,迂迟则矫之以敏迅。随其性之所偏,而约之使归于正,乃见学问之功大。以古人为鉴,莫先于读书。"④在这里庞尚鹏认为,学问最大的功用是根据每个人禀性不同来引导、矫正,使之回归正道。

清代吴麟征《家诫要言》也强调读书的好处在于可以"气清"、"神正",克服遇事急躁发火的毛病。

> 多读书则气清,气清则神正,神正则吉祥出焉,自天佑之。读书
> 少则身暇,身暇则邪间,邪间则过恶作焉,忧患及之。……秀才本等,
> 只宜暗修积学,学业成后,四海比肩。……士人贵经史,经史最宜熟,
> 工夫逐段作去,庶几有成。不合时宜,遇事触忿,此亦一病,多读书则
> 能消之。⑤

不少家训还向子弟家人传授了治学之法。例如,康熙《庭训格言》就告诉

---

① (汉)刘邦:《手敕太子文》,陈延斌、葛大伟编著:《中国好家训》,凤凰科学技术出版社2017年版,第115页。

② (宋)欧阳修:《示子》,陈延斌、葛大伟编著:《中国好家训》,凤凰科学技术出版社2017年版,第118页。

③ (清)曾国藩:《曾文正公家训》上卷,"同治元年四月二十四日",陈延斌主编:《中华十大家训》卷五,教育科学出版社2017年版。

④ (明)庞尚鹏:《庞氏家训·务本业》,《丛书集成初编》,第九七六卷。

⑤ (明)吴麟征:《家诫要言》,《丛书集成初编》,第九七六卷。

皇家子孙,读书的步骤是由经书到史书,循序渐进,勤奋刻苦才有成效。他说:

> 读书之法,以经为主,苟经术深邃,然后观史,观史则能知人之贤
> 愚,遇事得失亦易明了。故凡事可论贵贱老少,惟读书不同,贵贱老
> 少读书一卷,则有一卷之益;读书一日,则有一日之益。此夫子所以
> 发愤忘食、学不及也。①

(六) 处世观

"由于中国古代社会以家庭为本位、家国一体的社会结构模式,一个家庭、家族要想自立于社会并获得发展,既要处理好家庭内部的关系,又要处理好与外人和社会的关系,因而以'教家立范'、'提撕子孙'为宗旨的传统家训文化,在强调睦亲齐家的同时,十分重视对子孙进行立身、处世之道的教育灌输。"②家训的处世之道教育,概括起来,主要有以下几个方面内容。

第一,平等待人,公道处世。

传统家训的作者认为,家境富裕或门第高贵,绝不能因此在乡曲面前趾高气扬。《袁氏世范》提出无论原来富贵还是后来发达,都不是在乡亲们面前"摆谱"的资本。"富贵乃命分偶然,岂能以此骄傲乡曲"? 如若原来家境贫寒后来因出仕或做生意等而致显贵,也不应"取优于乡曲";如果因沾父祖辈的光而成显贵,在乡亲面前耍威风,那更是可羞又可怜。③ 这种观点固然有宿命论的思想,但不无道理。袁采还批评了一些将人分为三六九等、"看人下菜碟"的势利者做法。他说:

> 不能一概礼待乡曲,而因人之富贵贫贱,设为高下等级。见有资

---

① 徐少锦、陈延斌、范桥、许建良:《中国历代家训大全》,中国广播电视出版社 1993 年版,第 392 页。

② 陈延斌:《传统家训的处世之道与中国现阶段的道德建设》,《道德与文明》2001 年第 4 期。

③ 陈延斌:《〈袁氏世范〉的伦理教化思想及其特色》,《道德与文明》2000 年第 5 期。

财有官职者,则礼恭而心敬,资财愈多,官职愈高,则恭敬又加焉。至视贫贱者,则礼傲而心慢,曾不少顾恤。殊不知彼之富贵,非我之荣;彼之贫贱,非我之辱,何用高下分别如此?①

第二,严以责己,宽以待人。

元代郑文融等撰修的《郑氏规范》,告诫族人要和待乡曲,宽容忍让。

> 子孙当以和待乡曲,宁我容人,毋使人容我。切不可先操忿人之心。若屡相凌逼,进进不已者,当以理直之。②

河南巩义的康百万家族门楣上悬挂的"留余"家训匾提醒家人与人交往不要好处占尽

明代许相卿的《许氏贻谋四则》告诫子孙,"宁人欺,毋欺人;宁人负,毋负人。"他还指出:"暴慢危亲,干谒辱身;夸己长可耻,幸人灾不仁;能忍事乃济,有容德乃大。古言大丈夫当容人,毋为人所容。"③《袁氏世范》从人的禀性不同,告诫人人都有长处和短处,与人交往,要多看人之长处,多要求自己。

> 人之性行,虽有所短,必有所长。与人交游,若常见其短而不见其长,则时日不可同处。若常念其长而不顾其短,虽终身与之交游可

---

① (宋)袁采:《袁氏世范》卷二《处己》。陈延斌主编:《中华十大家训》卷二,教育科学出版社 2017 年版。

② (元)郑文融等:《郑氏规范》,陈延斌主编:《中华十大家训》卷二,教育科学出版社 2017 年版。

③ (清)许相卿:《许云邨贻谋》,《丛书集成初编》,第九七五卷。

也。处己接物,若常怀慢心、伪心、妒心、疑心者,皆自取轻辱于人,盛德君子所不为也。①

第三,爱众亲仁,救难怜贫。

许多家训都告诫家人族众,要以仁爱之心关爱他人,乐于助人。把涵养爱心、"做好人"作为处理家庭、家族与他人和社会关系的出发点。姚舜牧家训《药言》强调,要以仁爱之心待人,"智术仁术不可无,权谋术数不可有";他认为家道长久、子孙繁盛,"其本要在一'仁'字",真正关心孙、为他们未来考虑的家长,应重"心地"、"德产"而不是田地、房产。② 明代蒋伊的《蒋氏家训》规定:"不得逼迫穷困人债负及穷佃户租税。须宽容之,令其陆续完纳,终于贫不能还者,焚其券。"③明代官吏吕坤认为族人之间应该贫富相恤,"一族之人,不无富贵贫贱。富者须分所有以赈贫,贵者量所能以逮贱。"④明代东林党人高攀龙认为,博施济众、救难怜贫是世间"第一好事"。他说:

> 古语云:世间第一好事,莫如救难怜贫。人若不遭天祸,舍施能费几文?故济人不在大费己财,但以方便存心。残羹剩饭亦可救人之饥;敝衣败絮亦可救人之寒。酒筵省得一二品,馈赠省得一二器,少置衣服一二套,省去长物一二件,切切为贫人算计,存些赢余以济人急难。去无用可成大用,积小惠可成大德,此为善中一大功课也。⑤

不少家训还作了非常具体的规定。譬如,浙江浦江郑义门的《郑氏规

---

① (宋)袁采:《袁氏世范》卷二《处己》。陈延斌主编:《中华十大家训》卷二,教育科学出版社 2017 年版。

② (明)姚舜牧:《药言》,陈延斌主编:《中华十大家训》卷三,教育科学出版社 2017 年版。

③ (明)蒋伊:《蒋氏家训》,载徐少锦、陈延斌、范桥、许建良:《中国历代家训大全》,中国广播电视出版社 1993 年版,第 422 页。

④ (明)吕坤:《四礼翼·祭后翼·恤贫》。

⑤ (明)高攀龙:《家训》,徐少锦、陈延斌、范桥、许建良:《中国历代家训大全》,中国广播电视出版社 1993 年版,第 282 页。

范》，要求家族的哺乳期妇女，除非生病等特殊原因，不得延请乳母喂养自己孩子，因为这样会导致乳母之子忍受饥饿，缺乏应有的照顾。家训还规定："借粮给穷苦乡亲不得收息；建药店以免费医治穷人的疾病；经常修桥补路'以利行客'；周济那些鳏寡孤独、生活无着的乡邻；每年炎夏时节，在大路旁设茶水站'以济渴者'等等。"①

许多家训都把尽自家财力物力资助贫苦族党乡人，作为处世做人的基本准则要求家人子孙。"扬州八怪"之一的郑板桥自幼家境贫寒，出仕为官以后，有了工薪收入，生活条件才得以改善。但他却没有将俸银留作自家使用，而是寄回老家兴化，要堂弟郑墨将俸银悉数分赠亲友、乡邻。他在信中说：

> 敦宗族，睦亲姻，念故交，大数既得；其余邻里乡党，相周相恤，汝自为之，务在金尽而止。②

受儒家倡导的"民胞物与"、"仁民爱物"理念的影响，传统家训甚至将仁爱思想教化推广到"天地万物一体"。不少家训还专门论述了爱惜动物的问题，如袁采的《袁氏世范》就指出："飞禽走兽之与人，形性虽殊，而喜聚恶散，贪生畏死，其情则与人同"；"物之有望于人，犹人之有望于天也。"③袁采要求寒冬季节，要常常去看看牛、马、猪、羊、鸡、狗、鸭的圈窝是否能遮风挡寒。他认为，"此皆仁人之用心，见物我为一理也"。④ 陆游的《放翁家训》也持类似观点，家训写道：

> 人与万物，同受一气，生天地间，但有中正偏驳之异尔，理不应相害，圣人所谓数罟不入污池，弋不射宿，岂若今人畏因果报应哉。上

---

① 陈延斌：《中国古代家训论要》，《徐州师范学院学报》1995年第3期。
② 《郑板桥集》，上海古籍出版社1979年版，第9页。
③ （宋）袁采：《袁氏世范》卷三《治家》，陈延斌主编：《中华十大家训》卷三，教育科学出版社2017年版。
④ （宋）袁采：《袁氏世范》卷三《治家》。

> 古教民食禽兽,不惟去民害,亦是五谷未如今之多,故以补粒食所不
> 及耳。若穷口腹之欲,每食必丹刀几,残余之物,犹足饱数人,方盛暑
> 时,未及下箸,多以臭腐,吾甚伤之。今欲除羊豕鸡鹅之类,人畜以食
> 者(牛耕、犬警,皆资其用,虽均为畜,亦不可食)姑以供庖,其余川泳
> 云飞之物,一切禁断,庶几少安吾心。①

此外,许多家训作者都批评了滥杀动物的行为,甚至将"爱惜物命"提到了积
德和养心、求仁的高度加以强调。高攀龙就抨击了为满足口腹之欲而肆意杀
生的做法,告诫家人接待客人时要多用素菜,少用肉肴,以少杀生命、积德行
善。他说:

> 少杀生命最可养心,最可惜福。一般皮肉、一般痛苦,物但不能
> 言耳。不知其刀俎之间何等苦恼,我却以日用口腹,人事应酬,略不
> 为彼思量,岂复有仁心乎?②

明代沈鲤在其家训《文雅社约》中,引用《礼记》的论述,强调爱惜物命是祖先
留下的优良传统,要求族人、乡人待客少杀动物。他说:

> 古人不常杀牲,亦不皆食肉。《礼》云"诸侯无故不杀牛,大夫无
> 故不杀羊,士无故不杀犬豕",此知其不常杀牲也。左氏云"肉食者
> 谋之""肉食者无墨""食肉之禄,冰皆与焉",此知其不皆食肉也。今
> 市肆鱼肉品味甚多,以充俎实,尽自足用,又何必更宰鸡鹅,求备物
> 哉? 昔人云:"食者甚美,死者甚苦。"矧未必食乎。君子有敬客之
> 心,不可无仁物之心也。③

第四,近善远佞,信义为先。

---

① (宋)陆游:《放翁家训》,《丛书集成初编》,第九七四卷。

② (明)高攀龙:《家训》,徐少锦、陈延斌、范桥、许建良:《中国历代家训大全》,中国广播电
视出版社1993年版,第282页。

③ (明)沈鲤:《文雅社约》卷上《宴会二》。

交友是处世的重要方面,许多家长都认为"人生以择友为第一事","保家莫如择友",①故而十分重视社会环境和友邻品行对子弟成长的重要影响。他们在家训中积极倡导正确的交友之道,提出了慎择交游、近君子远小人的交友观。朱熹告诫儿子,要交"敦厚忠信,能攻我过"的"益友",不交"谄谀轻薄,傲慢亵狎,导人为恶"的"损友"②。清代官吏汪辉祖《双节堂庸训》提出,朋友相交,信义为先。

> 以身涉世,莫要于信。此事非可袭取,一事失信,便无事不使人疑。果能事事取信于人,即偶有错误,人亦谅之。吾无他长,惟不敢作诳语。生平所历,怨尤不少,然宗族姻党,仕宦交游,幸免龃龉,皆曰某不失信也。古云:"言语虚花,到老终无结果。"③

这里,汪辉祖强调涉世之要,在于信用,强调这是为人处世的基本原则,绝对不可失信于人。

(七) 为政观

这一方面的内容主要体现在君王帝后、官宦之家的家训中,特别是那些有作为的君主,以及以国家民族利益为重、体察百姓疾苦的名臣贤相更是如此。传统家训的为政观教育主要包括以下内容。

首先,奉公勤政,报国恤民。

在中国传统家训中,几乎出仕为官者撰写的家训中这方面的内容都有。唐太宗李世民的《帝范》和清圣祖康熙的《庭训格言》是专为训诫皇室子孙而作,他们都告诫子孙们,要不辞辛劳,认真处理国务,关心百姓的生活。五代时

---

① (清)张英:《聪训斋语》卷二。陈延斌主编:《中华十大家训》卷三,教育科学出版社2017年版。

② (宋)朱熹:《朱子文集·与长子受之》。

③ 陈延斌、葛大伟编著:《中国好家训·处世篇》,凤凰科学技术出版社2017年版,第168—169页。

吴越王钱镠临终前给子孙留下《武肃王遗训》，前三条都是嘱咐后代爱国、恤民、关爱百姓。遗训说：

> 第一，要尔等心存忠孝，爱兵恤民。第二，凡中国之君，虽易异姓，宜善事之。第三，要度德量力而识时务，如遇真主，宜速归附。圣人云"顺人者存"。又云"民为贵，社稷次之"。免动干戈，即所以爱民也。如违吾语，立见消亡。①

钱镠以一国之君，却能教育后人为了百姓免于战火，宁愿归附"中国之君"，实属难能可贵！元代官至集贤殿大学士兼国子祭酒的许衡，写诗训子，要其"身居畎亩思致君，身在朝廷思济民"②。南宋宰相赵鼎《家训笔录》嘱咐子弟，"凡在仕宦，以廉勤为本。人之才性，各有短长，固难勉强，唯廉勤二字，人人可至。"③《蒋氏家训》要出仕子孙常看劝善书及清代官员尹会一编辑的《臣鉴录》，告诫他们"慎刑察狱，宁郑重，勿轻忽；宁宽厚，勿刻薄"；"至讼事勿牵连妇女"；"凡非人命强盗重情及钦件事，不可轻监禁人"。④

许多高官名宦家训，都把勤政、恤民视为子弟教育的重要内容，且制定了相应奖惩措施。例如，明代官至福建布政司左参议的王澈在所著的《王氏族约》中明确规定："凡子孙居官，务要廉勤正直，尽忠体国，恪守官箴。其治行卓越、惠泽及民及有功德，为宗族乡邻所庇赖者，没后于谱传之。如以贪酷被黜者，于谱上削其爵。"⑤明代官吏许相卿告诫子孙，士人从小承继学业，要以成为像尧舜那样的人为志向；壮年如果入仕为官，应该"以廉恕忠勤、报国安

① （五代）钱镠：《武肃王遗训》，原载《剡西长乐钱氏宗谱》。
② （元）许衡：《许文正公遗书》卷一《古风·训子》。
③ （宋）赵鼎：《家训笔录》，《丛书集成初编》，第九七四卷。
④ （明）蒋伊：《蒋氏家训》，《丛书集成初编》，第九七七卷。
⑤ （明）王澈：《王氏族约·汇训第五》，楼含松主编：《中国历代家训集成》，浙江古籍出版社 2017 年版，第 1737 页。

民为职";凡是因贪渎被处理者,辜负国家、辱没家门,若官位显赫,只能加重其罪过。对于这种子弟,在祠堂告于祖宗,给予"削谱"出族的严厉处罚。他说:

> 士幼而绩学业,以尧舜君民为志,壮而入仕,固当不论崇卑,一以廉恕忠勤、报国安民为职,持此黜谪何愧?如或贪酷阿纵,负国辱家,贵显只重罪愆,合宗告祠削谱,勿齿于族。①

曾国藩留给儿子们的遗训说:"我与民物,其大本乃同出一源。若但知私己而不知仁民爱物,是于大本一源之道,已悖而失之矣。至于尊官厚禄,高居人上,则有拯民溺救民饥之责。"②告诉为官子弟要怀有"拯民溺救民饥"的情怀。清朝著名政治家、军事家彭玉麟,与曾国藩、左宗棠并称"大清三杰",他在家书中谈到自己为官感受时,甚至提出了"无负于人民"的观点。他说自己,"位高望重,当常存临渊履冰之念。战兢默察,总冀无负于人民。"③还说为官应"抚爱于民,不使失所流离,不使饥嗷待哺,以求吾心之所安"④。

不独仕宦家训,普通百姓家训亦然有不少教化子弟家人报国恤民。清代朱柏庐《治家格言》告诫子弟,"读书志在圣贤,为官心存君国。"浦江郑氏家族的《郑氏规范》明确规定,"子孙倘有出仕者,当夙夜切切以报国为务,抚恤下民,实如慈母之保赤子,有申理者,哀矜恳恻,务得其情,毋行苟虚。"⑤

---

① (清)许相卿:《许云邨贻谋》,《丛书集成初编》,第九七五卷。
② 徐少锦、陈延斌、范桥、许建良:《中国历代家训大全》,中国广播电视出版社1993年版,第624—625页。
③ 陈延斌、葛大伟编著:《中国好家训》,凤凰科学技术出版社2017年版,第211页。
④ (清)彭玉麟:《彭玉麟家书》,陈延斌、葛大伟编著:《中国好家训》,凤凰科学技术出版社2017年版,第210页。
⑤ (元)郑文融等:《郑氏规范》,陈延斌主编:《中华十大家训》卷二,教育科学出版社2017年版。

其次,清廉自守,勿贪勿奢。

这方面的内容许多家训都有述及,而以官宦家庭更为强调和重视,历史上留下了诸如陶侃母"封鲊教子"之类许多诫子勿贪的家训故事。出身于官宦世家的唐代柳玭,在《诫子弟书》中教育为官子弟:

> 直不近祸,廉不沽名。廪禄,不可易黎氓之膏血;榎楚虽用,不可恣褊狭之胸襟。忧与福不偕,洁与富不并。比见门家子孙,其先正直当官,耿介特立,不畏强御;及其衰也,唯好犯上,更无他能。如其先逊顺处己,和柔保身,以远悔尤;及其衰也,但有暗劣,莫知所宗。此际几微,非贤不达。①

这里,柳玭对为官子弟的要求是要为人正直,廉洁自律,不沽名钓誉。强调俸禄微薄但不可搜刮黎民百姓的血汗;虽然有权使用公堂上的刑具,却不能依仗手中权力泄私愤。他还以那些祖先做官的高门世家子孙为例,说明丢了祖先的好传统,便会家庭衰落。

北宋名臣包拯对贪官嫉恶如仇,在留下的短短家训中专门叮嘱子孙不可贪污。家训说:"后世子孙仕官有犯赃滥者,不得放归本家;亡殁之后,不得葬于大茔之中。"②并要人将此刻在石上,竖于堂屋东壁,以诏后世。《郑氏规范》甚至从制度上对防止出仕子弟贪污受贿作了规定:"又不可一毫妄取于民,若在任衣食不能给者,公堂资而勉之。"俸禄不够,家族给予资助就保证了为官子弟的清正廉洁,难怪这个家族宋元明三代173人为官,竟没有一人因贪墨被处理!③ 今天,郑义门祠堂还被作为浙江省廉政教育基地。

---

① (唐)柳玭:《诫子弟书》,徐少锦、陈延斌、范桥、许建良:《中国历代家训大全》,中国广播电视出版社1993年版,第472页。

② 《包拯集》卷十《补遗》。

③ 参见陈延斌:《家风家训:轨物范世的生动教材》,《光明日报》2017年4月26日第11版。

合肥包公祠中赵朴初先生书写的《包拯家训》碑

（八）养生观

传统家训的对象是家人（族人）和子弟，因而不少家训作者也将自己养生保健的经验写入家训。传统家训养生观主要体现在两个方面。

第一，惜身，即珍爱生命的教育。

中国传统文化强调"身体发肤，受之父母，不敢毁伤，孝之始也"①，故而传统家训也注重对子孙进行珍惜生命的教育。颜之推的《颜氏家训》就专门辟有"养生"篇，对家人进行"惜生"教育。他认为，避险免祸、珍爱生命才谈得上

---

① 《孝经·开宗明义》。

养生,没有生命何以养之?"夫养生者先须虑祸,全身保性,有此生然后养之,勿徒养其无生也。"①但颜之推又不是无原则地主张保存生命,他说:

> 夫生不可不惜,不可苟惜。涉险畏之途,干祸难之事,贪欲以伤生,谗慝而致死,此君子之所惜哉;行诚孝而见贼,履仁义而得罪,丧身以全家,泯躯而济国,君子不咎也。②

这就是说生命不可不珍惜,也不可因此而苟且偷生。如果涉险途,干那些招致祸患的事情,或者因为贪欲丧命,或因自己的邪恶而致死,这些情况是君子应该感到可惜的。倘若因诚孝而受到伤害,践行仁义而获罪,为了保全全家而牺牲,为了报效国家而捐躯,这些情况下君子即便失去性命也应在所不惜。

南朝颜延之的家训名篇《庭诰》,专门有一部分论述嗜酒对身体的戕害,要子弟把握好饮酒的度,既要通过饮酒沟通朋友关系,又不使其伤害身体。他说:"酒酐之设,可乐而不可嗜,嗜而非病者希,病而遂眚者几?既眚既病,将蔑其正。"③

第二,具体的养生健体指导。

首先,遵循自然规律。不乞求长生不老,但要注意饮食起居。颜之推告诫子孙,纵然成仙得道,也终归会死,所以不要在这方面花工夫。他还向子孙们传授了自己听到或亲身实践的养生之术。《颜氏家训》说:

> 若其爱养神明,调护气息,慎节起卧,均适寒暄,禁忌食饮,将饵药物,遂其所禀,不为夭折者,吾无间然。诸药饵法,不废世务也。庚肩吾常服槐实,年七十余,目看细字,须发犹黑。邺中朝士,有单服杏仁、枸杞、黄精、术、车前得益者甚多,不能一一说尔。吾尝患齿,摇动

---

① (北齐)颜之推:《颜氏家训·养生第十五》。
② (北齐)颜之推:《颜氏家训·养生第十五》。
③ 徐少锦、陈延斌、范桥、许建良:《中国历代家训大全》,中国广播电视出版社1993年版,第16页。

欲落,饮食热冷,皆苦疼痛。见抱朴子牢齿之法,早朝叩齿三百下为

良;行之数日,即便平愈,今恒持之。此辈小术,无损于事,亦可修也。①

　　曾国藩写给儿子曾纪泽的信中,嘱咐他寿之长短、病之有无,都是上天所

定,不必多生妄想去计较。尽管这不免有宿命论的糟粕,但他的目的还是告诉

儿子,"凡多服药饵,求祷神祇,皆妄想也"。②

　　其次,惩忿窒欲,即少生气,节欲望。曾国藩告诉曾纪泽、曾纪鸿两个儿

子,要遵行古人提出的惩忿、窒欲两个养生要诀,不要乱服药物。

　　　　古人以惩忿窒欲为养生要诀。惩忿,即吾前信所谓少恼怒也;窒

　　欲,即吾前信所谓知节啬也。因好名好胜而用心太过,亦欲之类也。

　　药虽有利,害亦随之,不可轻服。③

　　姚舜牧《药言》也嘱咐家人,不要擅自服用药物,"凡亲医药,须细加体访,

莫轻听人荐,以身躯做人情。"④康熙皇帝教育皇室子孙养生最重要的是注意

饮食。他在《庭训格言》中说:

　　　　养生之道,饮食为重。设如身体微有不豫,即当节减饮食,然亦

　　惟比寻常稍减而已。今之医生一见人病,即令勿食,但以药物调治,

　　若或内伤,饮食者禁之犹可,至于他症,自当视其病由,从容调理,量

　　进饮食,使气血增长。苟于饮食禁之太过,惟任诸凡补药,鲜能滋补

　　气血而令之充足也。养身者宜知之。⑤

---

　　①　(北齐)颜之推:《颜氏家训·养生第十五》。

　　②　(清)曾国藩:《曾文正公家训》,"同治四年九月初一日",陈延斌主编:《中华十大家训》
卷三,教育科学出版社2017年版。

　　③　(清)曾国藩:《曾文正公家训》,"同治四年九月晦日",陈延斌主编:《中华十大家训》卷
三,教育科学出版社2017年版。

　　④　徐少锦、陈延斌、范桥、许建良:《中国历代家训大全》,中国广播电视出版社1993年版,
第302页。

　　⑤　徐少锦、陈延斌、范桥、许建良:《中国历代家训大全》,中国广播电视出版社1993年版,
第370页。

这段话对于医生禁止病人饮食的观点,很有辩证性,也很有道理,足见康熙对医术有些研究。

张英家训教诫家人,存心仁爱,从事善举,是养生的重要路径。他说:"昔人论致寿之道有四,曰慈、曰俭、曰和、曰静。人能慈心于物,不为一切害人之事,即一言有损于人,亦不轻发。"①左宗棠提出了养生的三条经验,即"节思虑"、"慎起居"和"读书静坐"。他说,"保养之方,以节思虑、慎起居为最要,饮食寒暑又其次也。读书静坐,养气凝神,延年却病,无过此者。"②

再次,静心养气。这也是许多传统家训所倡导的养生之道。彭玉麟说:

> 年渐衰老,窃有志于养生之道。凝心、炼气、节食、恬眠,虽无医药之妙诀,而疾病不生。黄静轩有凝心诀曰:但凝空心,不凝住心;但灭动心,不灭照心。炼气则戒忿、戒郁、戒暴、戒侈。老人之食,不在参燕耳术,而在肥甘之有常。睡则心虚而无营,恬淡之趣生。③

彭玉麟研究养生之道的心得是收摄心神,修炼气息,节制饮食,这颇有道理。这段话中彭玉麟引用理学家黄静轩的"凝心诀",说明静心在养生中的重要性。认为修炼气息就能戒除愤怒、忧郁、暴力、奢侈。他认为老人的饮食,不在于吃人参、燕窝、银耳、白术这些补品,而在于对肥美甘甜的食物要有节制,要注意睡眠。

最后,细微处着手保健身体。颜回之六十七世孙、清代官吏和诗人颜光敏所写的《颜氏家诫》,专辟一章《谨身》,详细地向后代传授了养生保健的基本知识,仅引一段。

> 勿过暖,勿伤饱;有汗,虽暑勿遽解衣,冬则增衣;夏勿卧风露中;

① (清)张英:《聪训斋语》卷一,陈延斌主编:《中华十大家训》卷三,教育科学出版社2017年版。
② 陈延斌、葛大伟编著:《中国好家训》,凤凰科学技术出版社2017年版,第256页。
③ 陈延斌、葛大伟编著:《中国好家训》,凤凰科学技术出版社2017年版,第257页。

常令脐足暖；冰水、西瓜、苹果食勿多、勿杂；腥食冷热勿兼；勿以冷水
淘饭；甜瓜桃李勿食；冬盥漱先粥；有所往必先食，唯赴饮勿饱；祁寒
雾露则饮酒。出郊，虽晴必携雨具，大雷电则预掩耳；有恶气所，必携
香烈物，否则刺鼻使嚏；大热或气恶沮湿勿寝；盛暑必袜；勿食
恶菌。①

这些看似琐细的文字，是一个老于世故的长者一生的养生经验，其要旨是从细
微处注意保养身心，今天读来仍很受教益。

二、传统家训思想的消极因素

上述家训中的丰富内容，基本上是应该肯定的积极方面，在今天看来仍然
具有时代价值。但由于传统家训形成和传播的特定历史条件的制约，加之这
些家训多出自封建官僚士大夫之手，因而不可避免地打上时代的烙印，存在封
建主义纲常礼教及宿命论等唯心主义的糟粕。

（一）卑幼屈从尊长的"愚孝"伦理观念

鉴于"资父事君，忠孝道一"②的家国关系理念，历代家训中，这种观念都
占了相当的篇幅。封建家长族长从维护自身权威和家族秩序考虑，把向子弟
灌输"父为子纲"的孝道提到极高的位置，"孝"甚至成了家庭、国家伦常的核
心。比如，司马光家训中就极力提倡儿子应该绝对服从父母，唯父母之命是
听，甚至将这种封建伦理道德规范推向了荒谬的极端。司马光说："子甚宜其

---

① （清）颜光敏：《颜氏家诫·第三谨身》，载《孔子文化大全》，山东友谊书社 1989 年影
印本。
② （西晋）陈寿：《三国志·魏志·文聘传注》。

妻,父母不悦,出。子不宜其妻,父母曰'子善事我',子行夫妇之礼焉,没身不衰。"①即使夫妻感情再好,只要父母亲不满意,就必须休妻;反之夫妻关系再糟糕,只要父母高兴,两人就得凑合一辈子。类似这种迂腐说教的家训虽然数量不多,影响却不可小觑,原因在于司马光这类人物的学问和地位,使其"对宋代特别是明清时期的家训产生了深远的消极影响。从当时和以后的家训中,可以看到世家大族、普通人家,或将司马光的《家范》《居家杂仪》作为治家、教子的范本;或引用司马光家训,作为教家立范的根据和借鉴。"②

不少家训对长幼辈关系作的一系列规定,都强调了卑幼绝对服从尊长的不平等意识。例如:

一、子侄年非六十者,不许与伯叔连坐。违者,家长罚之。会膳不拘。

一、卑幼不得抵抗尊长,一日长皆是。其有出言不逊、制行悖戾者,姑诲之;诲之不悛者,则重笞之。

一、子孙受长上诃责,不论是非,但当俯首默受,毋得分理。③

有的家规中甚至规定,对公然违背"父叔之令"的子弟,给予砍断手指的残酷惩罚,如唐代李恕撰写的《戒子拾遗》就规定:

脱子侄之中,顽嚚不肖,公违父叔之令,辄从轻薄之徒,必当断其掷头之指,以为终身之戒。宁不知亏令断骨,忍痛伤心,折一指足以保一门,所全者大,故不隐也。④

这种用严厉惩罚以维护尊卑观念和专制意识的残忍做法,直到民国依然

---

① (宋)司马光:《司马氏书仪》卷第四《居家杂仪》。

② 参见陈延斌:《论司马光的家训及其教化特色》,《南京师大学报》2001年第4期。

③ (元)郑文融等:《郑氏规范》,陈延斌主编:《中华十大家训》卷二,教育科学出版社2017年版。

④ (唐)李恕:《戒子拾遗》,楼含松主编:《中国历代家训集成》,浙江古籍出版社2017年版,第90—91页。

强烈。例如撰修于 1916 年的《余姚江南徐氏宗谱》卷八《族谱宗范》中规定，兄弟之间矛盾，不服房长裁决的，竟然不分曲直，先各打几十大板再说。

> 兄弟天合，敬爱本于性真。稍有不合者，皆由见小。或争铢两之利，或听妇人言，致伤孔怀之情。脱有不平，许禀明房长剖断，自有公议。如不服拘理者，许房长竟禀族长，会同宗子、家相、一族之人，不问是非，各笞数十，然后辨其曲直，而罚其曲者。①

这种处理方式，无疑增强了子弟的奴化意识。"长期的封建专制制度对人性的压抑，在强调卑幼绝对服从尊长的家训文化的氛围中得到了强化，自幼生活在封建家长耳提面命、动辄惩罚的环境里自然容易形成片面服从尊长的盲从意识。"②

（二）男尊女卑、从一而终的封建观念

有些家训，极力提倡男尊女卑、三从四德的封建伦理观。宋代官吏李昌龄《乐善录》中，从人性上污蔑妇女，硬是为男尊女卑观念寻找依据。他说："大抵妇人、女子之性情，多淫邪而少正，易喜怒而多乖。"③有些迂腐的家长甚至规定，家族的男女亲属之间都不能直接传递东西，如清代窦克勤拟订的《寻乐堂家规》要求，"男女授器不亲受，必置之地而后取之。"④该家规对女孩的管束更是严格，"女子常令居内，五岁以上不出大门；十岁以上不出中门；十五岁以上不出寝门。"⑤五岁就不让出大门，十岁以上就不让出院子里的中门，十五

① 费成康：《中国的家法族规》，上海社会科学院出版社 2016 年版，第 238 页。
② 参见陈延斌：《传统家训的"齐家之道"》，国际儒联组编：《儒家齐家之道与当代家庭建设》，华文出版社 2015 年版。
③ 徐少锦、陈延斌、范桥、许建良：《中国历代家训大全》，中国广播电视出版社 1993 年版，第 159 页。
④ （清）窦克勤：《寻乐堂家规》，楼含松主编：《中国历代家训集成》，浙江古籍出版社 2017 年版，第 4079 页。
⑤ （清）窦克勤：《寻乐堂家规》，楼含松主编：《中国历代家训集成》，第 4076 页。

岁以上甚至连内门都不能出,这对于天性好动的孩子何其苛刻残忍！明朝曹端撰写的《家规辑略》等不少家训都要求妇女遵守"三从之道",严格日常生活约束。

> 故无专制之义,有三从之道。在家从父,适人从夫,夫死从子,无所敢自遂也。教令不出闺门,事在馈食之间而已矣。是故女及日乎闺门之内,不百里而奔丧,事无擅为,行无独成,参知而后动,可验而后言。昼不行庭,夜行以火,所以正妇德也。①

特别是在程朱理学占据统治地位的明清时期,从一而终的封建观念更是影响深远,"烈女不更二夫"的道德观被不少家训所倡行。曹端《家规辑略》云,"诸妇夫死,而忘恩背义愿适他人者,终身不许来往。"②明代节妇王氏专门撰写《女范捷录》教育妇女守节,书中将忠臣与烈女节操并称:

> 忠臣不事两国,烈女不更二夫。故一与之醮,终身不移。男可重婚,女无再适。是故艰难苦节谓之贞,慷慨捐生谓之烈。③

这位丈夫去世守节一生的节妇,还列举了"令女截耳劓鼻以持身"、"凝妻牵臂劈掌以明志"等一二十个贞女烈妇的故事,要女孩子学习效法。窦克勤的《寻乐堂家规》甚至鼓励家族的孀妇以死殉夫。

> 女子一入夫家之门,便终身无再嫁之理。夫在当操井臼,勤纺织,事翁姑孝,奉丈夫敬,以尽妇道,此其幸也。若不幸而夫之亡也,或幼而无子,当殉夫以死,此古今之正道。若能守义,族人当过嗣保全之,不在此例。④

明代张一栋《居家仪礼》"婚礼考",在解释男女结婚之日男士去女家亲

---

① （明）曹端:《家规辑略》,楼含松主编:《中国历代家训集成》,第3538页。
② （明）曹端:《家规辑略》,楼含松主编:《中国历代家训集成》,第3538页。
③ （明）王节妇:《女范捷录·贞烈第五》。
④ （清）窦克勤:《寻乐堂家规》,楼含松主编:《中国历代家训集成》,第4069页。

迎,男士走在前面的理由时,居然从礼义上为"三从"作论证。他说:"信,妇德也。壹与之齐,终身不改,故夫死不嫁。男子亲迎,男先于女,刚柔之义也。天先乎地,君先乎臣,其义一也。"①男在女先的亲迎礼义被他诠释成类同于"天先乎地,君先乎臣";而返家途中,男士出门先走,也被张一栋解释成男主女从、男尊女卑。他说:"出乎大门而先,男帅女,女从男,夫妇之义由此始也。妇人,从人者也。幼从父兄,嫁从夫,夫死从子。夫也者,天也。夫也者,以知帅人者也。"②

（三）富贵在天的宿命论

宿命论思想也是一些家训宣扬的消极内容。明代姚儒的《教家要略》就专门写了一篇"俟命",论述富贵天定的宿命论。该篇先引用孔子、子思、孟子的观点为依据,然后指出:"盖人生富贵、贫贱、死生、荣辱,皆有命存焉,不可得而强也。苟不安于命,而欲尽人力以图之,惑矣!"③姚儒认为,人力不能改变天命,"况命本于天,决非人力所能增损。"④他还列举了颜含、李垂、谢上蔡、宋仁宗等人关于天命的论点和故事,以佐证自己的见解。

明代袁黄的《了凡四训》,不仅有宿命论的说教,还列举不少故事以增强其说服力。试举两则:

> 杨少师荣,建宁人,世以济渡为生。久雨溪涨,横流冲毁民居,溺死者顺流而下,他舟皆捞取货物,独少师曾祖及祖,惟救人,而货物一无所取,乡人嗤其愚。逮少师父生,家渐裕,有神人化为道者,语之曰:汝祖父有阴功,子孙当贵显,宜葬某地。遂依其所指而窆之,即今

---

① （明）张一栋:《居家仪礼·婚礼考》,楼含松主编:《中国历代家训集成》,第 2851 页。
② 参见陈延斌:《传统家训的"齐家之道"》,国际儒联组编:《儒家齐家之道与当代家庭建设》,华文出版社 2015 年版。
③ （明）姚儒:《教家要略·俟命二十七》。
④ （明）姚儒:《教家要略·俟命二十七》。

白兔坟也。后生少师，弱冠登第，位至三公，加曾祖、祖、父，如其官。子孙贵盛，至今尚多贤者。①

袁黄举的另一个例子是浙江宁波人杨自惩的故事。此人心地厚道，公正无私。当年做县吏时，见到县官鞭打囚犯血流满地，就跪地求情。杨自惩家里很穷，但从不贪污受贿。有一天新来了几个囚犯，没有东西吃。杨自惩看了觉得可怜，虽然自家也缺米，但还是与妻子商量，把仅存的一些米煮成稀饭给这些囚犯吃。杨自惩的善行得到了好报，不仅两个儿子官做到了南北吏部侍郎，两个孙子也分别做了刑部侍郎和四川廉访使。②

（四）因果报应的迷信说教

不少家训中还宣扬因果报应的封建迷信说教。陆九韶《居家正本》云，"富贵贫贱自有定分"；朱柏庐《治家格言》中说："见色而起淫心，报在妻女；匿怨而用暗箭，祸延子孙。"虽然他们的本意是劝善诫恶，但毕竟是封建迷信的说教。

被誉为"家训之祖"的《颜氏家训》中，为宣传佛教因果报应的观念，颜之推也向子孙讲了许多荒谬的迷信故事。比如北齐某官吏，"家甚豪侈，非手杀牛，噉之不美。年三十许，病笃，大见牛来，举体如被刀刺，叫呼而终。"③梁朝有个富人，为使头发光亮，经常用蛋白来洗头，每次需要用二三十个鸡蛋。到他临死时，人们听到他的头发中竟然传来几千只小鸡的啾啾声。颜之推还谈到西阳太守杨思达受到报应的故事：杨思达派人"守护麦田，只要抓到偷麦子的，'辄截手腕，凡戳十余人。'后遭报应，妻子生一男孩，'自然无手'。这类故

---

① （明）袁黄：《了凡四训·积善之方》。
② （明）袁黄：《了凡四训·积善之方》。
③ （北齐）颜之推：《颜氏家训·归心第十六》。

事虽然客观上有某种劝导作用,但其立论的基础却是不科学的。"①

明代袁黄的《了凡四训》是一部家训,也是有名的劝善书,书中也讲了很多故事宣传因果相报思想。譬如,家训写道,嘉兴人包凭,学问广博,但每次科举考试都考不中。有一天,他路过一处乡村寺庙,看见一尊露天的观世音菩萨塑像被雨打风吹。于是拿出口袋里的十两银子给住持和尚,让他修葺寺院房屋。后来住持多方筹集资金修好了房屋,包凭与父亲同游这座佛寺,并在寺中住下。晚上,包凭梦见寺里的护法神对他致谢说:"你积的功德,你的子孙可以得到福报,享受官禄了。"后来他的儿子包汴、孙子包柽芳果然都考中进士,做了高官。袁黄举的例子中,还有不少鬼怪故事,如:

> 常熟徐凤竹栻,其父素富,偶遇年荒,先捐租以为同邑之倡,又分谷以赈贫乏。夜闻鬼唱于门曰:"千不诳,万不诳,徐家秀才,做到了举人郎。"相续而呼,连夜不断。是岁,凤竹果举于乡,其父因而益积德,孳孳不怠,修桥修路,斋僧接众,凡有利益,无不尽心。后又闻鬼唱于门曰:"千不诳,万不诳,徐家举人,直做到都堂。"凤竹官终两浙巡抚。②

(五) 明哲保身的处世哲学

"由于高度集权的封建专制制度的高压政策,以及统治阶级内部的争权夺利、尔虞我诈,因而许多家训都教诫子弟谨言慎行,恪守明哲保身、深自韬晦的处世之道。"③

颜之推生活于南北朝时期的乱世,"三为亡国之人",多次险遭杀身之祸。为了使子孙在乱世中求得自保,免受灾祸,他叮嘱子孙,明哲保身,自守求安。

---

① 参见徐少锦、陈延斌:《中国家训史》,陕西人民出版社、人民出版社 2011 年版,第 300 页。
② (明)袁黄:《了凡四训·积善之方》。
③ 参见笔者:《中国古代家训论要》,《徐州师范学院学报》1995 年第 3 期。

在家训中,颜之推引用了孔子在周朝太庙里所看到的刻在铜人背上的铭文:"无多言,多言多败;无多事,多事多患。"①以此告诫子孙,向君主上书指责其过失,直言群臣的得失,陈说国家政策的利弊,游说中带有感情色彩地褒贬他人,即使"幸而感悟人,为时所纳,初获不赀之赏",获得高官厚禄,然"终陷不测之诛"。② 他还举了严助、朱买臣、吾丘寿王、主父偃等人的例子要子孙吸取教训。

朱熹告诫儿子,言语尤要谨慎,"不可言人之恶,及说人家长短事非。"③不畏权贵的东林党领袖高攀龙也反复告诫家人:

> 言语最要谨慎,交友最要审择。多说一句不如少说一句,多识一个人不如少识一个人。……人生丧家亡身,言语占了八分。④

当然,原因还是要归咎于当时朝政的黑暗和人心的险恶,使得家训作者们不得不对子孙进行谨言慎行和寻求自保的说教。

(六) 鄙视劳动与崇尚门第

在治生方面,虽然整体上看,传统家训作者大多认为子弟无论从事士农工商,只要凭劳动为生,都是值得肯定的,但在"万般皆下品"的封建社会,有些家训还是存在鄙视劳动和劳动群众的偏见。如《颜氏家训》告诫子弟,要好好读书学习,才能出仕为官,否则只能做"耕田养马"的卑贱"小人"。颜之推说:

> 有学艺者,触地而安。自荒乱以来,诸见俘虏,虽百世小人,知读《论语》、《孝经》者,尚为人师;虽千载冠冕,不晓书记者,莫不耕田养

---

① (北齐)颜之推:《颜氏家训·省事第十四》。
② (北齐)颜之推:《颜氏家训·省事第十四》。
③ (宋)朱熹:《晦庵先生朱文公文集·与长子书》。
④ (明)高攀龙:《家训》,徐少锦、陈延斌、范桥、许建良:《中国历代家训大全》,中国广播电视出版社 1993 年版,第 280—281 页。

马。以此观之,安不可自勉耶? 若能常保数百卷书,千载终不为小人也。①

有些家规族训十分强调儿女婚配,一定要门第相当,无论娶妇还是嫁女,不得与"下贱之家为耦",即不得与贫穷人家或门第不当的人家缔结婚姻。如果不服从家规私自婚配,就是辱没祖先,家族不予认可,由于娶的是"贱家之女",也不许该媳妇进祠堂参加谒祠活动。

> 凡昏配须门第相当,岂可苟慕妆奁,而与下贱之家为耦? 娶妇不若吾家,虽若可恕,然致妯娌叔嫂婶侄之间耻与相认,岂不长偷? 若嫁女不择,使为贱家之妇,尤为辱先可恶。吾族嫁娶有仍此弊者,族长会众谕止之。其已娶妇如系贱家之女,元旦谒祠,不许一概混进。②

"尽管传统家训有些封建糟粕,但我们应该看到,有些是限于时代的历史的局限,有些是封建统治者出于统治需要进行的扭曲。有学者认为传统家训存在着愚忠愚孝的封建伦理和奴化教育,我们并不否认,但毕竟不是传统家训的主流,我们也决不能因此而否定传统家训的时代价值和积极意义。"③

三、传统家训的教化特色④

中国传统家训在三千多年的发展演变进程中,呈现出鲜明的教化特色。

---

① (北齐)颜之推:《颜氏家训·勉学第八》。

② (明)王澈:《王氏族约·冠婚第六》,楼含松主编:《中国历代家训集成》,浙江古籍出版社 2017 年版,第 1739 页。

③ 参见陈延斌《传统家训的"齐家之道"》,国际儒联组编:《儒家齐家之道与当代家庭建设》,华文出版社 2015 年版。

④ 本节主要内容,笔者以《中国传统家训教化理念、特色及其时代价值》为题,发表于《中州学刊》2021 年第 2 期。

（一）感化与规约的统一

即教育感化与规范、约束的统一。家庭教育是建立在血亲伦常关系上的教育，家训撰写者都强调出于真挚的感情，循循善诱，关怀慈爱。另外，家训教化也具有其他教育所不可代替的特殊功用，所谓：

> 夫同言而信，信其所亲；同命而行，行其所服。禁童子之暴谑，则师友之诫，不如傅婢之指挥；止凡人之斗阋，则尧舜之道不如寡妻之诲谕。吾望此书为汝曹之所信，犹贤于傅婢寡妻耳。①

颜之推的话非常符合现代教育学、心理学理论。俗语说"爱其师，信其道"。同样的话，人们的确相信自己的亲人；同样的命令，听从的是那些自己所敬佩的人。所以，朝夕相处的亲人所施行的家庭教育是其他教育所无法取代的。

然而，爱与严是一致的，教育感化要与必要的惩戒、强制方式结合起来，只要"慈爱不至于姑息，严格不至于伤恩"②即可。传统家训并不仅仅讲道理，而且在教育感化和引导的同时，注重规范的严格约束，例如：

> 凡尊长呼卑幼，须以名字，不宜沿习薄俗，称其别号。若卑幼之称尊长，自当谦谨。

> 凡子孙居官者，族中不得舆马出入。年耆老者不拘。③

明代庄元臣撰的《治家条约》"检奴仆"条规定，"凡自家人生事，有外人来告诉，切不可护短拒绝，须唤进细加访问根由。如家人理曲，即时重责。有强抢什物，当时责令偿还，重者送官处究。"④《治家条约》的"严内外"条规定：

---

① （北齐）颜之推：《颜氏家训·序致第一》。
② （明）仁孝文皇后：《内训·母仪章第十六》。
③ （明）王澈：《王氏族约·汇训第五》，楼含松主编《中国历代家训集成》，浙江古籍出版社2017年版，第1737页。
④ （明）庄元臣：《治家条约·检奴仆》，楼含松主编《中国历代家训集成》，浙江古籍出版社2017年版，第2905页。

男仆不许入外厨,女奴不许出内厨。夜间明灯于面台上,凡男仆吃夜饭毕,即令各入房舍,不许坐食台边,闲作语言。夫妇不得于厨下私哄等伴,男女不许私相段骂。但有此等,各重责三十板,然后再分别。内人无故不得出厅堂观玩。

凡卖婆、道婆及相面、算命、面生妇人,切不许令进厨内门。有放入者,责男妇三十。①

这些规定既明确了行为准则,又严明了惩罚标准,具有极强的震慑力和操作性,且容易实现由他律到自律的转变。

(二)"型家"与"范世"的统一

教家立范与齐家治国的统一。在家国同构的中国传统社会,家是国的扩大,国是家的缩小,修身齐家是治国平天下的前提和基础,"型家"与"范世"是辩证的统一。而"教家立范,品行为先","在家则家重,在国则国重"②,故教家立范、型家范世始终是传统家训的教化宗旨,这也是历代的家训撰写者所坚持的原则,正如清代帝师和学者魏象枢所说的那样:"一家之教化,即朝廷之教化也。教化即行在,在家则光前裕后,在国则端本澄源。十年之后,清官良吏,君子善人,皆从此中出,将见人才日盛,世世共襄太平。"③

"型家"与"范世"的统一,还体现在家族治理与社会治理的相辅相成。中国传统社会,县级以下没有政府组织,其管埋基本上依赖家族、宗族的自治,这样家训族规就发挥了补充国家法规的重要功能。"合家合族依照宗规族训和睦相处、调节彼此关系及与乡邻的关系。宗族担当着和管理和保护族人的双

---

① (明)庄元臣:《治家条约·严内外》,楼含松主编:《中国历代家训集成》,浙江古籍出版社 2017 年版,第 2903 页。
② (清)孙奇逢:《孝友堂家训》,《丛书集成初编》,第九七七卷。
③ (清)魏象枢:《寒松堂集·奏疏》,广陵刻印社 1986 版。

重功能,……特别是宋代以后,不少宗族置义田、设义庄,贫穷族人甚至中产族人可以享受本族族产的救助或补贴,这既维护了宗族共同体,增加了宗族凝聚力,也有利于社会安定、减少犯罪。"①

　　正因为宗规族训是建立在封建伦理道德和宗法制度之上并借助尊长权威施行的,因而家长、族长或宗正依据族训通过祭祀、聚会等对族人进行敦族睦邻教化,更会收到国家法律起不到的自律作用,更易将族人的行为强制地纳入到族规之中。可以说家规族法,对封建社会尤其是后期的社会秩序维护发挥了辅助国家法律的功能。不仅族邻关系调节伦理化,而且维护了国家的稳定,对封建社会延续和发展起了重要的支撑作用。②

（三）晓喻和示范的统一

　　作为家庭教育教科书,传统家训教诲家人子弟立身齐家、为人处世,注意晓之以理,使其明白其中的道理,以便更好理解和遵行。以兄弟关系为例,看看家训作者们对子弟的说理教育。姚舜牧在《药言》中告诫,为人父母者不可对子女宠爱、偏爱。家训说:

　　贤不肖皆吾子,为父母者切不可毫发偏爱。日久,兄弟间不觉怨愤之积,往往一待亲殁而争讼因之。创业思垂永久,全要此处见得明,不贻后日之祸可也。今人但为子孙作牛马计,后人竟不念父母天高地厚之恩,诚一衣一食,无不念及言及,儿曹数数,闻之必能自立自守,长久之计,不过如是矣。③

---

① 陈延斌、张琳:《宗规族训的敦族睦邻教化与中国传统社会的治理》,《齐鲁学刊》2009 年第 6 期。

② 陈延斌、张琳:《宗规族训的敦族睦邻教化与中国传统社会的治理》,《齐鲁学刊》2009 年第 6 期。

③ (明)姚舜牧:《药言》,陈延斌主编:《中华十大家训》卷三,教育科学出版社 2017 年版。

这里对父母偏爱子弟的危害分析得很是透彻,兄弟之间的矛盾往往源于父母对子弟的关爱不均。正是父母"偏爱日久",导致兄弟间"怨愤之积",一旦父母亡故,矛盾就会爆发。袁采的《袁氏世范》对兄弟失和导致破家的原因也作了类似的分析,且更为透彻。家训向为人父母者提出了"爱之,适所以害之也"的忠告。

> 人之兄弟不和而至于破家者,或由于父母憎爱之偏,衣服饮食,言语动静,必厚于所爱而薄于所憎。见爱者意气日横,见憎者心不能平。积久之后,遂成深仇。所谓爱之,适所以害之也。苟父母均其所爱,兄弟自相和睦,可以两全,岂不甚善!①

袁采还以将心比心地换位思考,动之以情地告诫子弟正确处理与伯叔父之间的关系,读来令人叹服。他说:

> 有数子,无所不爱,而为兄弟则相视如仇仇,往往其子因父之意遂不礼于伯父、叔父者。殊不知己之兄弟即父之诸子,己之诸子,即他日之兄弟。我于兄弟不和,则己之诸子更相视效,能禁其不乖戾否?子不礼于伯叔父,则不幸于父亦其渐也。故欲吾之诸子和同,须以吾之处兄弟者示之。欲吾子之孝于己,须以其善事伯叔父者先之。②

传统家训的作者在注意运用语言文字进行晓谕劝勉的同时,更强调发挥典范楷模的导向作用。《颜氏家训》、《袁氏世范》、《家范》、《女范捷录》、《内训》、《了凡四训》、《渭厓家训》、《颜氏家诫》等,都注意通过一些感染力强的历史和现实的人物故事劝勉子孙,增强教育效果。例如,司马光《家范》在论及处理祖、父、母、子、女、孙、伯叔父、舅姑、妇等各种家庭成员关系时,除了论

---

① （宋）袁采:《袁氏世范·睦亲》,陈延斌主编:《中华十大家训》卷三,教育科学出版社2017年版。

② （宋）袁采:《袁氏世范·睦亲》。

述各自遵行的行为规范外,还在每个条目下列举了数个历史上典范人物的事迹,要家人子弟效法。明代官至礼部尚书的霍韬的《渭厓家训》的《家训续篇》共分"雍睦"、"友爱"、"敦睦"、"家教"等16篇,每篇既论述相应规范的意义,引用名人家训论述,又列举历史上的典范故事,使子弟学有榜样,行有模范。

(四) 内容一元与教化方式多元的统一

历代家训大致都包括睦亲、治家、教子、勉学、交友、处世等共同的内容要求,几乎涉及家庭生活乃至社会生活的方方面面,但其教化路径方法则丰富多样。以教化载体而言:

> 既有家长治家处世的经验传授,也有其亲身经历的教训之谈;既有历代先贤大儒语录教导的汇编,也有名人模范事迹、美德懿行的辑录。从家训的形式上看,更是多种多样,既有帝、后训谕皇室、宫闱的诏诰,也有教导幼童稚子的启蒙读物;既有家训、家范、家诫等长篇专论,也有家书、诗词、箴言、碑铭等简明训示;既有苦口婆心的规劝,也有道德律令性质的家法、家规、家禁等。①

以教化路径方法而言,既有祠堂读训、堂前训诫、族众聚谈,又有言传身教、榜样示范、奖惩结合等等。这种内容一元与教化方式多元、形式多样的统一,使得各种教化方式方法相互融合,彼此相辅相成,实效性更强。

(五) 训诲抽象与操作具体的统一

由于传统家训的撰作者大多为仕宦阶层,他们深受儒家思想文化的影响,所以,"传统家训也把进德、修身作为安身立命之本,提到齐家、治国、平天下的高度,因而具有深刻的、抽象的哲理性和浓郁的说教色彩。然而,由于训导

---

① 参见陈延斌:《家训:中国人的家庭教科书》,载《中国纪检监察报》2016年3月14日。

对象囿于家庭成员,因此,家训又具有很强的现实针对性和具体的可操作性。一般来说,家训语言都较明白易懂,言简意赅,便于掌握和践行。"①

宋元明三代同居共爨的浦江郑义门家族几代人陆续修订完善的《郑氏规范》,计168则,涉及家政管理、冠婚丧祭、子孙教育、出仕为官、待人处世等家族生活和社会生活的各个方面,对相关行为都作了明确具体的规定,非常便于遵照执行。例如,家训对防火用品放置和维护的规定是:

> 凡可以救灾之具,常须增置(若油篮系索之属)。更列水缸于房阀之外(冬月用草结盖,以护寒冻)。复于空地造屋,安置薪炭。所有辟蚊蒿烬,亦弃绝之。②

再如,关于家中产业的管理,《郑氏规范》规定:"家中产业文券,既印'义门公堂产业子孙永守'等字,仍书字号。置立砧基簿书,告官印押,续置当如此法。家长会众封藏,不可擅开。不论长幼,有敢言质鬻者,以不孝论。"③这种规定是何等具体、可操作!

前文提及,清代礼部尚书许汝霖在辞官回乡途中,鉴于当时社会上奢靡浪费,"人情不古,竞纷华于日用,动辄逾闲",故拟订了《德星堂家订》这篇家规,分别规定了"宴会"、"衣服"、"嫁娶"等方面的礼节、标准等,旨在倡导节俭家风。比如在《宴会》部分,许汝霖甚至规定,客人如果来家多住几日,中午、晚上只用两三个菜招待。"若客欲留寓,盘桓数日,午则二簋一汤,夜则三菜斥酒。跟随服役者,酒饭之外,勿烦再犒。"④这对于"部长"级别的家庭,实在显得寒酸。这位高官并非吝啬,他反复告诉子孙日常生活特别是祝寿、治丧、祭

---

①　陈延斌:《中国古代家训论要》,《徐州师范学院学报》1995年第3期。

②　(元)郑文融等:《郑氏规范》,陈延斌主编:《中华十大家训》卷二,教育科学出版社2017年版。

③　(元)郑文融等:《郑氏规范》,陈延斌主编:《中华十大家训》卷二。

④　(清)许汝霖:《德星堂家订》,徐少锦、陈延斌、范桥、许建良:《中国历代家训大全》,中国广播电视出版社1993年版,第416页。

祀活动中更要节俭,以便将省下来的钱,用来周济孤寡、建立家塾教育子弟、资助贫穷族人婚丧嫁娶等等。

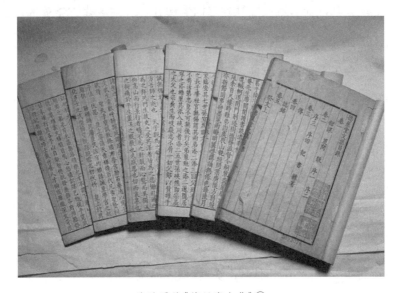

许汝霖的《德星堂文集》①

(六) 以身立范与以言勖勉的统一

由于家训的撰著者基本上是深受儒家文化熏陶的士人,他们又多是家庭家族中德高望重的父祖长者,他们深知家长以身作则、正身率下在齐家教子中的重要地位,故而其家训在论及治家的要求时,总是在进行言教的同时尤其强调以身立范的重要性。北宋时期的官吏李昌龄《乐善录》中提出,"为父为师之道无它,惟严与正而已。"司马光的《居家杂仪》更是明确强调:"凡为家长,必谨守礼法,以御群子弟及家众。"为家长者以身示范,才能具有说服力,"不令而行"。

明代的《庭帏杂录》中,袁仁和李氏非常重视对儿子们的言教,给予修身

---

① 载中央纪检监察网,http://v.ccdi.gov.cn/ctjg/zgctzdjgzjhnxrl/index.shtml.2020.0902。

做人、待人处世、为文治学等方面的教育指导,但他们更加重视身教,特别是李氏。李氏从点滴小事上对孩子施加积极影响,以培养孩子的良好品德。儿子袁衮谈到自己小时候:

> 有次家童阿多送他和哥哥上学,回来时见路边的蚕豆刚熟,阿多就摘了一些。母亲见了,严肃地教育他们说:"农家辛苦耕种,就靠这些作为口粮,你们怎么能私摘人家的蚕豆呢?"说完,命送一升米赔偿人家。李氏每次购买柴米蔬菜之类的东西,付人银子时平秤都不行,她总是再加上一点。袁裳对此很不理解。李氏利用这件事,教育儿子宁可自己吃亏、也不让人家吃亏的道理。她开导儿子说:"细人生理至微,不可亏之。每次多银一厘,一年不过分外多使银五六钱,吾旋节他费补之,内不损己,外不亏人,吾行此数十年矣,儿曹世守之,勿变也。"①

(七) 教化宗旨一以贯之与阶段性要求循序渐进的统一

传统家训在教育宗旨上,一以贯之的是进德修身,贵名节,重家声,清白做人,平和处世。他们认为,"士大夫教诫子弟,是第一紧要事。子弟不成人,富贵适以益其恶。子弟能自立,贫贱益以固其节";"子弟中得一贤人,胜得数贵人也"。② 教诲子孙读书的目的在于"明道理,做好人",而"取科第犹第二事"。③ 郑板桥 52 岁才生一儿子,但他并不娇惯。他在外地为官,不能亲自教育儿子,便通过家书要堂弟郑墨代为管教幼子,在数十封家书中,郑板桥最强调的是教育儿子明理做人。信中说,"夫读书中举中进士做官,此是小事,第

---

① 陈延斌:《家训:中国人的家庭教科书》,载《中国纪检监察报》2016 年 3 月 14 日。
② (清)孙奇逢:《孝友堂家训》,《丛书集成初编》,第九七七卷。
③ (清)孙奇逢:《孝友堂家训》,《丛书集成初编》,第九七七卷。

一要明理做个好人。"①这种教育理念始终贯穿于他对儿子的教育之中。

传统家训强调教化内容在修身齐家、为人处世等基本要求方面一贯性的同时,同样注重对不同年龄段孩子的不同要求,注重教化与子孙身心发展的阶段性要求相统一等。例如,司马光就设计了幼儿各年龄段的教育内容:

> 子能食,饲之,教以右手;子能言,教之自名及唱喏、万福、安置;稍有知,则教之以恭敬尊长。有不识尊卑长幼者,则严诃禁之……六岁,教之数谓一十百千万。与方名,谓东西南北。男子始习书字,女子始习女工之小者。七岁,男女不同席、不共食,始诵《孝经》《论语》,虽女子亦宜诵之。自七岁以下,谓之孺子,早寝晏起,食无时。八岁,出入门户及即席饮食,必后长者,始教之以谦让。男子诵《尚书》,女子不出中门。九岁,男子读《春秋》及诸史,始为之讲解,使晓义理。女子亦为之讲解《论语》《孝经》及《列女传》《女戒》之类,略晓大意。……十岁,男子出就外傅,居宿于外,读《诗》《礼》《传》,为之讲解,使知仁义礼智信。自是以往,可以读孟荀扬子,博观群书。凡所读书,必择其精要者而诵之。如《礼记》《学记》《大学》《中庸》《乐记》之类,他书仿此。其异端,非圣贤之书传,宜禁之,勿使妄观,以惑乱其志。观书皆通,始可学文辞,女子则教以婉娩听从婉娩,柔顺貌。娩,音晚。及女工之大者。女工,谓蚕桑织绩裁缝,及为饮膳,不惟正是妇人之职,兼欲使之知衣食所来之艰难,不敢恣为奢丽,至于纂组华巧之物,亦不必习也。未冠笄者,质明而起,总角靧靧音悔,洗面也。面,以见尊长,佐长者供养祭祀,则佐执酒食。若既冠笄,则皆责以成人之礼,不得复言童幼矣。②

从司马光设计的上述家教程序看,显然继承了《礼记·内则》的家教思

---

① 《潍县署中与舍弟墨第二书》,《郑板桥集》,上海古籍出版社1979年版,第16页。
② (宋)司马光:《司马氏书仪》卷第四《居家杂仪》。

想,同时作了重要的发展,使之更加具体和便于实施。司马光不仅极其重视幼儿早期教育,而且在孩子成长的各个阶段,司马光都注意将德育放在家庭教育的首位,"蒙以养正",这也是他在《居家杂仪》和《家范》中一以贯之的理念。司马光又根据孩子的可接受度,在成长的每个阶段注意施行不同的内容,强调循序渐进的养成教育。①

再如,许相卿在强调坚持"蒙以养正"宗旨的同时,要求注重行为习惯的逐渐养成和循序实施:"言常教毋诳,行常教后长,食常教让美取恶,衣常教习安布素。及就傅时,知慧日长,须防诱溺,慎择严正蒙师,检约以洒扫应对、进退仪节,勿事虚文,一一身教躬率之,俾自有乐然趋命、跃然代劳意。……及十五成童时,情窦日开,利欲易动,立志为先。"②又如,浦江郑氏家族"重视子弟文化知识的学习,家里广储书籍,并制定了详细的学习规程:小儿五岁,就要"参讲书"、学礼;"八岁入小学,十二岁出就外傅,十六岁入大学。假如到了21岁,学业上还无成就,就令们学习治家理财的本领。"③

---

①　参见陈延斌:《论司马光的家训及其教化特色》,《南京师大学报》2001年第4期。

②　(明)许相卿:《许氏贻谋四则》,楼含松主编:《中国历代家训集成》,浙江古籍出版社2017年版,第1899页。

③　参见陈延斌:《〈郑氏规范〉的家庭教化及其对后世的影响》,《齐鲁学刊》2001年第6期。

第六章　中国传统家训教化原则与路径方法

传统家训是中国人的家庭教科书,是教育子弟成人成才的人生指南。家训之所以在传统社会教化体系中发挥了卓有成效的作用,与其数千年形成的教化原则和路径方法关系甚大。撰作家训族规的父祖长辈,为了使家训教化取得应有的效果,形成了家训教化的基本原则,并在实践中探索出不少操作性、实效性强的路径方法。

一、中国传统家训教化的基本原则[①]

(一)蒙以养正原则

数千年前的《易·蒙》就提出:"蒙以养正,圣功也。"强调在幼童智慧蒙开之时就进行正面的教育和积极的引导,这是我国古代教育特别是家庭教育的一个基本原则。《颜氏家训·教子》谈及此教化原则时说:"当及婴稚,识人颜

---

① 本节主要内容,陈姝瑾、陈延斌以《中国传统家训教化的基本原则和主要方法》为题,发表于《中国矿业大学学报》2022 年第 2 期。

色,知人喜怒,便加教诲,使为则为,使止则止。比及数岁,可省笞罚。"幼小时养成"使为则为,使止则止"的行为习惯,远比长大以后再用笞罚的教育要有效得多。明代官吏许相卿同样强调在孩子一两岁时就要规约,以使其从小养成良好品行。他在《许氏贻谋四则》中说:

> 及能言能行能食时,良知端倪发见,便防放逸。故孔子曰:"蒙以养正,圣功也。"言常教毋诳,行常教后长,食常教让美取恶,衣常教习安布素。及就傅时,知慧日长,须防诱溺,慎择严正蒙师,检约以洒扫应对、进退仪节,勿事虚文,一一身教躬率之,俾自有乐然趋命、跃然代劳意。①

姚舜牧家训《药言》中,专门论及蒙童养正的重要性,强调"蒙养无他法,但日教之孝悌,教之谨信,教之泛爱众亲仁。看略有余暇时,又教之文学,不疾不徐,不使一时放过,一念走作,保完真纯,俾无损坏,则圣功在是矣!是之谓'蒙以养正'。"②这里除了强调蒙养要"养正"的目标之外,还强调从小事小处抓起。

明代由袁衷、袁表(袁黄)等五兄弟记述、经其姻亲钱晓编订而成的《庭帏杂录》,是一部别具特色的家训。家训回忆、记录了父亲袁仁、母亲李氏生前训示兄弟几个的言行,读来使人大受教益。《庭帏杂录》中记载,母亲李氏这个普通村妇特别注重蒙养教育,帮助孩子系好品行的"第一粒扣子",从小时、小处和点滴小事上培养孩子的良好品德。儿子袁衷说母亲对他们兄弟坐立言笑,"必教以正",故而几个儿子幼而知礼。

---

① (明)许相卿:《许氏贻谋四则》,楼含松主编:《中国历代家训集成》,浙江古籍出版社2017年版,第1899页。

② 徐少锦、陈延斌、范桥、许建良:《中国历代家训大全》,中国广播电视出版社1993年版,第286页。

（二）奖惩结合原则

奖惩结合、恩威并施也是家训教化的重要原则。传统社会的族长、家长们都认为，齐家、持家之道必须刚柔相济，情法并用。明代官吏庞尚鹏的《庞氏家训》就用了很多篇幅言辞恳切、谆谆教诲子孙修身齐家、为人处世之道，同时规定辅以惩治手段，"子孙有故违家训，会众拘至祠堂，告于祖宗，重加责治，谕其省改。"①

不少家族还订立《劝惩簿》，专门安排为人正派的族人负责表彰先进、惩戒恶行。例如浦江郑义门的家训《郑氏规范》就规定，设置"监视"职位，专门负责掌管家族《劝惩簿》，不仅记录每个家族成员的是非功过，还负责管理两块劝惩牌，"劝牌"上刻"劝"字，用于记录家族成员所行善举好事；"过牌"上刻"过"字，用于记录家族的坏人坏事。牌子悬挂于族众日常聚集的"会揖"之处，"三日方收，以示赏罚。"不少家族，借其成员中科举中第、加官晋爵、荫封先人等契机，对光耀祖宗的成员进行表彰，以激励族人效法。再如明代王澈的《王氏族约》，明确要求"立嘉善簿一扇，分敦礼、尚义二类。立愧顽簿一扇，分习非、从逆二类。凡善恶司纠详察之，每遇朔望，宗祠拜揖毕，司纠同族众以类书于簿。"②他还要求立两面"劝惩牌"，上书族众行为善恶，悬挂于家族祠堂。还如，明代曹端的《家规辑略》专设《劝惩》一章，规定：

> 置劝惩文簿，将家众所为善恶实迹分明附记，昭于后昆，使为善者知所显荣而愈加为善，为恶者知所羞辱而不敢为恶，又将使后世子孙以善为法，以恶为戒，慎毋徇偏，妄肆威福。天地祖宗，实共临之。③

① 徐少锦、陈延斌、范桥、许建良：《中国历代家训大全》，中国广播电视出版社1993年版，第274页。
② 楼含松主编：《中国历代家训集成》，浙江古籍出版社2017年版，第1737页。
③ （明）曹端：《家规辑略·劝惩第八》，陈延斌主编：《中国传统家训文献辑刊》第10册，国家图书馆出版社2018年版。

这种彰善惩恶的做法,显然有利于激励族人师法先进,更好遵守家礼、家规。

传统家训文献中,对违背家规祖训的惩罚规定种类多种多样,如罚拜、鞭挞、免胙、免祀、削谱、送官究治等等。曹端的《家规辑略》,就在参考《郑氏家仪》的基础上,新增了罚拜、痛箠、送官、削谱的规定:

> 子孙赌博无赖及一应违于礼法之事,家长度不可容,会众罚拜以愧之。但长一年者,受三十拜。又不悛,则会众而痛箠之。又不悛,则陈于官而放绝之,仍告于祠堂,于宗图上削其名。三年能改者,复之。①

"由于宗法社会中封建统治阶级的支持,家规、族法不仅具有道德的劝喻性,而且具有一定的法律效力,这在某种程度上也使家庭道德的教育和实施能够取得更为显著的成效。"②

唐代以降,尤其是宋代以来的家训中不少都列有惩罚、体罚的条规,对违反家训族规者作了具体的严格规定。譬如,清代宣统三年(1911),湖北麻城鲍氏家族制订的《鲍氏户规》48 条,都是惩罚性规定。如:"祖宗丘墓、祠宇,无故毁坏者,免祀,杖一百";"服尽尊长以他物殴卑幼成伤者,杖二十";"服尽卑幼以手足殴尊长不成伤者,笞三十";"纵容妻妾骂祖父母、父母者,送官治罪"。③ 这些奖惩结合、情法兼施的做法,在家礼家德教化方面容易收到较好的效果。

(三) 家长表正原则

中国封建社会虽然强调尊卑关系和纲常礼教,但大多数家训族规的作者

---

① （明)曹端:《家规辑略·劝惩第八》,陈延斌主编:《中国传统家训文献辑刊》第 10 册,国家图书馆出版社 2018 年版。

② 陈延斌:《论传统家训文化与我国家庭道德建设》,《道德与文明》1996 年第 5 期。

③ 夏家善主编:《古代家规》,天津古籍出版社 2017 年版,第 200—202 页。

在论及家庭治理和家庭成员关系调适时,几乎都要求家长以身作则,遵德循礼。这是因为传统家训作为居家之训,自然包括对为家长者的告诫。传统家训的作者们深知,作为一家一族的家长、族长,其言行对于全家全族的影响很大,关乎家庭繁盛、宗族延续,故多加强调,要求家长族长应身体力行,遵守礼法,为家人族众作出遵行家训族规的示范。

例如,司马光的《居家杂仪》,对家庭日常行为规范作了规定,并强调家长在遵行这些规范时要起自律和带头作用。他说:

> 凡为家长,必谨守礼法,以御群子弟及家众。分之以职,授之以事,而责其成功,制财用之节,量入以为出,称家之有无以给上下之衣食。及吉凶之费皆有品节,而莫不均壹。①

元代郑文融等制定的《郑氏规范》,更是要求家长"以至诚待下,一言不可妄发,一行不可妄为";"以至公无私为本,不得徇偏"。如若不然,"举家随而谏之";再坚持不改就取而代之,"若其不能任事,次者佐之。"②

相较于一家之长,宗族的族长或宗子对家族的传承和族业的兴旺至关重要,故而不少家族都在宗规族约中强调宗子教育和宗子表正族众的重要作用。要求族人从宗族大业出发,尊重宗子,匡正其失。同时规定,宗子倘若品行不足以为族人表率,甚至行为不端,就另立他人。例如,明代姚儒的《教家要略》谈及宗子夫妇责任时,引曹氏家训曰:"冢子为诸子之表,冢妇为诸妇之表。其责匪轻,尤宜自重。孝义勤俭,以身先之;仁恕礼让,以身率之。务使上下悦服,家和户宁,则立名天地间,垂裕子孙矣。"③再如,明代王澈的《王氏族约》也同样强调,由于宗子上承祖考,下统宗祊,俨如家族的"国君",所以"族人皆

---

① 徐少锦、陈延斌、范桥、许建良:《中国历代家训大全》,中国广播电视出版社 1993 年版,第 153 页。

② 徐少锦、陈延斌、范桥、许建良:《中国历代家训大全》,中国广播电视出版社 1993 年版,第 232 页。

③ 楼含松主编:《中国历代家训集成》,浙江古籍出版社 2017 年版,第 2143 页。

当敬而宗之。凡有事于宗庙,必与闻而后行。"当然,作为家族的宗子,应该以身示范,为族众表率,所谓宗子"尤宜以礼自检,使可为一家之则。有失则司礼匡而正之,如甚不肖,则遵横渠张子之说,择立其次贤者。"[1]宗子如若不能以身作则,将会面临颜面上难堪的纠纷,甚至有被取而代之的危险,这也从制度上实现了对宗子言行的监督。

（四）循序递进原则

修身立德、清白做人、平和处世、严谨持家、贵名节、重家声等,是传统家训一以贯之的教化宗旨。传统家训在强调这些教化要求一贯性的同时,朴素地将循序渐进的教育原则运用于家庭实践,注重对不同年龄段孩子提出不同要求,将教化内容与子孙身心发展的阶段性特征结合起来。譬如,被宋元明三代帝王树为义门的浦江郑氏家族,一直重视子弟文化知识的学习,并制定了详细的学习规程:小儿五岁要"参讲书"、学习礼仪;八岁入小学,十二岁出外读书,十六岁入大学,假如到了加冠之年,举业上还无成就,就让他们学习治家理财的本领。再如思想品德的培养,司马光《居家杂仪》可以作为代表。该家训继承了《礼记·内则》的家教思想,极为详细地设计了幼儿各年龄段的教育内容:

> 子能食,饲之,教以右手;子能言,教之自名及唱喏、万福、安置;稍有知,则教之以恭敬尊长。有不识尊卑长幼者,则严诃禁之……六岁,教之数与方名,男子始习书字,女子始习女工之小者。七岁,男女不同席、不共食,始诵《孝经》《论语》,虽女子亦宜诵之。自七岁以下,谓之孺子,早寝晏起,食无时。八岁,出入门户及即席饮食,必后长者,始教之以谦让。男子诵《尚书》,女子不出中门。九岁,男子读

---

① 楼含松主编:《中国历代家训集成》,浙江古籍出版社 2017 年版,第 1737 页。

《春秋》及诸史,始为之讲解,使晓义理。女子亦为之讲解《论语》《孝
经》及《列女传》《女戒》之类,略晓大意。……十岁,男子出就外傅,
居宿于外,读《诗》《礼》《传》,为之讲解,使知仁义礼智信。自是以
往,可以读孟荀扬子,博观群书。凡所读书,必择其精要者而诵
之。……未冠笄者,质明而起,总角靧面,以见尊长,佐长者供养,祭
祀则佐执酒食。若既冠笄,则皆责以成人之礼,不得复言童幼矣。①

上述家教程序看,司马光将幼儿到成人教育分为"能食"、"能言"、"稍有
知"、"六岁"、"七岁"、"八岁"、"九岁"、"十岁"及以上、"冠笄"九个阶段,极
为详细、具体和便于实施。不仅如此,除了刚会吃饭的孩子外,司马光的设计
在孩子成长的每个阶段都注意将德育放在家庭教育的首位,根据孩子的可接
受度,在每个阶段注意施行不同的内容,强调依次递进的养成教育。

二、中国传统家训教化的路径

在传统家训长期的教育规戒实践中,形成了一套行之有效的教化路径,主
要有日常训诲、庭院濡染、家风熏陶、祠堂训谕、谱牒传承等等。

(一) 日常训诲

日常生活中,特别是谒祠、祭祀等重要活动中读家训家诫,诵宗规族训,是
家训教化的重要途径。在传统家训教化的发展史上,有据可查的最早实行每
天训诫活动的当为宋代的陆九韶家族。据《宋史》记载:"九韶以训戒之辞为
韵语。晨兴,家长率众子弟谒先祠毕,击鼓诵其辞,使列听之。"②唱词是:

---

① 徐少锦、陈延斌、范桥、许建良:《中国历代家训大全》,中国广播电视出版社 1993 年版,
第 156 页。
② 《宋史·陆九韶传》。

听，听，听！劳我一生天理定，若还懒惰必饥寒，莫到饥寒方怨命，虚空自有神明听。

听，听，听！衣食生身天付定，酒肉贪多折人寿，经营太甚违天命。定，定，定！①

浦江郑义门的家训《郑氏规范》规定，每天清晨洗漱完备，击钟为号，族众集中于宗祠的"有序堂"，家长坐于中间，男女家族成员分坐两边，家长令未冠男孩、女孩分别朗诵《男训》《女训》。这两篇"训戒之辞"都是劝善戒恶及倡导齐家睦亲、尊老敬长、姒娌相亲、兄友弟恭等家庭道德的内容。男训云：

人家盛衰，皆系乎积善与积恶而已。何谓积善？居家则孝弟，处事则仁恕，凡所以济人者皆是也。何谓积恶？恃己之势以自强，克人之财以自富，凡所以欺心者皆是也。是故能爱子孙者，遗之以善；不爱子孙者，遗之以恶。《传》曰："积善之家，必有余庆；积不善之家，必有余殃。"天理昭然，各宜深省。

女训云：

家之不和，皆系妇人之贤否。何谓贤？事舅姑以孝顺，奉丈夫以恭敬，待娣姒以温和，接子孙以慈爱，如此之类是已。何谓不贤？淫狎妒忌，恃强凌弱，摇鼓是非，纵意徇私，如此之类是已。天道甚近，福善祸淫，为妇人者，不可不畏。

除了每天的聚会训诲，《郑氏规范》还规定，每逢初一、十五，家族参谒祠堂以后，家长"出座堂上，男女分立堂下"，率领族人听家族训词。程序是击鼓二十四声，令子弟一人高唱训词曰：

听，听，听！凡为子者必孝其亲，为妻者必敬其夫，为兄者必爱其弟，为弟者必恭其兄。听，听，听！毋徇私以妨大义，毋怠惰以荒厥

---

① （清）潘永因：《宋稗类钞》卷之四《家范》，书目文献出版社1985年版，第278页。

事,毋纵奢以干天刑,毋用妇言以间和气,毋为横非以扰门庭,毋耽麹蘗以乱厥性。有一于此,既殒尔德,复隳尔胤,眷兹祖训,实系废兴。

言之再三,尔宜深戒! 听,听,听!

有些家族除了日常教育之外,还特别注意利用重大祭祀活动和族人聚会活动进行训诫。譬如明代王澈撰写的《王氏族约》规定,春夏秋三时祭祀时读宗训,训词是:"听,听! 事亲必孝,事长必敬。兄友弟恭,夫义妇正。听,听! 毋听妇言以伤同气,毋作非法而犯官刑,毋恃富强以凌贫弱,毋好争讼而扰门庭,毋为赌博以荡产业,毋纵淫僻以陨家声,毋耽曲蘗以乱厥性,毋习游惰而忘治生。瞻此训诫,实系废兴。言之再三,尔宜深省!"①训词明显受到《郑氏规范》的影响,只是稍微简练一些。该族约还有专门训诲家族女性的制度,一般是在元旦,家族男性成员拜谒祠堂退出后,家族妇女再拜谒祠堂,"鸣鼓三通,长幼咸集,拜主毕,尊卑以次分班交拜,拜毕,读女训。"训曰:

孝顺舅姑,姒娣相和。教训尔子,敬顺其夫。惠爱亲戚,善视婢奴。毋好便安,毋相妒忌。毋私货财,毋间同气。毋听谗言,毋竞华丽。古有三从,亦有七出。从善则吉,从恶则祸。循此训辞,庶为贤妇。②

家族所制定的日常训诲制度,大多简明扼要、言约义丰,基本内容都是教化家人族众,居家则齐家睦亲,孝亲敬长,兄友弟恭,姒娣相和,夫义妇正;处世则仁恕宽容,积善累德,勿染恶习。

(二) 庭院濡染

我们的祖先早就认识到,居住环境对人的教育和修养起着潜移默化的影

---

① (明)王澈:《王氏族约·祠仪第一》,楼含松主编:《中国历代家训集成》,浙江古籍出版社 2017 年版,第 1735 页。

② (明)王澈:《王氏族约·内治第八》,楼含松主编:《中国历代家训集成》,浙江古籍出版社 2017 年版,第 1742 页。

响作用。比如,墨家创始人墨子曾经用染丝比喻环境对人的影响,"染于苍则苍,染于黄则黄。所入者变,其色亦变,故染不可不慎也!"①传统社会的家长注意通过庭院建筑文化、家居装饰设计等来实现思想品德教化,濡染后昆。

一般认为,"庭院"是指建筑物前后左右或被建筑物包围的场地。南朝人顾野王所撰按部首编排的楷书字典《玉篇》,对庭院的解释是:"庭者,堂前阶也";"院者,周坦也"。据此含义而言,祠堂广义上也属于庭院的一种。

位于广州市区的陈家祠堂一角

祠堂。"祠堂"是中国传统社会家族用于祭祀的场所,又称宗庙、家庙等。② 祠堂一般由全体族人出资修建,往往坐落于"宗族聚居的核心位置,象

---

①　《墨子·所染》。

②　宗庙、家庙与祠堂在作为"祭祀祖先的场所"这一意义理解时,可以认为三者是同义的。但需要注意的是,"宗庙"一词在秦朝以后多专用于帝王祭祀的场合,"家庙"则多用于品官,"祠堂"一词更多地用于民间祭祀。

征着祠堂在宗族中的至高地位;从空间结构上看,祠堂一般采用中轴对称布局,整体结构左右对称、方正有序,给人以肃穆庄重之感。这种空间布局象征家族秩序与社会伦理。祠堂内部一般以沉稳的格局、肃穆的装饰、精致的雕刻来象征宗族权力的威严。祠堂内外的碑铭牌坊、旌表旗杆、楹联匾额、雕刻绘画也多具有耕读传家、孝悌忠信的教育意义。"①譬如,郑氏家祠中还有诸多劝诫子弟读书明礼的宗祠对联,如"派衍广文之裔,文子文孙,克绍薪传于此日;家垂经学之遗,学诗学礼,无忘庭训于当年"之属。安徽徽州黟县宏村汪氏宗祠"乐叙堂",取"秩叙敦伦,永履和乐"之意。该祠堂抱柱联有"非因报应方为善,岂为功名始读书";"要好儿孙须从尊祖敬宗起,欲光门第还是读书积善来"等等,无不是教育子孙后代读书明理,积德行善。

中堂。中堂一般指住宅的正厅,即正房中间的一间,挂在厅堂正中的字画叫中堂画。中堂是处理日常事务和家人聚会的场所,也是接待客人的地方,是传统民居最为重要的活动空间。正因此,中堂文化一直得到传统家庭的重视。

我国著名园林扬州个园,是两淮盐业商总黄至筠的园林。清美堂是黄家的正厅之一,"清美"寓意以清清白白为美,意在教育家人、子弟依此教诲修身处世。厅中有楹联两副:一副抱柱联为"传家无别法非耕即读,裕后有良图惟勤与俭";一副在中堂画两侧,联为"竹宜着雨松宜雪,花可参禅酒可仙"。前者教育子弟耕读传家,后者则显示了主人的儒商追求和文人雅士情怀。

个园的清颂堂与清美堂一样,推崇清白高洁的美德,抱柱联为"几百年人家无非积善;第一等好事只是读书",教育子孙知书达理,多行善事。后面的中堂条屏上撰刻的则是《易经·谦卦》,意在教训子孙为人处世需谦恭礼让。

传统社会中,广泛流传于官宦之家和民间士庶的这种中堂文化,对于涵养

---

① 陈延斌、王伟:《传统家礼文化:载体、地位与价值》,《道德与文明》2020 年第 1 期。

安徽黟县宏村的汪氏宗祠

子弟德性、提升其家庭美德和为人处世道德水准发挥了很好的作用。

楹联、匾额、雕塑等。庭院里悬挂的楹联、匾额和石雕、木雕等等,都是一种"无言的教化",发挥着教育子孙的重要作用。以被誉为"民间故宫"的山西灵石王家大院的这类庭院文化载体为例,看看对家人、子孙的影响。

王家大院是由高家崖、红门堡、孝义祠堂三大建筑群构成的全封闭城堡式建筑,是王氏家族几代人历经明清两朝 300 余年先后建成的,123 座院落、1118 间房屋依山就势,层楼叠院,气势宏伟,尤其是装饰典雅、内涵丰富的庭院建筑和装饰文化更是匠心独具,蕴含丰厚的文化内涵。

王家虽然没有专门的家训、家礼文献,但王家大院的楹联、匾额、窗棂等建筑物上的雕塑、雕刻等等,都写满了家训、家礼、家规、家风,营造了浓郁的家文化氛围。

山西灵石王家大院墙基石上"乳姑奉亲"石雕

上面这块墙基石上精美的石雕名曰"乳姑奉亲",是"二十四孝"之一。故事讲述的是唐代官吏崔管祖母唐夫人的故事,崔管的曾祖母长孙夫人因年高无齿,无法进食,其祖母唐夫人便每天起床盥洗后,到婆婆屋里用自己的乳汁喂养她,如此数年,婆婆不吃其他饭食而身体依然康健。长孙夫人病重时,将全家老幼召集在一起说:"我无法报答儿媳之恩,惟愿儿媳的子孙媳妇也像她孝敬我一样孝敬她。"

石雕正是反映的这个故事。画面上唐夫人正在用乳汁奉养婆母,庭院里高大的广玉兰树花朵簇簇,厅内牡丹、荷花盛开,旁边幼儿嬉戏,阶前猫儿在捉弄家雀,一派祥和气象。石雕彰显了妻贤子孝、家庭和美、玉堂富贵的主题,旨在教育子孙恪守孝道礼仪,尊老敬长,亲睦家齐。

王家大院"凝瑞居"院中出入大门的一侧墙壁上,嵌有一幅石雕,画面上清清的池水中生长着一丛盛开的莲花,莲花丛中立着两只白鹭。石雕曰"鹭鹭清莲",寓意是"路路清廉",告诫家人和子孙后代无论居家还是在外经商、为官,都要保持清廉、廉洁的品性和出污泥而不染的节操。

王家大院一处院落大门上的"雍肃家风"
匾,时刻提醒家人恪守和睦庄重的家风

据统计,王家大院楹联 80 多副、匾额 120 多块,几乎院院有楹联,门门有匾额。这些楹联、匾额都寓有教化家人遵德守礼、恪守门风、积善累德的意义。楹联如"为士为农为工为商,皆要勿忘祖德;务忠务孝务廉务节,庶几克振家声";"先祖先贤成由勤俭败由奢,岂敢相忘;后世后学幼当教养老当敬,首在言行";"铭先祖大恩大德恒以礼仪传家风,训后辈务实务本但求清白在人间"。匾额如"孝义"、"敦厚"、"尊祖合族"、"孝思不匮"、"诗礼传家"、"为善最乐"、"三省四勿"、"澡身浴德"等等。

像这样的石雕、砖雕、木雕、楹联、匾额,在王家大院数不胜数,王氏家族一代代子孙生活在这样的庭院文化氛围,天天在耳濡目染中得到春风化雨般的

王家大院墙壁上的"鹭鸶清莲"石雕

教育熏陶，无疑有利于提升家人的家庭礼仪文明和为人处世的道德素养。王氏家族三千族人和睦相处，二百余年人才辈出、兴盛不衰，不能不说这样的庭院文化是起了重要的影响作用的。

（三）家风熏陶

"家风"一词最初使用是在南北朝时期文学家庾信《哀江南赋序》中，文章称"潘岳之文采，始述家风；陆机之辞赋，先陈世德。"家风，也称门风、家声、父风等，"是家庭或家族的风气、风格与风范，是在累世繁衍生息的过程中形成的较为稳定的生活作风、立身处世之道、道德面貌和价值观念的综合体。……家风作为一种文化现象，是由家训家教、家礼家德等家文化元素教化、熏陶、积淀而成的，是家文化的表征。"①纯朴、雍肃的家风是一种无声的教育，对于家人和子孙养成良好道德品行、持家处世方式等有着重要的影响。

----

① 陈延斌：《培塑新时代家风的丰厚文化滋养》，《红旗文稿》2020 年第 6 期。

许多家训名家都谈及父祖家风对自己的影响。颜之推谈到自家家教家风时，直言"整密"的家风使得他自幼接受教诲，言谈举止，中规中矩。他说："吾家风教，素为整密。昔在龆龀，便蒙诱诲；每从两兄，晓夕温清。规行矩步，安辞定色，锵锵翼翼，若朝严君焉。"①司马光特别重视家风对子弟的熏陶作用，在《训俭示康》的家书中告诫儿子司马康，要吸取寇准不良家风的教训，要儿子用这篇家训去训诫子孙，以继承祖辈节俭戒奢的"清白"家风。陆游也曾在训示子孙的一首诗中，谈到陆氏家族两百年耕读传家、为仕为农不慕富贵的家风对自己的影响，并告诫子孙传承这种家风。诗中写道："为贫出仕退为农，二百年来世世同。富贵苟求终近祸，汝曹切勿坠家风。"②从唐懿宗时就聚族而居的江州陈氏家族，唐僖宗曾御笔亲赠"义门陈氏"匾额，并题诗《赞义门陈氏》："金门宴罢月如银，环佩珊珊出凤闱。问道江南谁第一，咸称惟有义门陈。"宋太宗至道二年御封"真良家"，次年又赠"聚族三千口天下第一，同居五百年世上无双"一联。到宋仁宗嘉祐七年（1062）该家族已达 3700 余口、19 代同居共爨，堪称世界上人口最多、规模最大的家庭。因宋代诗人裴愈题写了"天下第一家"匾额，故世人皆称江州义门陈氏为"天下第一家"。这个大家族，以治家之道为人伦之本，不仅举家和睦相处，恪守家庭伦理，而且奉公守法，关爱邻里，屡被统治者树为楷模，正是依赖于世代形成和传承的优秀家风。也正是这种家风的熏陶，对家庭成员产生了潜移默化的教育和化导作用。

（四）祠堂训谕

祠堂不仅以其建筑文化和楹联匾额、撰刻于祠堂中的祖训家规等教化族众，更重要的是，祠堂更是家族的"学堂"。被朱元璋赐封为"江南第一家"的浙江浦江郑氏家族，从南宋建炎（1127—1130）初年起同居共爨，历经宋元明

---

① （北齐）颜之推：《颜氏家训·序致》。
② （宋）陆游：《示子孙》，王晓祥编：《陆游示儿诗选》，南京大学出版社 1988 年版，第 93 页。

三代。该家族不仅将其家训族规《郑氏规范》刻立于祠堂中的"有序堂",还将祠堂作为日常训谕子孙的"教室"和普及家训族规的"课堂"。

该家族每天早上击钟为号,起床盥漱后,到祠堂的"有序堂"集中,令未冠子弟朗诵男女训戒之辞,训词中都是做人的规则与齐家持家的要求(见前文)。

未冠子弟朗诵完男女训戒之辞以后,先向家长作揖行礼,然后相互揖拜而退。该家族的《郑氏家仪》规定,每月朔望必参祠堂,清明、端午等俗节则献以时物,上元、端午、重阳、冬至等都要摆设供品,祭祀参拜。更重要的是,每次祭拜祠堂后,还有读家训、行家礼的环节。

> 礼毕,家长出坐有序堂,男女左右坐定。子弟一人鸣鼓(二十四声),未冠子弟第二人,于家长前揖,分立家长左右,众子妇向家长立定,唱云:"揖,平身,举明家训。"已冠子弟一人,立于家长左,读家训。①

郑氏子弟朗读的家训就是《郑氏规范》中的训词(见前文)。

训词的内容,是要求家族成员遵行的基本礼仪和道德规范。正是郑氏家族天天读男训、女训,朔望及各大节日合族学习家规族训,其孝亲敬长、夫义妇顺、兄友弟悌的家德、家礼准则才能深植人心,使得这个义门世家能从北宋初年,跨越宋元明三个朝代,历经九世凡三百余年而合族义居,兴盛不衰。

祠堂还有惩恶劝善的教化功能,可以作为教育族人的场所。如果族人犯错,族长可以在祖先牌位前惩罚族人,庄严的祠堂建筑又会无形中给族人以敬畏感和威慑感,这也是祠堂教化作用的一种体现。"祠堂除了祭祀功能外,对族人有教育功能,堂号、堂联等祠堂里的东西,大多是具有崇尚美德、友爱和睦、积极进取的教育意义。"②堂号即祠堂的称号,有人将堂号分为三类:以郡

---

① (明)郑泳:《郑氏家仪·通礼第一》。
② 何兆兴:《老祠堂:中国古代建筑艺术》,人民美术出版社 2003 年版,第 6 页。

望来命名,以先祖的字、号、谥号等来命名,还有以蕴含伦理教化意义的词语来命名。前面提及的浦江郑氏家族堂号"有序堂",取的就是敦促族人谦敬有序、和睦互爱之意。目前流传下来的家礼和家训族规等文献中,有不少都将祠堂作为训诲子孙和族人的"课堂",在祠堂里不仅举行尊祖敬宗的仪式,而且利用祠堂劝善惩恶。姚舜牧《药言》就规定:

> 族有孝友节义贤行可称者,会祀祖祠,当举其善告之祖宗,激示来裔。其有过恶宜惩者,亦于是日训戒之,使知省改。①

在祖宗"面前"、在族人面前,表彰"孝友节义贤行可称者",训戒"过恶"者,为族人树立正面效法的榜样,同时吸取"过恶宜惩者"的教训,可以收到抑恶扬善的良好效果。

（五）谱牒传承

谱牒又称家谱、族谱、宗谱等,是传统社会家族记录其一姓世系及其家族显赫人物事迹的谱集。宋代以前,谱牒以官修为主,其目的是"别选举,定婚姻,明贵贱"。北宋时期欧阳修和苏洵编撰的本族族谱《欧阳氏谱图》和《苏氏族谱》,被作为家谱修撰的范本。可以说,"两部家谱,奠定了后世民间家谱的基本格局。朱熹在作《王氏谱序》中,进一步对家谱修纂做了规范,明确主张将'祭祀'纳入家谱体例。随着家谱修撰范围的扩大,其社会教化功能愈加彰显。"②例如,江苏丰县陈氏家族的《族规》共六条,另加一段关于"睦邻"的训示。族规载于道光七年(1827)《陈氏重修族谱》中,这篇族规告诫族人,

> 自始祖以来,忠厚传家,尤以睦亲善邻为重。吾族人与亲邻当存

---

① （明)姚舜牧:《药言》,陈延斌主编:《中华十大家训》卷三,教育科学出版社 2017 年版,第 209 页。
② 参见陈延斌、王伟:《传统家礼文化:载体、地位与价值》,《道德与文明》2020 年第 1 期。

忍让之心,即有微衅,不必过与相较。如事关至大,禀明宗长,论其曲直可否,方准争礼。非示弱,实睦邻之微意也。①

"清初三大儒"之一的理学大家孙奇逢,在《家礼酌》中谈及家谱时,强调了家谱在维护长幼尊卑秩序、传承孝悌家风、坚守家族文化中的重要价值,他说:

国有史,家有谱,所关甚重。国无史,则天地夜矣;家无谱,则祖先泯矣。人而泯其先,奚后之为。故三年不修谱,谓之不孝。乃今士大夫之家有累世不修谱者,安望之庶民。宗法废而一家之长幼尊卑,绝无秩序,孝弟风微,凌竞日起,礼之本亡矣。②

堂号字辈的记载也是家谱族谱中极为重要的内容,反映了该家族的文化积淀。譬如孙奇逢的"孝友堂"、周姓的"爱莲堂"、陈姓的"世德堂"、杨姓的"四知堂"等等堂号,不仅是该家族的"徽记",体现着该家族的家训文化传承,更有深刻的教化意义。字辈亦然,如上面提及的江苏丰县陈氏家族的族谱中,对子孙起名的字辈作了具体规定,前两句是"光明端正,绳祖延宗",就是告诫子孙为人处世光明端正,师法祖先,延续宗族。

还有不少家训规定将德行功业卓异的族人载入族谱,传之后世,以为师法;给宗族蒙羞的官员也给予"削爵"的惩罚。明代许相卿在家训中对于家族"负国辱家"的为官子孙,规定给予"告祠削谱"的严厉惩罚:"士幼而绩学业,以尧舜君民为志,壮而入仕,固当不论崇卑,一以廉恕忠勤、报国安民为职,持此黜谪何愧? 如或贪酷阿纵,负国辱家,贵显只重罪愆,合宗告祠削谱,勿齿于族。"③

---

① 《陈氏族规》,载江苏丰县陈氏"世德堂"《陈氏族谱》,道光七年刻本。
② (清)孙奇逢:《家礼酌》卷上《家谱》,光绪甲申(1884)兼山堂藏版。
③ (明)许相卿:《许氏贻谋四则》,楼含松主编:《中国历代家训集成》,浙江古籍出版社2017年版,第1892页。

再如明代王澈制定的《王氏族约》载：

> 凡族众行检高下，以敦崇道德、言行足为师表者为优等，以推仁尚义、入孝出弟、不得罪乡党者为次等。凡优等，死则于谱传之。

> 凡子孙居官，务要廉勤正直，尽忠体国，恪守官箴。其治行卓越、惠泽及民及有功德，为宗族乡邻所庇赖者，没后于谱传之。如以贪酷被黜者，于谱上削其爵。①

三、中国传统家训教化的主要方法②

在实施家训教化的过程中，以父祖为训诫主体的家长，为了保障家教原则的落实，发挥家训教家立范的功能，探讨出一系列行之有效的方式方法，主要有建章立制、典范激励、以身立教、相互规诲、箴铭镜鉴、诗歌吟诵、功过格法等等。

（一）建章立制

建章立制，即建立章程，订立制度。为使本家族的家训族规为族人所熟知与践行，传统家训中不少都有制度性的规定加以保障。这些制度主要有三种：

一是文本立"制"。留有家训文本的家族，大多规定了切于实用、操作性强的规范、准则，使之成为家族成员的具体行动指南。南宋赵鼎的《家训笔录》共 31 项，其基本内容是对严谨治家的规定，条款非常具体。像谈到家

---

① （明）王澈：《王氏族约》，楼含松主编：《中国历代家训集成》，浙江古籍出版社 2017 年版，第 1737 页。
② 本节主要内容，作者陈姝堭、陈延斌以《中国传统家训教化的基本原则和主要方法》为题，发表于《中国矿业大学学报》2022 年第 2 期。

庭成员口粮分配时规定:"五岁以上,给三之一;十岁以上,给半;十五岁以上,全给。"①曾做过御史的明代官吏庞尚鹏撰写的《庞氏家训》,共分"务本业"、"考岁用"、"遵礼度"、"禁奢靡"、"严约束"、"崇厚德"、"慎典守"、"端好尚"八部分。每一部分都对子孙给以全面而具体的指导、训戒。这种具体的规定,不但便于遵行,且减少了矛盾,有利于家人之间的和睦相处。

二是管理强"制"。在管理制度的全面性、科学性方面,浦江郑氏家族的管理制度可谓极为健全,通过管理的强制约束将制度十分有效地落在实处。该家族168条家规,将管理职位分为20多个,设有家长、典事、监视、主记、掌门户(大约相当于家政顾问)、新管、旧管、羞服长、堂膳、掌钱货、掌营运、知宾等管理职位。尤其值得肯定的是,家族的主要管理者之间还有着彼此的制约和监督,并专设有类似于今天纪委、监察部门的"监视"一职,郑氏家族的《郑氏规范》规定,对所有管理人员均实行监督制度,包括家长。

> 家长有过失,"举家随而谏之","若其不能任事,次者佐之"。其他管理人员不称职的撤换,好的则可连任,如规定:"所用监视及新旧管,其有才干优长不可遽代者,听众人举留。"这种用人及管理监督制度,既是理财治家的保证,也是对家长和所有管理者的道德考核和教育、约束。②

清代官至礼部尚书的许汝霖《德星堂家订》为杜绝奢靡浪费之风,规定具体到招待客人每顿饭几个菜、多少酒。这些具有极强操作性的制度规定,保证了家政管理和家族教化的有效性。

三是考核固"制"。许多家族的家训族规都注意通过考核勤绩固化所订

---

① 徐少锦、陈延斌、范桥、许建良:《中国历代家训大全》,中国广播电视出版社1993年版,第165页。

② 徐少锦、陈延斌、范桥、许建良:《中国历代家训大全》,中国广播电视出版社1993年版,第316页。

立的制度,促进教化的实效。例如《庞氏家训》对男女仆人的考勤考绩制度规定:"民家常业,不出农商。通查男妇仆几人,某堪稼穑,某堪商贾。每年工食衣服,某若干,某若干。各考其勤能果否相称。"①明初著名学者、理学家曹端《家规辑略》也记载了浦江郑义门的考核制度,郑氏家族将家众遵行家礼家规的善恶实迹,分明籍记,每三个月一考定,分为九等,以此为凭加以赏罚。比如"子妇能孝义,又勤俭而无过者,考上上;能孝义而勤俭不足,亦无过者,考上中;孝义不足,而勤俭有余,亦无过者,考上下……"。② 对于考核为"上上者"的家族成员,奖励是:

> 簪花告祠,男则邀亲宾享于祠堂,以谕荣之;妇则会茶于祠堂,赏纱绫手帕各一,绢布履材各一,针三十,线五色各十条,燕粉共三两,更与假三日,俾归宁父母,以彰其善。③

男的插花于冠,告于祠堂祖先牌位,女的不仅"会茶于祠堂,赏纱绫手帕",还给三天假回娘家探望父母,这该是多大荣光! 其榜样示范和激励作用显而易见。郑氏家族规定,考核层次低下而被惩罚者,如果能迁善改过、立有异行可以显亲扬名者,则免于处罚。

四是以助促"制"。不少大家族,为体恤贫苦族人生活、资助有才质的子弟求学应试,建立了"义田""义庄""义学",这些家族一般都制定相应的管理制度,规定资助对象、标准,对品行不端、违反族规的成员则不予资助。这样的资助制度,既增强了敦亲睦族的凝聚力,又起到了约束和激励族众更好遵行家族各项制度的作用。

---

① 徐少锦、陈延斌、范桥、许建良:《中国历代家训大全》,中国广播电视出版社 1993 年版,第 270 页。

② (明)曹端:《家规辑略·劝惩第八》,陈延斌:《中国传统家训文献辑刊》第 10 册,国家图书馆出版社 2018 年版。

③ (明)曹端:《家规辑略·劝惩第八》,陈延斌:《中国传统家训文献辑刊》第 10 册,国家图书馆出版社 2018 年版。

另外,不少为官的家族,为防止子孙贪腐,还专门制定了资助制度。比如《郑氏规范》规定,子孙资质、才能优异,通过科举考试出仕为官者,必须"奉公勤政,毋蹈贪黩"。如果有贪赃枉法、辱没家族者,将受到严惩。家训同时规定对于俸禄微薄、生活不能自给者,宗族给予经济资助。

> 子孙倘有出仕者,当夙夜切切以报国为务,抚恤下民,实如慈母之保赤子。有申理者,哀矜恳恻,务得其情,毋行苟虚。又不可一毫妄取于民。若在任衣食不能给者,公堂资而勉之;其或廪禄有余,亦当纳之公堂,不可私于妻孥,竞为华丽之饰,以起不平之心。①

对于那些因贪赃枉法被处理的出仕子孙,家训规定"生则于谱图上削去其名,死则不许入祠堂"。这种经济上的保障,显然有利于出仕子弟的廉政为官。

制度是按照一定规则制定并要求群体共同遵守的行为准则,带有一定的强制性特征。传统社会的家族通过建立章程,订立制度,对家族成员的行为进行规范约束,并借助族权和族长权威,通过祠堂、家庙等场所对违反宗规族法等家族制度的族众实施惩罚,对模范遵守家族制度的行为进行表彰,从而更加增强了家族成员遵循家族制度的自觉性和持续性。

(二) 典范激励

见贤思齐的道德情感,是人区别于其他动物的心理特征之一。无论哪个时代、哪个阶层成员,正面的、积极向上的典范人物的事迹,都具有很强的感染力和感召力,有利于引导人们自觉地将自己与榜样相对照,从而增强向上向善、提升修养境界的动力。这种典范激励方式在家训教化中亦然。传统家训的作者们都很注意以此引导激励家人族众,通过在家训中采辑宣扬典范人物的典型事迹以供子孙家人师法。

---

① (元)郑文融等:《郑氏规范》,陈延斌主编:《中华十大家训》卷二,教育科学出版社 2017 年版,第 365—366 页。

司马光的《家范》,在全面论述封建家庭各种伦理关系、道德仪礼规范的过程中,每一部分都先杂采先贤著作,节录了不少儒家经典中的格言警语,再掺以自己的论说,在此基础上,大量选用"自卿士以至匹夫"的"家行隆美可为人法者"的典型事例,以供家人和子孙学习仿效。譬如,《家范》在论及子弟奉养父母的为子之道时,除了提出鸡初鸣而起,到父母休息之所问安、侍奉父母盥漱、饮食的日常规范外,又对照顾生病父母的做法作了如下规定:

> 父母有疾,冠者不栉,行不翔,忧不为容也。言不惰,忧不在私好。琴瑟不御。忧不在乐。食肉不至变味,饮酒不至变貌,忧不在味。笑不至矧,怒不至詈,忧在心难变也。齿本曰矧,大笑则见。疾止复故。①

这里,司马光对子弟侍奉生病父母时的言语、举止、饮食甚至喜怒表情都作了具体规定。此后,司马光一口气列举了七个孝子故事予以典型示范。这些故事是:周文王一日三次到父亲季历住处问安,关怀备至;周武王照顾有疾的文王,"不脱冠带而养";汉文帝侍候生病的母亲薄太后,三年"目不交睫,衣不解带,汤药非口所尝弗进";晋代范乔父范粲佯狂不言,范乔"与二弟并弃学业,绝人事,侍疾家庭";南齐庾黔娄弃官归家照顾生病的父亲,屡尝其粪便甘苦以了解病情进展;后魏孝文帝四岁时就亲自为患痈的父亲吮脓;北齐孝昭帝母亲生病,他"行不正履,容色贬悴,衣不解带","食饮药物,尽皆躬亲"。②

像上述以典范人物的事迹,引导、激励家人子孙仿效的家训文献数量很多。例如袁采《袁氏世范》、霍韬《渭厓家训》、仁孝文皇后《内训》、陈良谟《见闻纪训》、刘氏《女范捷录》、康熙《庭训格言》等等,不胜枚举,这些家训都注意辑录先贤的格言警语,引用历史故事传说教诲家人,以增强家训教化的感召力。

---

① (宋)司马光:《家范》卷之四《子上》。
② (宋)司马光:《家范》卷之四《子上》。

（三）以身立教

以身立教几乎是谈及该问题的所有家训作者的共识。明末著名理学家陆桴亭《思辨录》指出，"教子须是以身率先。每见人家子弟,父兄未尝着意督率,而规模动定,性情,好尚,辄酷肖其父。皆身教为之也。念及此,岂可不知自省。"①明代曹端的《家规辑略》,也要求做家长的首先自己要"躬行仁义,谨守礼法",然后才能教化家人子弟。而且家人子弟有不遵教化时,家长要"反躬自责",反思自己的做法当否。对犯了错误的家庭家族成员,还是要教育为主;受到惩罚的家族成员,即便是送官、削谱、免祀这样的严重处分,如果能幡然悔改,还可以撤销对他们的惩罚。家训云:

> 为家长者,必先躬行仁义,谨守礼法,以率其下。其下有不从化者,不可遽生暴怒,恐伤和气,但当反躬自责,或效缪彤掩户以自挞,或效石奋对案而不食,其下悔改,即止,不治;如果愚顽,终化不省,然后责罚之,责罚不从,度不可容,陈之于官而放绝之,仍于宗图上削其名,死生不许入祠堂,三年能改者,复之。②

前文述及的《庭帏杂录》中,记载了李氏的以身立教,以身示范。李氏一生都对生活贫困的亲戚给予关照。儿子袁衮记载:"远亲、旧戚每来相访,吾母必殷勤接纳,去则周之,贫者,比程其所送之礼,加数倍相酬;远者,给以舟行路费,委屈周济,惟恐不逮。"③不仅对亲戚如此,对邻里甚至素不相识的人,李氏也是乐善好施,接济帮助。李氏经常教育儿子、媳妇,要生活节俭,以省下来钱物周贫济穷。《庭帏杂录》中袁衮记载了李氏教育自己四嫂以棉代绵制作

---

① 楼含松:《中国历代家训集成》,浙江古籍出版社 2017 年版,第 5034 页。
② （明）曹端:《家规辑略·家长第二》,楼含松主编:《中国历代家训集成》,浙江古籍出版社 2017 年版,第 1641 页。
③ 徐少锦、陈延斌、范桥、许建良:《中国历代家训大全》,中国广播电视出版社 1993 年版,第 1076 页。

棉衣以资助穷人的故事：

> 九月将寒，四嫂欲买绵，为纯帛之服以御寒。母曰："不可，三斤绵用银一两五钱，莫若止以银五钱买绵一斤，汝夫及汝冬衣，皆以枲为骨，以绵覆之，足以御冬。余银一两，买旧碎之衣，浣濯补缀，便可给贫者数人之用。恤穷济众，是第一件好事，恨无力不能广施，但随事节省，尽可行仁。"①

李氏对人非常宽厚宽容。"儿子们回忆说，有一个富家乘着条大船娶亲经过李氏门前的河流时，撞坏了她家的船舫，邻居抓住船主要其赔偿。李氏听说后，先问新媳妇是否在船上。当知道新妇在船上时，立即要邻居放人家走，理由是若要其赔偿，婆家必然以为不吉利而怪罪新媳妇。"②

李氏这样践行仁慈美德的身教，不仅在潜移默化中培养了孩子体恤贫穷、关爱他人的美德，也对他们的为人处世态度产生了深远的影响。她的几个儿子无论为官、行医还是从事其他职业，都能做到关心百姓、造福他人，仅从其三子袁表（后改袁黄，字了凡）所著的《了凡四训》，就能窥见李氏身教的成功。

"扬州八怪"之一的郑板桥，不仅为官清正，画技高超，且深谙家教之道。他老来得子却不溺爱，在潍县做官期间委托堂弟郑墨代为管教儿子，且写了数十封信给郑墨，要求堂弟千万不要因为自己老来得子而放松对孩子的管教。他特别叮嘱堂弟，孩子"读书中举中进士作官，此是小事，第一要明理作个好人"③。他在家书中嘱咐堂弟，要注重从小事入手培养孩子爱惜物命的仁爱之心。信中说自己平生最不喜欢养鸟，因为我图快乐，鸟在囚笼，是何道理？他告诉郑墨，千万不可将蜻蜓、螃蟹这样的小动物作为孩子的玩具，因为它们不

---

① 徐少锦、陈延斌、范桥、许建良：《中国历代家训大全》，中国广播电视出版社1993年版，第1076页。

② 陈延斌：《〈庭帏杂录〉与李氏的以身立教》，《少年儿童研究》2005年第6期。

③ （清）郑燮：《潍县署中与舍弟墨第二书》，《郑板桥集》，上海古籍出版社1979年版，第3页。

过一会儿工夫就会被折拉而死。他要堂弟注意培养孩子的"忠厚之情",叮嘱堂弟,"我不在家,儿子便是你管束,要须长其忠厚之情,驱其残忍之性,不得以为犹子而姑纵惜也。"①

（四）相互规诲

明代的家训教化中,创设了一种颇为新颖的教育方式,即通过家族聚谈,相互规诲。从目前看到的家训,中国家训教化史上最早施行这种方法的是明代官吏庞尚鹏。庞尚鹏在《庞氏家训》中对这种家族聚谈的宗旨、内容、举行时间和具体程序等作了明确说明。该家训规定:

> 每月初十、二十五两日,凡本房尊长卑幼,俱于日入时为会,各述其闻。或善恶之当鉴戒,或勤惰之当劝勉,或义所当为,或事所当己者,彼此据己见次第言之。各倾耳而听,就事反观,勉加点检,此即德业相劝、过失相规之意。②

这里规定了家族聚会以各房为单位,阖家老小都要参加;时间是半月一次;目的是"德业相劝、过失相规";方式是各述见闻,大家从中反省自我,互相规诲,以趋善避恶。庞尚鹏还规定,聚会轮流主持,有事顺延,若"无事不赴会,此即自暴自弃之人"。③明代理学大儒姚舜牧在其家训《药言》中也规定:"长幼尊卑聚会时,又互相规诲,各求无忝于贤者之后,是为真清白耳。"④也是倡导利用家庭聚会的形式,来进行维护"家声"的"互相规诲"和自我教育。

---

① 陈延斌:《第一要明理作个好人》,《少年儿童研究》2005 年第 9 期。
② 徐少锦、陈延斌、范桥、许建良:《中国历代家训大全》,中国广播电视出版社 1993 年版,第 275 页。
③ 徐少锦、陈延斌、范桥、许建良:《中国历代家训大全》,中国广播电视出版社 1993 年版,第 275 页。
④ 徐少锦、陈延斌、范桥、许建良:《中国历代家训大全》,中国广播电视出版社 1993 年版,第 290 页。

（五）箴铭镜鉴

历史上,不少为家长族长者通过箴铭歌诀、格言警语进行家训教化,也是一种重要方式。这些家训族规,有的被刻在祠堂的墙壁上或石碑上,有的题写在家里的屏风上,还有的本身就是以箴规、警语、格言形式写成的家训,如朱柏庐《治家格言》、吴麟征《家诫要言》等等。这种箴铭型家训,便于使受教育者作为镜鉴,时时提醒他们对照反省。例如,左宗棠在给儿子左孝威的信中,就嘱咐儿子将他信中关于读书做人等的训示贴在墙上,"日看一遍",以检查反省自己。①

明代官吏吕坤夙重风教,尤其是子弟和族人的教育。他撰写的《孝睦房训辞》,就是居家做人的简明家德准则。吕坤让人将训辞刻在祠堂的石碑上,以便时刻提醒族人"戒石具在,朝夕诵思"。②

明朝文学家、画家陈继儒非常重视子孙的品行教育,他撰写的《安得长者言》,是结合平日见闻、加上自己心得体会撰写的格言、警句体家训。他在导言中说:"余少从四方名贤游,有闻辄掌录之。已复死心茅茨之下,霜降水落,时弋一二言,拈题纸屏上,语不敢文,庶使异日子孙躬耕之暇,若粗识数行字者读之,了了也。"③他提醒子孙,"有一言而伤天地之和、一事而折终身之福者,切须检点"。他特别强调对富贵人的礼仪尤其要注重"体",对穷人尤其要讲究"礼",即"待富贵人不难有礼,而难有体;待贫穷人不难有恩,而又难有礼。"④这些警句甚富哲理,让子孙朝夕诵读,可以收到很好的教育效果。

晚清重臣左宗棠长期在外为官,于是经常利用家书指导子弟修身、读书,

① （清）左宗棠:《左文襄公家书·咸丰十一年·与孝威》,中国书店出版社 2015 年版。
② 徐少锦、陈延斌:《中国家训史》,陕西人民出版社、人民出版社 2011 年版,第 635 页。
③ （明）陈继儒:《安得长者言》,《丛书集成初编》第 375 册,中华书局 1985 年版。
④ （明）陈继儒:《安得长者言》,《丛书集成初编》第 375 册,中华书局 1985 年版。

且要他们将自己重要的信件置之案头,经常对照检查。比如,咸丰十一年(1861)十月二十三夜,左宗棠写给儿子孝威一封长信,对儿子的为人处世进行教育,最后要求儿子,"可将此帖别写一通,携之案头,时加省览,如日与我对,庶免我忧。"①

(六) 诗歌吟诵

利用儿童喜欢吟诵歌谣的特点,不少为人父祖者还通过诗词、歌诀给年幼子孙以家训教化。《古今图书集成·明伦汇编·家范典》等古籍中就辑录了历代众多教子诗词歌诀,如东方朔的《戒子诗》、潘岳的《家风诗》、白居易的《狂言示诸侄》、范质的《戒从子诗》、邵雍的《教子吟》和《诫子诗》、苏轼的《并寄诸子侄》、陆游的示儿诗、方孝孺的《勉学诗》和《四箴》、徐奋鹏的《教家诀》、薛瑄的示儿诗、曹端的《续家训》、陈献章的《示儿》、庞尚鹏的《训蒙歌》、吕坤的《示儿》、黄氏的《训子诗三十韵》、孙奇逢的《示子孙》、王夫之的《示子侄》、曾国藩的《忮求诗》等等,都是颇负盛名的家训诗词。这些家训诗词,其内容无不外乎齐家诫子、立身处世、励志勉学等。

有的将家训编成朗朗上口的歌诀让幼儿朗读诵唱,不仅教育本家本族,而且在孩子们的交往中传播更广,影响到其他家族幼儿。例如,明代思想家、教育家王守仁就主张要顺从儿童天性、采用儿童喜闻乐见的形式进行品行和仪礼教育。他提倡吟诵诗歌要放声歌唱,称作"歌诗",使孩子们在学习道德规范和礼仪知识的同时,也受到情感的熏陶。比如,他创作的家训歌诀《训儿篇》既是教育子孙的,也是训诲年幼学童的。

> 幼儿曹,听训教:勤读书,行孝道。学谦恭,循礼义。节饮食,戒游嬉。毋说谎,毋贪利。毋任性,毋尚气,毋责人,须自治。能下人,

---

① (清)左宗棠:《左文襄公家书·咸丰十一年·与孝威》,中国书店出版社 2015 年版。

是有志。能容人,是大器。凡做人,在心地。心地好,是良士。心地恶,是凶类。吾教汝,须谛听:尊父母,敬兄弟。师必严,父要厉。听好言,习好仪。勿纵容,毋闲戏。稽功过,考日记。交好友,学好技。书不成,精一艺。可养身,方成器。①

这种三字一句的韵语,把尊敬父母师长、友爱兄弟朋友、谦恭待人、循礼行事等日常行为规范,简明通俗地告诉幼儿,且朗朗上口,易于记诵,深受儿童的喜爱。

再如,明朝官吏庞尚鹏的《庞氏家训》中,就附有他编写的教育家族女孩的《女诫》,该歌诀用四字一句的韵语写成:

男女相维,治家明肃。贞女从夫,世称和淑。事夫如天,倚为钧轴。爱敬舅姑,日祈百福。教子读书,勿如禽犊。妯娌交欢,毋相鱼肉。婢仆多恩,毋生荼毒。夜绩忘劳,徐吾合烛。家累千金,毋轻半菽。妇顺母仪,能回薄俗。嗟彼狡徒,豺声蜂目。长舌厉阶,画地成狱。妒悍相残,身攒百镞。天道好还,有如转毂。持诵斯言,蓝田种玉。②

尽管这篇歌诀中包含有男尊女卑、因果报应的糟粕,但歌诀告诫家族女孩遵守爱敬公婆、和睦妯娌、善待婢仆、治家教子、勤劳节俭的家德规范,教诲她们注意女性修养的基本内容是应该肯定的。

(七)功过格法

功过格最早出现于中国 12 世纪后半期的《太微仙君功过格》,而"功过格"的广泛流行则是在十六七世纪。功过格是引导劝诫世人趋善避恶的一种品德教育和修养方法。

---

① 袁啸波:《民间劝善书》,上海古籍出版社 1995 年版,第 123 页。
② 楼含松主编:《中国历代家训集成》,浙江古籍出版社 2017 年版,第 2472 页。

这种方法被誉为"道德日记"。"作为道德日记,功过格鼓励的道德修炼方式十分机械,似乎并不能引起中国文人的认真关注。但是,在晚明,它们的确吸引了精英们的兴趣。大夫中的一部分人倡导使用功过格,另一些人则诋毁它。功过格经历了漫长而复杂的发展过程,在帝国晚期达到了顶峰。"①

这种修养方法在明朝晚期达到鼎盛,与袁黄的《训子言》(又名《了凡四训》)及其附录《功过格款》的广泛流传大有关系。在这部家训中,袁黄在家训的"立命之学"部分,还向儿子介绍了妻子使用功过格修养思想道德的方法。他写道:"余行一事,随以笔记。汝母不能书,每行一事,辄用鹅毛笔管印一朱圈于历日之上。或施食贫人,或买放生命,一日有多至十余圈者。"②

何为"功过格"?研究明清功过格的美国俄勒冈大学教授包筠雅(Cynthia J.Brokaw)博士对其作了如下界定:

> 它通过特定形式表达出对道德(以及非道德)行为及其后果的某种基本信仰。其中列有具体的应遵循或应回避的事例,以此揭示对约定俗成的道德及对善的信仰,而这种善是由许多不同的、价值各异的、个别的善行实践构成的。③

简单说,功过格就是记录善恶功过的簿本,功过格的方法就是在簿本上画出"功格"、"过格"两列,"功格"和"过格"各分为五十条,每一条都标有应得或应扣"分值"。修养者每天晚上对照功过格的"功"款和"过"款,反思一天所行之事,在相应的"功格"和"过格"中加以标注;每月底对自己一月来的功过善恶进行折算对比,看功过善恶各自增减多少;年终再算总账,以此稽考品

---

① [美]包筠雅:《功过格:明清社会的道德秩序》,杜正贞、张林译,浙江人民出版社 2009 年版,第 25 页。

② 陈延斌:《论袁黄的家训教化与功过格修养法》,《武陵学刊》2016 年第 9 期。

③ [美]包筠雅:《功过格:明清社会的道德秩序》,杜正贞、张林译,浙江人民出版社 2009 年版,第 244 页。

德修养上的进步状况。① "功格款"如：

准百功：

〇〇救免一人死

〇完一妇人节

〇阻人不溺一子

〇阻人不堕一胎

准五十功：

〇延续一嗣

〇收养一无依

〇瘗一无主坟

〇救免一人流离

……

"过格款"如：

准三十过：

〇毁一人戒行

〇造谤污陷一人

〇摘发一人阴私干行止事

准十过：

〇排摈一有德人

〇荐用一匪人

〇受触一原失节妇

〇畜一杀众生具……②

---

① 陈延斌:《论袁黄的家训教化与功过格修养法》,《武陵学刊》2016 年第 9 期。

② 徐少锦、陈延斌、范桥、许建良:《中国历代家训大全》,中国广播电视出版社 1993 年版,第 263—266 页。

这种填写《功过格》的修养方法和教育方法，经袁黄的整理倡导以后，方才大行于世，产生了深远的影响。有人评价，到明末清初时，"袁黄功过格竟为近世士人之圣书。"①不少家训作者也效仿袁黄功过格方法指导子孙修养自己品德，提升道德境界。比如清代官吏蒋伊就在其家训中要求其子弟读书之暇，按照《袁了凡先生功过格》等善书，"身体而力行之"。② 正是由于袁黄家训的影响，在他去世后的一个世纪里，至少有十种功过格留存下来。③

在对传统家训教化基本原则和路径方法进行上述梳理和阐述之后，还需要说明三点：其一，这些原则和路径方法是基本的、主要的，但并非家训教化原则或路径方法的全部。其二，这些原则和路径方法之间不是孤立施行的，往往存在兼行并施、相互融通的关系。大凡是训诫内容较为全面的家训，奖惩结合、养正于蒙、家长表正、循序递进这些教化原则基本能得到体现；而侧重于某些方面、某些领域训诫的家训，则在教化内容一致的前提下，往往多强调某些原则和方式方法。"这种内容一元与教化方式多元、形式多样的统一，使得各种教化方式方法相互融合，彼此相辅相成，实效性更强。"④其三，这些原则和途径方法的概括提炼，包括上文论述的教化载体等，由于它们之间的交叉重合，抑或划分的角度不同，有些就无法截然分开，既可以看成是教化原则和教化理念，也可以视为教化的基本载体、具体路径或者基本方法。

① （清）张履祥：《杨园先生全集》上册，陈祖武点校，中华书局2002年版，第117页。

② 徐少锦、陈延斌、范桥、许建良：《中国历代家训大全》，中国广播电视出版社1993年版，第423页。

③ ［美］包筠雅：《功过格：明清社会的道德秩序》，杜正贞、张林译，浙江人民出版社2009年版，第115页。

④ 陈姝瑾、陈延斌：《中国传统家训教化理念、特色及其时代价值》，《中州学刊》2021年第2期。

第七章 传统社会家训、家风与家族盛衰研究

通过回溯中国家训史，可以发现，在传统家训及其所传承的优秀家风中，包含许许多多历代先人总结而成的精华成分，值得现时代的中国人学习和借鉴。优秀传统家风以中国传统家训文化家德文化等为载体，"是家庭或家族的风气、风格与风范，是在累世繁衍生息的过程中形成的较为稳定的生活作风、立身处世之道、道德面貌和价值观念的综合体。"①在传统社会，中国家庭的生活空间呈现出耕读传家、家教训育和家风续存等家庭文化事象。从家庭层面来说，优秀传统家风表现为家庭成员代际之间长辈对晚辈的勖励与教导，通过潜移默化的方式培养家庭成员行为处世、安身立命的道德品质和价值观念。从社会层面来说，优秀家风强调修身、齐家、治国、平·天下的统一。家庭成员所接受的家庭道德教育使个人修为与社会责任达成一致。在这一过程中，人们所遵循的社会核心价值观发挥了重要作用，它影响着社会中的每个个体成员的一言一行。毫无疑问，以家风及其建设为切入点，就是在家庭层面将社会核心价值观与日常生活紧密相连，使道德规范和价值观念融入人们日常生

---

① 陈延斌:《培塑新时代家风的丰厚文化滋养》,《红旗文稿》2020 年第 6 期。

活的方方面面。可见,构建符合社会主义核心价值观的当代家风具有重要的现实意义和实践价值。

一、传统家训、家风在家族生存发展中的重要作用

(一) 血缘社会中的家族关系

这里所说的"血缘社会",简而言之,就是以血缘亲族关系为重的社会,而中国传统社会就是这样一个典型的血缘社会。一般来说,家庭成员越多,关系自然就多,也就可能越复杂。美国家庭问题专家沙波特(Chabert)曾提出一个家庭人际关系结构公式 $N=(X^2-X)/2$,其中 N 为家庭关系数,X 为家庭人口数,该公式用来表明家庭人口数量和家庭关系复杂程度之间的关联性。血缘社会中的家族内成员间的关系可谓错综复杂——直系与旁系亲属混居杂处,各种族内亲属关系纵横交织。而所谓"亲属关系",既包括血亲(父系亲属)关系,也包括由于婚姻的缔结而生成的姻亲关系。在以父系为中心的封建传统大家庭中,除了上至高、曾祖父,下至曾、玄孙等直系亲属外,还必然要涉及横向的亲属关系,如与己身属平辈关系的兄弟姐妹、堂兄弟姐妹,以及不属平辈关系的伯、叔父(母)、姑父(母)、侄子(女)等旁系亲属。此外,中国古代家庭的亲属称谓亦相当繁杂,在世界上堪称一绝,或许也能从一个侧面反映出传统家庭关系的发达与复杂程度。

在传统家庭,尤其是在数世同堂的大家庭中,众多家庭成员各自的地位、利益、感情、心理等均不相同,据此,家庭关系的复杂程度也便可想而知。一般而言,其间大多存在着某种不和谐的潜在因素,容易引起人际摩擦。因此,就必须通过订立某种族众都相对认可的规则来进行约束和规范,并加以正确引

导。一家之长或族长凭借其被赋予的族权,以家法族规为依据对族众进行日常管理。这实际上就是包括家法族规等在内的传统家训、家礼等的最初由来。"每个家族必有一部以至几部家法族规,用来规范族人的思想行为和处理族众之间的相互关系……人口众多或历史悠久的家族,有的除了总家法、总族规之外,还制定许多单项法规。"①这就使得传统家法族规及其所传承的家风在家族的生存发展中能够发挥举足轻重的作用。

被誉为"江南第一家"的浙江浦江义门郑氏家族,号称十五世同居不分家,人口最多时三千余人同吃一锅饭,173 人为官却无一人贪渎,这主要得益于拥有 168 条家规的《郑氏规范》,其后来亦成为明朝法律(《大明律》及《大明律例》)的蓝本之一。一个家族的所有成员长期在一起聚族而居,其特点就是以血缘关系为纽带组成的家族而呈现。族众彼此之间朝夕相处、同爨共餐,基于血浓于水的亲缘关系而互帮互扶、相互提携,充分反映出相对和谐的一家一族对于维持社会秩序、保持社会稳定的积极作用。因此,在一定意义上可以说,中国传统社会之所以能够形成超稳定的社会结构,与这种家族关系的稳定、和谐具有非常重要的关联性,同时也与家训、家教以及家风的影响密不可分。一般而言,血缘社会中的家族关系大体融洽,自然使得传统家庭、家族保持相对稳定,一些优秀家风才能得以传承并为族中后人所践行。

(二) 家训、家风在血缘家族中的主要功能

一般认为,家风或曰门风,其形成于中国传统家庭或家族世代繁衍的进程中,以塑造家庭成员的道德品质和人格修养为目标,将人们日常生活中的实践经验、生活智慧和行为规范加以外显。而中国传统家风的本质内涵则表现为在基本遵循儒家家庭伦理规范的基础上,为追求丰家成业、代际和谐等美好凤

---

① 徐扬杰:《中国家族制度史》,武汉大学出版社 2012 年版,第 289 页。

愿,对家庭伦理秩序、道德观念所引发的伦理审思与诉求。

中国传统的家训文化有其自身存在与发展的合理性与必然性。家训教化、家规族训和家风陶冶等家文化对传统社会家族的生存发展具有重要作用。家风主要是通过长辈对晚辈的言传身教、耳濡目染等潜移默化的熏陶获得最初的道德认知。在长期的生活实践中,古人逐渐意识到,一个家庭或家族越是重视家训、家风,就会愈加繁盛;反之,就会衰落甚至消亡。特别是家风的好坏,关系到一个家庭在社会上的声誉和地位,因而直接影响家庭成员的成长和发展。正如《周易》所谓"积善之家,必有余庆;积不善之家,必有余殃"[1];《尚书》亦云:"作善降之百祥,作不善降之百殃",此亦被《郑氏规范》称为"此实守家成败之符也"。

总体而言,传统家训、家风在血缘家族中的主要功能主要体现在如下几方面:

第一,有序。亦即家训、家风有利于形成和谐稳定的家庭生活秩序。古人重视家训、家礼以及优秀家风的传承,体现出一种重视建立良好家庭秩序的精神或追求。毫无疑问,良好的家训、家风能够调解家庭矛盾,进而维护社会秩序的稳定,乃至促进社会和谐,这也是我国传统社会"家国同构"、"家国一体"的必然逻辑和内在诉求。因为在社会不安定的时候或"王法"管辖不到的地方,家训便能够发挥其协调家庭关系,进而稳定社会秩序的重要作用。因此,可以说,家庭或家族的正常有序运转,乃是社会赖以存在和发展的重要条件。在当代社会,优秀家风所涵养和展现的伦理精神与道德风貌仍旧是夯实社会伦理道德大厦之根基。并且,家训、家教与家风乃是相辅相成的统一整体,优秀家风的传承使得家训、家教成效得以外显。因此,构建当代优秀家风既是实现家庭和睦的关键所在,也是营造和谐、安定社会环境的先决条件。

---

① 《周易·坤·文言》。

第二,培德。亦即良好的家训、家风有利于家庭成员遵循伦理纲常和培养、树立良好的道德情操,因此,它对于个人的修身发挥着重要作用。换言之,修身旨在提升家庭成员个体的道德修养,这已然成为传统家训的主要目的和基本内容。毋庸置疑,家训及其所传承的家风,其首要任务或根本宗旨即在于树德,其中既包括人格道德、思想品行,也包括伦理关系和行为规范等。儒家认为,一个仁人君子只有先做到"修身齐家",将来才有可能实现"治国平天下"的远大抱负。正如《礼记·大学》所一再表明的,"身修而后家齐,家齐而后国治,国治而后天下平"。由此可见,通过树德而修身的极端重要性,因而树德也自然成为传统家训的主要功能或重要作用之体现。因此,"传统家训虽然涉及领域极其广泛,但核心始终是围绕治家教子、修身做人展开的。"①

第三,续嗣。亦即良好的家训、家风有利于延续家族的血脉,使之代代相传,绵延不断。众所周知,传统社会的家庭结构是以父家长制为主体的宗法制结构。宗法制家庭、家族的特点,就是家庭或家族主要通过立子立嫡的继承法来传宗接代,并保证家族血统的相对纯正。在此过程中,家训就是达到家庭、家族得以代代延续的文化基础或保障。而对于一个家族而言,婚姻则是使家族得以延续不可或缺的先决条件。因此,古人认为,"昏礼者,将合二姓之好,上以事宗庙,而下以济后世也,故君子重之。"②亦即只有通过男女缔结婚姻关系,才能上承先祖,下传后世,延续香火,使本家族得以延续。譬如,《郑氏规范》第七十五条即明确要求"娶媳须以嗣亲(嗣亲即繁衍子孙——引者注)为重";第九十三条又规定"宗人无子,实坠(坠即断绝——引者注)厥祀,当择亲近者为继立之,更少资之"。可见,良好的家训、家风主要是通过维护以婚姻为手段的家族关系来达到续嗣目的的,进而尽可能保证本家族香火不断,以至长盛不衰。

---

① 陈延斌:《论传统家训文化与我国家庭道德建设》,《道德与文明》1996 年第 5 期。
② 《礼记·昏义》。

综上,笔者认为,我国古老的家训文化,其发展可谓源远流长。在传统社会虽几经辗转、历尽曲折和沧桑,但在当下仍旧历久弥新,其所承载和体现的历史与现实功能依然具有重要作用,并对当代中国家庭的道德建设具有一定的参考和借鉴价值。毫无疑问,家风是社会风气的重要组成部分,家庭不只是人们栖身之所,更是人们心灵的归宿和港湾。家风好坏直接关系到家道兴衰、社会稳定繁荣与否。因此,广大家庭都要弘扬优良家风,以千千万万家庭的优良家风支撑起全社会的良好风气。

总体而言,优秀传统家训、家风是我国家庭文化的精髓,它集中体现了中华民族自古以来所基本遵循的家庭伦理秩序、道德风貌和文化风范等。古代家训、家风将宣扬和践行传统价值观平民化,将家庭道德教育实用化,体现出中国传统社会所特有的价值观教育形式,并经历史证明是十分有效的。因此,当前在培育和弘扬社会主义核心价值观的进程中,传承和构建优秀家训、家风这一独特的价值观教育形式,依然具有一定的现实可行性以及实现其现代价值转换的紧迫性与必要性。

二、家训、家风与家族盛衰"周期律"[①]

不论是自然科学研究还是人文社会科学研究,均始终致力于规律性的探索和总结,即在纷繁复杂的自然界或社会生活中寻求其中存在的必然的、本质的、稳定的、反复出现的联系。而周期律作为规律的一种,其表现形式亦成为自然科学研究与人文科学研究的重要命题。所谓"周期律",顾名思义就是以周期性为标志的变换规律,即在循环往复的过程中呈现出的规律性、周期性的现象。这一命题在自然科学领域得到了广泛的关注与探讨——著名化学家门

---

① 本节主要内容,杨威、张金秋曾以《家训、家风视阈下中国传统家族盛衰周期律刍议》为题,发表于《孔子研究》2017 年第 5 期。

捷列夫发现元素周期律①标志着化学系统化里程碑的确立;在数学领域中,周期性函数②的发现解决了学界诸多难题;在地理学领域中,太阳黑子运动周期性③的发现使人们得以更为科学、系统地认识气候的变化规律;等等。在人文社会科学领域中,有关周期律的探讨亦层出不穷——不论是对于商业周期④(亦称经济周期、景气循环)的探讨,还是对"积累莫返之害"(黄宗羲语)的黄宗羲定律⑤的揭示,等等,无一不体现着复杂的社会系统中呈现出来的周期规律。基于以上枚举我们不难发现,对于周期律的揭示有利于挖掘影响这一规律变化的基础变量。本书通过对中国传统社会家族盛衰的考察,类比分析王朝兴亡与家族盛衰的本质共通性,并基于家训、家风的独特视角,力图发掘影响家族盛衰周期律的基本要素,以期为当代家教、家风建设提供可资借鉴的致思路向。

在此需要说明的是:其一,"家国同构"乃是中国传统封建社会的基本特征,因而王朝更迭与家族盛衰具有本质共通性,据此本书将对封建王朝兴亡周期律与传统家族盛衰周期律进行类比分析;其二,本书所探讨的家训、家风与家族盛衰规律的一个重要前提是:应排除家族盛衰的或然事件(如政权更迭等社会环境变迁、发生自然灾害等不可抗力因素)的影响,单纯从家训、家风的视角揭示家族盛衰周期性的本质规律。

---

① 指元素的性质随着元素的原子序数即原子核外电子数或核电荷数的递增呈周期性变化的规律。

② 对于函数 $y=f(x)$,如果存在一个不为零的常数 T,使得当 x 取定义域内的每一个值时,$f(x+t)=f(x)$ 都成立,那么就把函数 $y=f(x)$ 叫作周期函数。

③ 太阳黑子的数量会在大致 11 年内持续增长,随后又在大致 11 年中逐渐减少。

④ 指经济运行中周期性出现的经济扩张与经济紧缩交替更迭、循环往复的一种现象,是国民总产出、总收入和总就业的波动,是国民收入或总体经济活动扩张与紧缩的交替或周期性波动变化。

⑤ 所谓"黄宗羲定律",是由清华大学历史系教授秦晖依据黄宗羲的观点而总结出来的规律:历史上的税费改革不止一次,但每次税费改革后,由于当时社会政治环境的局限性,农民负担在下降一段时间后又涨到一个比改革前更高的水平。

（一）传统社会"家国同构"下的王朝兴亡与家族盛衰

1."家国同构"是王朝兴亡与家族盛衰具有本质共通性之根源

"家国同构"是中国传统社会的基本特征之一,在以血缘为纽带的前提下,"家"与"国"的关系便紧密地联系起来,这也是中国传统社会王朝兴亡与家族盛衰具有本质共通性的根源或核心因素。

首先,从家族构成要素来看,处于统治地位的帝王家族自身就如同传统社会中所存在的千千万万家族的镜面反射一般,与其他家族具有共同的基本特征,这主要表现在:其一,从组织形式上来看,帝王家族作为封建社会中所固有的社会组织形式,其本身即是血缘共同体,因而具有与其他家族相同的以血缘为纽带的家族关系;其二,从成员构成上来看,中国传统社会家族成员的构成具有鲜明的等级差别,"男尊女卑"、"长幼有序"等均说明了这一点。其主要是源于千百年来儒家思想中所尊崇的"礼"文化,这对帝王家族的影响尤为深远。帝王权威的至高无上性决定了其处于权力金字塔的顶端,其他家族成员的等级依然有序分明——不论是储君与其他皇子间的关系,还是皇后、妃、嫔间的关系都体现着帝王家族内部的等级制度。

其次,从家族文化方面来看,中国传统社会家族文化是统治阶级文化的衍生品。帝王家族的文化引导并催生了臣民家族的文化,家训、家风以及家法族规就是典型的代表,臣民的家训、家风多源于对帝王家训的效仿。与此同时,这些家族始终寄希望于在该王朝的统治下能够得以繁荣发展,因而其规训的内容也无处不彰显着统治阶级的意志,并随皇帝话语、政策制度的变更而不断变化。这些家族的家训、家风更着力于对家族成员行为的规范,其主要内容包含了如何为人、为学、处世等诸多方面。帝王的家族文化中虽然具有更为浓厚的政治色彩,如《尚书》中所记载的有关周武王对其弟康叔所言的《康诰》、《酒诰》《梓材》，以及刘邦的《手敕太子文》等，但也仍然注重对于家族成员道德上的引导与约束，《尚书》中的《无逸》即是一个典型的代表。因而我们不难发现，帝王作为家族中的父、兄，其对于子孙后代、旁氏兄弟的引导与训诫同社会中其他家族一样，具有鲜明的家族文化特征。

最后，从家族管理模式的角度来看，主要表现在两个层面：其一，就宏观角度而言，在传统社会中，帝王与臣民的关系就如同父、兄与子、弟的关系，臣民对于帝王的忠诚就如同子、弟对于父、兄的孝、悌，而国家的法律就如同家族中的家法族规；其二，从微观角度来看，帝王家族内部与臣民家族内部，其管理模式也具有一致性。在此，笔者试图通过建构中国传统社会"家国同构"模型（见图1）来说明上述观点。

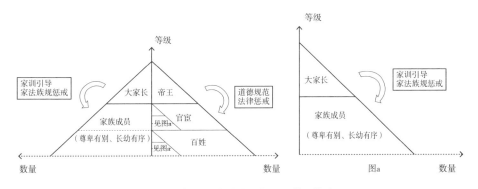

图 1　中国传统社会"家国同构"模型

如图1所示，在中国传统社会"家国同构"模型中，纵轴代表等级，向上为正，横轴代表数量，从中间向两侧为正，左侧是家族、宗族治理模式，右侧为国家治理模式。从图中可见，传统社会中的等级模式为"帝土—官宦—百姓"，家庭等级模式为"大家长—家族成员"。上述等级模式均根据尊卑有别、长幼有序的原则进行内部等级划分，不同的家族或宗族虽有些许个体差异，但在本质上是一致的。在国家治理模式中，帝王相当于家族中的大家长，等级最高也意味着具有最高权威，官宦与百姓相当于家庭中的家庭成员，他们之间等级区分鲜明;在家族治理中,大家长通过口头或书面的规范、训诫对家族成员进行引导与约束,并且,随着时代的发展家法族规应运而生。而帝王则借助于社会道德规范来对官宦、百姓加以引导,并通过制定法律进行惩戒。可见,在家族治理模式之中,不论是帝王、官宦还是百姓都有自己所在的家族,且均符合图a中的管理模式,故而,传统社会中国家治理模式与家族治理模式具有一致性。基于以上论述我们不难发现,"家国同构"这一基本特征是构成王朝兴亡与家族盛衰具有本质共通性的根本原因。

2. 周期律具体呈现王朝兴亡与家族盛衰所具有的本质共通性

自国家建立以来,人们对于自身命运的探讨屡见不鲜,对于历史兴亡周期律的探讨亦比比皆是——或是战国时期邹衍的"五德始终"说①,或是西汉司马迁所言"三王(夏、商、周)之道若循环"②,无疑都是对历史兴亡问题的反思与探讨。迨及中国近现代,著名爱国主义者和民主主义教育家黄炎培在《八十年来·延安归来》一书中,更是明确地提出历史周期律这一命题。他引用《左传·庄公十一年》的话指出:

> "其兴也勃焉,其亡也忽焉",一人,一家,一团体,一地方,乃至一国,不少单位都没有跳出这周期律(应为'律',引者注。下同)的支配力。……一部历史"政怠宦成"的也有,"人亡政息"的也有,"求荣取辱"的也有。总之没有能跳出这周期律。③

诚然,毛泽东时代的中国业已发现打破历史兴亡周期律的民主新路,新时代对于这一问题的重提更意味着对于该路径的坚守。但"以铜为镜,可以正

---

① 战国时期阴阳家邹衍的历史观。"五德终始"指土、木、金、火、水这五种性能从始到终、终而复始地循环运动,邹衍以此作为历史变迁、王朝更替的根据。
② (汉)司马迁:《史记·高祖本纪》。
③ 黄炎培:《八十年来·延安归来》,文史资料出版社1982年版,第148—149页。

衣冠;以古为鉴,可以知兴替;以人为镜,可以明得失。"①因而在"家国同构"的前提下,以家训、家风为视角深入挖掘中国传统社会的王朝兴亡周期律与家族盛衰周期律的本质共通性,对于当代传承家训文化、树立优良家风仍大有裨益。

首先,何为历史兴亡周期律? 对于这一问题的考察从古至今不胜枚举,但大多局限于历史观视阈的考察。笔者认为,中国传统社会历史兴亡周期律主要包含两个层面的含义。其一,纵观中国传统社会发展历程,可归纳出王朝以"建立—发展—灭亡—建立—发展—灭亡……"为公式的发展周期,即新王朝的建立不断取代旧的王朝统治,但却始终不能打破被取代的怪圈(见图2)。通过对历史文献进行一番梳理不难发现,自夏朝建立(约公元前 21 世纪)到清朝灭亡(1912 年),华夏大地上共历二十四朝(入主中原),有史料记载的王朝总计六十五个。就统治时长的角度而言,这些王朝中有如同秦王朝(前221—前206 年)二世而亡、后汉(947—951 年)五年而折的若干短命王朝,也有绵延八百余年的周王朝(前 11 世纪中期—前 256 年)与四百余年的汉王朝(前 202—公元 220 年)。但不论统治时间的长短,最终都逃脱不了被新王朝所取代的命运。就王朝统治的繁荣程度而言,有如同唐代贞观之治的大发展、大繁荣,也有如同弘治中兴时代的承平安定,但最终都不能解决社会的根本矛盾。于是,暴力革命充当了缓解矛盾的唯一途径,因而灭亡与新立便成为封建王朝无法更改的定律。其二,系统考察每一个王朝的发展情况,可归纳出这些王朝基本符合以"建立—兴盛—混乱—中兴……—灭亡"为公式的生命周期,即每一个王朝的生命过程都大体遵循:建立之初,礼、法制度初步形成,君臣一心,大多可使得国家繁盛;但历时之久,或君或臣,便惰性发作,由少至多,朝政败坏,纵有少数之君致力振兴,虽鲜有中兴之主,但大多无力回天,最终难逃灭

---

① (唐)吴兢:《贞观政要·君道》。

亡的命运(见图3)。在该模型中,我们不难发现,A 代表王朝建立之初,此时百废待兴;B 代表该王朝的发展步入鼎盛时期,一般便出现了所谓××盛世、××之治;C 代表王朝鼎盛时期过后所陷入的低谷期;D 代表少数致力于振兴的中兴之主;E 代表王朝的灭亡。同时,在图 3 中,①③代表着王朝正发展阶段,而②④则代表着王朝的负发展(衰退)阶段。对于这一模型的解读,有利于本书后续将王朝生命周期与帝王家族的兴衰周期系统地联系起来加以研究。需要说明的是:其一,在中国传统社会中有诸多仅存在不足几十年的短命王朝,在这类王朝中大多未曾出现盛世,但也大体上符合"建立—发展—灭亡"的模型结构。其二,在中国传统社会中有些王朝多次出现了盛世、中兴之态,但每次进入盛世、中兴之前都需要经历正发展的过程,而在盛世、中兴之后又将不断衰退并伴随步入低谷状态。因此,不论是多次出现盛世的王朝还是未曾进入过盛世的王朝,其生命周期基本上都以该模型为表征。

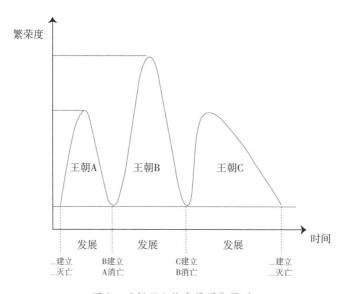

图 2　王朝兴亡的发展周期模型

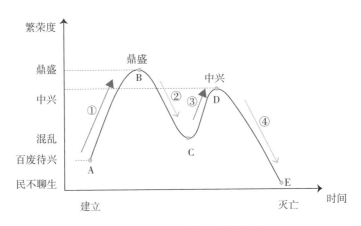

图 3 王朝兴亡的生命周期模型

其次,何为家族盛衰周期律?《礼记·大学》云:"欲治其国者,先齐其家"也说明了传统社会"家国同构"下家族盛衰与王朝兴亡之间本质的、必然的联系。因而,基于对王朝兴亡周期律的基本考察,有利于我们较为准确地把握家族盛衰周期律。在中国传统社会中,不论是"天子—诸侯—卿、大夫—士"的等级序列,还是"士、农、工、商"的阶层划分,无一不体现着鲜明的等级制度。家族作为社会组织形式之一固然也有鲜明的等级色彩,但其所呈现的盛衰周期律却不尽相同。具体而言:其一,帝王家族盛衰周期律。于帝王家族而言,其盛衰周期与王朝兴亡具有一致性,但王朝兴衰相较于帝王家族盛衰而言相对落后,但整体趋势相同。中国传统社会的宗法制度、联姻制度等决定了统治阶级间的家族关系,因而帝王家族是王朝统治阶级的基本组成单元。朝中的主要大臣与皇族间大多具有一定的姻缘或血缘关系,加之以"君权神授"为核心的封建文化所赋予的帝王家族不可侵犯的神圣权威与不可撼动的统治地位,使得帝王家族的盛衰直接影响到国家治理的好坏。甚至可以说,帝王家兴则国兴,帝王家衰则国衰,而影响帝王家族盛衰的根本因素则是帝王家风。纵观中国历史发展,帝王家族大多重视家风建设,因而帝训比比皆是,或是"勿以恶小而为之,勿以善小而不为。惟德惟贤,能服于人"(刘备语)的《敕后主辞》,或是"志之所趋,无远不届;志之所向,无坚不入"(爱新觉罗·玄烨语)的《圣祖庭训格言》;等等,都反映出帝王对于家风建设的重视。

在此,我们以颇具代表性的李唐王朝为例:李唐王朝的统治在中国历史上具有划时代意义,政治、经济、文化、军事等各个方面的发展都是空前繁荣的,但也曾因不守帝训、礼乐崩坏而一度陷入混乱。贞观之治更是空前繁荣的唐王朝最为鼎盛的时期,这一时期"官吏多自清谨,王公妃主之家,大姓豪猾之伍,无敢侵欺细人。商旅野次,无复盗贼,囹圄常空,去年犯死者仅二十九人。又频致丰稔,米斗三钱,马牛布野,外户不闭,行旅自京师至于岭表,自山东至于沧海,皆不赍粮,取给于路。入山东村落,行客经过者,必厚加供待,或发时有赠遗。"①不论是古之帝王明宪宗朱见深,还是近代西方大哲马克斯·韦伯(Max Weber)都对此给予高度评价。这种古昔未有的盛世王朝离不开唐太宗李世民所树立的帝王家风。李世民在《帝范》中对于自己一生的为君之道进行了总结与概括,在赐予子孙时,再三嘱托:"饬躬阐政之道,皆在其中,朕一旦不讳,更无所言。"②而唐高宗李治对于《帝范》的遵守,也助其承先帝遗风,开创永徽之治。这一时期的李氏家族亦可谓家风优良,人丁兴旺。然而,好景不长,武周代唐、韦后当朝,弃先王训诫,以致手足相残,导致礼崩乐坏,这便使得唐王朝一度陷入混乱之局。后来,直到唐玄宗登基,效仿贞观、永徽时期的君主,励精图治,选贤任能,方使得政治清明、经济繁荣、百姓安居,再创开元盛世,"玄宗以大孝清内,以无为理外,大宛骥录,岁充内厩,与贰师之穷兵黩武,岂同年哉!"③唐王朝后期所经历的混乱与中兴如图4所示。纵观中国王朝历史,不难发现,每当提及亡国之君,多冠之以违背祖训、纨绔暴虐之恶名;而每当提及盛世之主,多冠之以勤政、纳贤、节约之美名,因而帝王家族盛衰与王朝

① (唐)吴兢:《贞观政要》卷一《政体第二》。
② (唐)李世民:《帝范》。
③ 《旧唐书》卷一百三十八。

兴亡具有一致性。

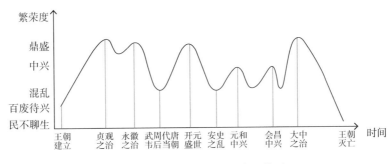

图 4 唐代帝王家族李氏发展模型

其二,官宦和庶民家族兴衰周期律。相较于帝王家族而言,中国传统社会的官宦和庶民家族主要包含书香门第、仕宦之家、平民家族、商贾世家等等。以"男耕女织"为特征的自给自足的农耕经济催生了"重农抑商"、"重本抑末"的政策,并由此形成了"士、农、工、商"的阶层分化,书香门第、仕宦之家、平民家族、商贾世家等家族也便应运而生。这里需要说明的是,中国传统社会中始终倡导"学而优则仕",加之隋唐以降,以科举制为核心的选官制度盛行,使得书香门第与仕宦之家大多具有很强的相关性。毋庸置疑,纵观中国传统社会,不论是书香门第、仕宦之家还是商贾世家等家族的发展都始终不能打破盛衰周期律,即每个家族都会经历"产生—发展—鼎盛—落寞"的生命周期。若排除诸如战争、灾害等不可抗力的因素外,究其根本主要还是缘于家风、家训的影响。

(一) 家训、家风视阈下影响中国传统家族盛衰的主要因素探析

前文对于家族盛衰周期律进行了较为详尽的阐述,旨在探讨影响家族盛衰的主要因素。首先,对于以"家国同构"为表征的中国传统社会而言,家长制是家族治理的基本模式,因而作为家族的核心成员,大家长在家族成员中的

权威不容忽视,其所具有的率先垂范作用是影响家族盛衰的首要因素;其次,家训文化是由诸多相互联系、相互影响的要素所构成的系统,它对于家族成员的影响是潜移默化、深远持久的,因而家族成员对于家训系统中各个要素的实践,是影响家族盛衰的重要因素;最后,与时俱进是家训文化的基本特征,因而家训文化并非一成不变,而是随着政治、经济制度的变迁,以及统治阶级意识形态的变化而不断推陈出新,故而家训系统中的各个要素也应因时、因地而不断发展变化。总之,坚持优秀家训文化的传承,是对于"本来"的一脉相承;坚持家训文化的与时俱进,是对于"未来"的积极进取。因此,传承并发展家训文化是影响家族盛衰的重要环节。

1. 家族核心成员的权威与率先垂范

家族核心成员,顾名思义即在家族内部具有重要或特殊地位的成员,换言之,即为家族发展的关键人物。而在中国传统家族中,所谓核心成员主要是指大家长或族长。大家长或族长无疑是家长制的产物,是血缘纽带下利益关系的协调者,家族风气的引导者。路易斯·亨利·摩尔根(Lewis Henry Morgan)在其著作《古代社会》中,深入探讨了古代社会中人类团体发展的过程,即"氏族—胞族—部落—部落联盟—民族、国家"。而家长制主要产生于父权氏族社会,是家长具有绝对权威与权力的家庭治理模式。在中国,家长制贯穿于传统社会之始终,其产生及发展先后经历了三个阶段:一是萌芽阶段,即夏商周时期。这一时期的生产力相对低下,以井田制为核心的经济制度使得家族内部需要通过协作以实现利益共赢,因而调节协作关系的家族核心成员便应运而生了。与此同时,以血缘为纽带的宗法制度的出现,系统地规定了家族成员间的政治隶属关系与家族等级关系,家长权威随之萌芽。二是初始阶段,即春秋战国时期。随着生产力发展水平的提高以及私有制的出现,井田制与世卿世禄制逐步瓦解,以家庭为单位的农耕经济开始确立,家庭成员间的人身依附关系得以增强,家长权威也随之确立。三是发展完善阶段,即魏晋南北朝至明清时期。这一时期的农耕经济稳定,政治制度趋同,因而家族发展也具有相对稳定性。家长在家族中的权威得到了进一步的巩固与加强,转而成为家训、家法族规的"制订者"与"审判官"。值得一提的是,民国时期对于大家长的家族权威与垂范作用仍十分看重,诸如《民法·亲属》第 1123 条中即规定:"家置家长。同家之人,除家长外,均为亲属。家务由家长管理。"综上可以看出,家长制是传统中国家族治理的重要组成部分,因而也是影响家族盛衰的重要一环。

纵观中国家族发展史,不难发现,大家长在一个家族中具有举足轻重的地位。这主要是因为其在家族治理中始终掌控着绝对权力,并代表着最高权威。不论是"家无二主,尊无二上"①,还是"父,至尊也"②都说明了这一点。首先,在经济上,"父母存……不有私财"③,"凡为人子者,毋得蓄私财。俸禄及田宅收入,尽归于父母,当用则请而用之,不敢私假(借),不敢私与"④,充分说明了大家长掌握着家族经济的实际操控权,并具有绝对的财产占有权。而经济上的绝对占有和操控不仅是维系家长制的物质基础,更等同于握紧了每一个家族成员乃至整个家族的经济命脉。由此可见,大家长具有影响家族兴衰荣辱的决定性力量。其次,在思想上,孝文化是中国传统文化中极为重要的组成部分,不论是"凡诸卑幼,事无大小,毋得专行,必咨禀于家长"(朱熹:《朱子家礼》),还是"事父母几谏,见志不从,又敬不违,劳而不怨"(《论语·里仁》),等等,都为家长权威提供了强有力的伦理支撑。加之大家长始终掌握着家训、家法族规内容的修订权、实施的监督权,因而大家长又成为影响家族

① 《礼记·坊记》。
② 《礼记·丧服传》。
③ 《礼记·曲礼》。
④ (宋)司马光:《涑水家仪》。

成员思想的核心人物。在这种思想权威的倚仗下,大家长从思想上掌控着家族成员,直接或间接地引导着每一个家族成员乃至整个家族的发展走向和思想定位。由此亦可看出,大家长具有影响家族兴衰荣辱的决定性力量。最后,在行为上,家族成员从"识人颜色"(颜之推)起即开始效仿大家长的一言一行,从机械模仿到内化于心、外化于行,为人处世、待人接物不无带有大家长的影子。晋人杨泉曾言"上不正,下参差"①,由此产生的俗语"上梁不正下梁歪"直至今日仍广为流传,这充分体现了大家长的权威与率先垂范作用在家族发展中的重要意义。若大家长仅从思想上灌输家训内容,而不身体力行、率先垂范,对家族成员的影响就会事倍功半;若大家长能够言行合一、率先垂范,则是提纲挈领、事半功倍。相反,若大家长言行不一,家族成员只会上行下效,家族的衰败也就为期不远矣。因而,家族核心成员不仅是凝聚一家一族的中坚力量,更是决定家族兴衰荣辱的首要因素,其权威与率先垂范作用在传统家族治理中的意义由此可见一斑。

2. 家族成员对家训文化的系统实践

何为系统实践(System Practice)? 在此,本书主要强调的是系统对于实践的要求。首先,我们应当探讨何为系统(System)? 系统一词源于古希腊,其大意为:由部分而构成的整体,但相对于整体而言,系统内部的要素间具有稳定的联系,并相互影响、相互作用。一般系统论(普通系统论)的创始人贝塔朗菲(Bertalanffy)阐释了系统的定义与内涵。他认为,所谓"系统"即是一个综合体,而构成这一综合体的则是相互联系、相互作用的诸多元素。② 故此,对于家训文化而言,其本身即是一个系统。该系统中的要素构成因家族不同而

---

① (晋)杨泉:《物理论》。

② 参见[美]冯·贝塔朗菲:《一般系统论:基础、发展和应用》,林康义、魏宏森等译,清华大学出版社1987年版。

有所变化,但在整体上则呈现出共同的状态,这种状态我们称之为家风。其次,何为实践? 恩格斯在《英国状况·十八世纪》中指出,"文明是实践的事情"①。因此,家训文化作为中华文明的重要组成部分,在家族的生活实践中产生、发展,同时也指导着家族成员的具体实践。综上所述,所谓对于家训文化的系统实践,即是强调家族成员应当以家训文化系统中的各个要素为指导而进行日常的行为活动。具体而言,有如下两点:

首先,从家训教化系统来看,不同家族的家训教化具有不同的表征。其一,构成要素。不同家族家训系统的构成要素不尽相同,但却始终围绕着修身、处世、为学、治家等方面而展开。诸如以治家、风操、勉学等为内容的《颜氏家训》,以和、衡、信、需、均、真、义、正为思想内核的徽商家训,等等。这些家族之所以能够经久不衰,可以说也得益于家训内容本身的系统化与全面化。因而,将家训内容条理化、系统化,使之形成一个适用于整个家族道德上、精神上的价值体系是影响整个家族盛衰的重要因素。其二,家风类型。不同家族的家训文化孕育了不同的家风,而家风即是其家训文化的总体表征。不论是"克勤克俭,虽愚好读"的无锡钱氏家族,还是"稳健谨慎,实业救国"的无锡荣氏家族,都是因为家训系统中的要素不同,而呈现出不同的家风。

其次,从系统实践的角度而言,对于家训文化的践行有利于家族的长盛不衰。这主要是因为,家训文化系统中的要素间具有紧密的联系,因而在实践中对于一个要素的轻忽,将直接影响到家训实践的整体效果,正所谓"牵一发而动全身"。因而,对于家训文化的系统实践即是强调实践的全面性与整体性,不能顾此失彼,也不能统而不深。

最后,对于家训文化的系统实践,其本质就是要做到"知行合一"。所谓"知"即是家族成员对于家族内部的家训文化系统及系统中的要素,有全面而

---

① 《马克思恩格斯全集》第3卷,人民出版社2002年版,第536页。

深入的认知;所谓"行"即是以家训文化中的规范为尺度,并将其运用于人伦日用之中,做到落细、落小、落实。只有真正做到"知行合一",才能将家训的价值最大化;只有真正做到系统实践,才能使家族永葆活力。相反,假如家训的内容杂乱无章,教化没有系统,就会致使家族成员各行其是、言而不行,不仅难以形成共同的家风,更会导致整个家族陷入破败的境地。由此可见,家族成员对家训文化的系统实践是影响传统家族兴衰荣辱的重要环节。

3. 家族成员对家训文化的传承与发展

不忘根本,才能更有底气面向未来;善于继承,才能更好地开拓创新。对于优秀家训文化的坚守,是家族成员"不忘本来"的薪火相传;对于传统家训文化的推陈出新,是家族成员"开辟未来"的与时俱进。中华优秀传统文化在漫长的历史长河中产生,并随着时代的变迁而不断革故鼎新。不论是先秦子学中的儒、墨、道、法等诸子百家,还是宋明理学中的程朱、陆王学派,它们都是在承继传统的基础上不断纳新、布新,才形成了血脉鲜明的中华文化传统。而与此相应,其中的家训文化亦然。传统家训文化是中华优秀传统文化中不可缺失的重要组成部分,是家与国连接的桥梁。家族成员只有坚守和传承优秀家训文化,才能培育和传承优秀家风;只有不断促进家训文化与时代发展相适应,才能使之立于不败之地。

从文化传承的角度而言,传承不仅仅是对于家训思想内容的保留,更是对于优良家风的延续。首先,传统家训文化只有秉持儒家思想的主导精神,薪火相传,代代守护,久久为功,才能避免家族衰败。这主要是因为自汉代董仲舒提出"罢黜百家,独尊儒术"[①]以来,儒学始终是中国传统社会的主流意识形态,是统治阶级进行思想统治的工具,而家训文化则是主流意识形态的传播

① 《汉书·董仲舒传》。

者,其内容一直坚守儒家思想传统。其次,家训文化中所蕴含的价值理念、行为准则等是家族历代先贤智慧的结晶,其中所展现的处世之道、为学之法、入仕哲学等等,均有利于指导家族成员的具体实践,因而对于家训文化中合理内核的传承与发扬,有利于永葆优良家风。惟其如此,才能使家族固本培元,保持经久不衰。

从文化发展的角度而言,所谓发展不是对于过去的否定,而是在传统家训文化基础上的协调与升华。首先,家训文化的发展应始终与社会制度相适应。在中国传统社会,自给自足的农耕经济、专制集权的政治制度未曾改变。但是,不同的王朝、不同的时期其具体政策亦有所不同,比如土地制度的变革使人身依附关系发生变更,家训文化中的具体内涵也会随之而改变,以应对新变化所带来的新问题。其次,家训文化的发展应与阶层定位相适应。"士—农—工—商"是中国古代阶层划分的主要类别,但不同家族的社会阶层亦不尽相同,故而其家训内容也应随家族的定位而不断进行适度调整,诸如官宦之家——戒以廉,书香门第——勉于学,商贾世家——重诚信,等等。

从文化创新的角度而言,传统家训文化作为儒家思想文化的派生品,其传承与发展实质上只是稳定的延续,是"我注六经"而非"六经注我"(陆九渊语),坚守多于创造。首先,从家训发展的形式上来看,家训文化经历了从口头训诫到建章立制的变迁,但其所承担的对于家族成员的规训与引导的作用未曾改变;其次,从家训系统的内容上来看,其倡导立德、修身、勤学等核心内容未曾改变,归根结底当然是由于这些家训思想符合家族发展的需要与统治阶级的要求。这里需要说明的是:由于不同时期特定的经济政策、政治制度等互不相同,使得部分家训内容也存在一定的变通,并根据具体情况进行灵活的调整和必要的修正。举例言之,明清时期商人团体的出现,使得商人地位相对提升,这一时期的家训中便出现了允许子孙经商、结交商贾友人的相关条目。与此同时,在这一时期,商贾世家兴起,因而也出现了推动商贾世家长足发展的特殊家训。这些家训从立志修身、遵守经商道德、掌握商业技巧等多个方面系统阐述了商贾家族的行为准则与处世方法。譬如清代王秉元所著的《生意世事初阶》，即是对乾隆时期江南商贾世家的经营智慧的概括与总结。不可否认，这些家训、家风在特定的历史时期也推动了商贾家族的繁荣发展，譬如山西榆次富商常氏家族即是这一时期的典型代表，其恪守"吾家世资商业为生计"的祖训。家族成员常万杞所创立的"十大德"、常万达所创立的"十大玉"上号，都成为晋商中亮丽的一笔。基于以上论述不难发现，这些现象的出现并非家训文化的真正创新，不过是各个家族为保持自身的繁盛，在秉持国家主流意识形态的同时，基于家族实际情况而作出的适度调整与新立。但毋庸置疑的是，家训文化的薪火相传与审时度势的剔旧布新乃是影响家族盛衰的重要环节。

（三）家训、家风文化视阈下打破家族盛衰周期律之路径①

毫无疑问，当代中国业已打破历史兴亡周期律。我们之所以仍然属意于这一问题的探讨，其目的即在于挖掘影响历史兴亡周期律的基本要素，并运用马克思主义的批判精神，为当代中国社会的繁荣与发展提供可资借鉴的参考。针对这一问题，党中央在"四个全面"中进行了明确的阐述，"全面从严治党"、"民心向背定兴亡"等等都是保持国家繁荣昌盛的时代新路。为此，我们应当基于传统，反思传统，并以史为鉴，探索出一条打破当代家族盛衰周期律的新路径。

1.不忘初心：树立家训文化自信，纠正"被调节"的理想信念

近年来，不可否认，当代中国道德失范、道德滑坡事件屡见不鲜，或是冠以

---

① 本目杨威、张金秋曾以《新时代家训、家风建构新向度》为题，发表于《重庆社会科学》2020 年第 2 期。

"亚文化"之名的公众人物吸毒事件,或是盲目追求"一搏必胜"、"一夜暴富"的价值错位等等。究其原因,一些西方媒体甚至妄言这是由于中国人本身的信念(faith)缺失造成的。但笔者认为,当代中国并非缺少理想信念,而是理想信念受到了诸多因素的影响,或是源于对西方价值观念的盲目推崇,或是源于对传统价值观念的一味否定,但在多元价值观念并存的当代社会究其根本则是由于文化自信的缺失。中华文化源远流长,是五千年来无数先贤智慧的结晶,她不仅奠定了传统家训文化的根基,更是中华民族的"根"与"魂"。家训文化作为传统文化的基础和重要组成部分,在家庭德育中所发挥的作用不容忽视亦无可替代。尽管随着近代新型家庭的产生,传统家族的生活模式已不再适用,但传统家训文化中的思想精髓于当代而言仍大有裨益。其或是"内圣外王"的价值追求,或是"修身、齐家、治国、平天下"的理想抱负,抑或是"忠贞不渝"的道德情操,等等,都是传统家训文化中所蕴含的优秀的思想精华,它始终影响着炎黄子孙的为人、为学、处世等各个方面。树立当代家训文化自信,不是空穴来风,是源于中华民族延续数千年之久的治家之道;重塑当代新型家风,不是纸上谈兵,是致力于家国和合、知行合一的共同努力。

毋庸讳言,追求理想信念过去常被一些人作为空洞的、形式主义的口号,而忽视其中所蕴含的文化价值与文化功能。究其根本,理想信念源于实践,并为实践所检验,它是对于未来可能实现的向往与追求的坚定不移、身体力行的精神状态,它最大的现实功用就是为人们提供了一个道德标准和尺度以供参考和实践,并在历史演进和社会发展中逐渐成为一种价值理念和文化传统。中国人的理想信念首先是源于绵延千年的优秀传统文化的滋养,并始终与时俱进,在马克思主义的指导下,形成了具有中国特色的文化机制与理念。诚然,在价值多元的大数据时代,我们面对来自不同国家、不同地域的文化价值观念,理想信念不可避免地也会随之被不断调节,但那些融入我们骨髓中的精神命脉却从未改变。理想信念不仅仅是对于共产党人的要求,更是对于千千万万的中国人的希冀。理想信念是每个人的精神滋养,是不可轻忽的价值追求,而这种理想信念的塑造和养成离不开家庭德育。

父母是孩子的第一任老师,同时也影响着孩子的一生,因而家训、家风不仅仅是国民教育的最初环节,同时也是最终归宿。它贯穿于国民教育的始终,如同物理学中的原子一般,不可分割,但却无孔不入,家族成员也无一不受其影响。因而,全社会都要弘扬优良家风,以无数家庭的好家风带动形成全社会的好风气。在当代家风建设中,应首先着力于理想信念的树立,惟其如此,才能纠正"被调节"的理想信念。综上所论,打破家族盛衰周期律的首要环节就是要树立家训文化自觉与家训文化自信,这不仅是纠正"被调节"的理想信念的无形之手,更是实施中华优秀传统文化传承发展工程的有效助推力。这主要表现在:其一,传统家训文化中所蕴含的报国恤民、孝悌忠信、礼义廉耻等优秀的传统美德与文化精髓,为优秀传统文化的传承与发展提供了根基;其二,传统家训文化的家庭德育功能为中华优秀传统文化的家庭化、个体化提供了行之有效的媒介;其三,优秀家训文化中所孕育的文化精神传承,也是非物质文化遗产保护的重要内容;等等。

作为繁衍在华夏沃土上的农耕民族的后裔,于我们而言,家的观念是融于中国人血液中不可剥离的传统,它从未被抹去,但却有待于唤醒。正如作家毕淑敏在短文《孝心无价》中所说,"父母在,人生尚有来处;父母去,人生只剩归途。"不忘初心,是对于传统的坚守,是对于自身的肯定,是对于未来的自信。当今家庭虽已告别同居共爨的生活模式,但以血缘为纽带的家训文化的影响却可以跨越时空界限而融入家族成员的血脉之中。因而我们应该不忘初心,重拾家训文化中的优秀资源;我们应该不忘初心,纠正"被调节"的理想信念!

2. 与时俱进:重塑家国关系,消弭"社会原子化"之有害影响

孟子有云:"人有恒言,皆曰天下国家。天下之本在国,国之本在家,家之

本在身。"①在中国,自古以来"国"与"家"的关系即是密不可分的。虽然在当今社会,"家国同构"的治理模式已然不再适用,但却未曾改变人们对于"国"与"家"的传统文化认知。众所周知,不论是英语中的"Country"、"Nation"、"State",还是西班牙、葡萄牙语中的"País"、"Nación",抑或是日语中的"こっか"等等,都只是强调了"国"之含义,唯有中国人将"国"亦称为"国家"。这不仅仅源于华夏文明中的历史传统,更源于中国人所具有的特色鲜明的家国意识。正如歌曲《国家》所揭示的,"都说国很大,其实一个家","家是最小国,国是千万家",这是当代社会对于家国关系认知的具体体现。这种认知已然不再指向制度层面,而是更多地指向精神文化层面,即"家"与"国"之间所呈现出来的共同利益表征与共同价值追求。对"中国梦"的向往与追求就是其中的一个典型例证。"中国梦"即是国之梦与家之梦的统一,更是国与家的共同追求。故而,我们不能停留于说文解字层面上的"家"与"国"的密切关系,而是应当重建家国之间沟通的桥梁——家训、家风。

当下,中国社会原子化的现象层出不穷,或是因为个人与家庭之间的连接纽带发生断裂,或是因为家庭与国家之间的沟通不畅,但归根结底则是由于家训、家教和家风的缺失。所谓社会原子化(Social Atomization),主要是指人类社会联结的最为重要的机制——中间组织(Intermediate Group)的解体或缺失而产生的个体孤独、无须互动状态和道德解组、人际疏离、社会失范等社会危机。② 不难发现,社会原子化即每个人都成为了独立的个体,人与人之间缺失基本的互动模式。对于家庭而言,这种原子化的现象主要表现在家族成员间相互的斥力;对于国家而言,则主要表现在人与人之间、个人与国家之间的互斥现象。这就要求我们必须结合时代发展的需要,重建当代家训文化,重塑当代优秀家风,以期建立家国间的"目标一致"、"利益一致"与"价值一致"的新

---

① 《孟子·离娄上》。

② 参见田毅鹏:《中国社会后单位时代来临》,《社会科学报》2010 年 8 月 26 日第 3 版。

型关系。所以如此，主要是因为：其一，对于家庭内部而言，家训是对于家族成员的约束与规范，家风则是家族成员所表征出来的风气与风貌，二者既是家族成员之间的纽带，同时也是家之所以为家的源泉；其二，对于家庭与国家的关系而言，家训、家风建设旨在引导家族成员更好地处世、生活，因而可以在一定程度上解决个人利益、家族利益、国家利益之间的矛盾，并使得三者达到观念上的统一，有利于家庭和睦以及和谐社会构建。

在通过立家训、正家风借以推动家国关系重构的过程中，我们要坚持传统家训文化的与时俱进，使之在社会变迁中不断革故鼎新，进而在不同时代背景下形成特色鲜明的家训文化。追忆往昔，从帝王家训到士庶家风，从口头训诫到书面章程，无一不体现着时代的痕迹。它虽然是自给自足的农耕经济条件下的产物，但同时也是中华民族漫长的社会历史实践的产物。因而，打破家族盛衰周期律的关键即是推动传统家训文化的进步，其目的是推陈出新、古为今用，从而使之永葆生机与活力。面对大机器生产占据主导地位及大数据时代来临等为主要特征的当代社会，优秀家训文化中的思想内涵及表现形式也必然需要进行创造性转化与创新性发展，从而使自身与社会主义先进文化、市场经济、民主政治、社会治理等相互协调、相互适应。因此，我们至少要从以下两方面入手：其一，对优秀家训文化中至今仍有借鉴价值的思想内容加以改造。诸如将孔孟之道、老庄之言、申商之法、汉唐文化和宋明儒学等优秀传统文化资源中所孕育的可资借鉴的哲学思想、人文精神、道德理念等有益成分，结合当代社会之所需对其加以改造，使之成为在马克思主义指导下具有民族特色、富于生命力的社会主义先进文化的重要源泉之一。其二，对优秀家训文化中陈旧的表现形式加以改造，使之破旧出新，再放异彩。既要尊重其"之乎者也"的文字表达形式，也要促进优秀传统文化典籍的古语今说，使其易学、易懂、易用。同时，还要打破传统家训文化的博物化、文本化，使之以"活态"的样貌呈现于当代社会。让正在消失或行将消失的非物质文化遗产等传统文化元素重现生机与活力,让濒于被束之高阁的家训文化如同"旧时王谢堂前燕",以群众喜闻乐见的形式和具有广泛参与性的方式"飞入寻常百姓家"(刘禹锡诗)。

3.尚和合求大同:实现家族内部的权力平衡,减轻"病理学"利益关系重负

当前,在中国社会,"虎妈"式的教育仍然随处可见,望子成龙的家长依旧比比皆是,而由此引发的教育论战更是从未终结。其实,这种类似"棍棒底下出孝子"式的理念和方法不只作用于家庭教育之中,往往会潜移默化地渗入工作、生活等相关领域之内,久而久之便发展成为整个家庭或家族的家风。而这种"虎妈—大家长"式的家庭教育模式不仅不是一曲赞颂优良家风、家训的"赞歌",反而是一曲将优良家风、家训文化推进泥潭的"悲歌"。殊不知,没有一种教育模式能够使孩子既享受到美国式的自由,又享受到中国式的宠爱。家训、家风的传承不是三言两语的儿戏,而是需要经过深思熟虑、反复琢磨,在实践检验的基础上形成的警句箴言。由此可见,继续盲目地沿用"大家长—权力中心"式的家庭结构模式已有些不合时宜,因为这种耳提面命、独断严苛的教育理念和模式,几乎完全与当前大数据时代下愈加自由、平等、民主且丰富多彩的社会生活相去甚远。并且,这种根源于权力关系不平等的家天下制度下的家庭文化,与我们所追求的社会理想信念也是背道而驰的。因此,急需一种平等、平衡的新型家庭权力结构模式,而究其根本,就是要平衡家族内部"权力—利益"关系。与此同时,这种"病理学"利益关系的平衡与否也是深刻影响家族兴衰的因素之一。诚然,在血缘关系十分浓厚的中国家庭谈及权力和利益是较为敏感和有所忌讳的话题,但俗语有云"亲兄弟明算账",尤其是在当下个体独立的观念愈加深入人心的境况下,家庭内部的利益关系是一个不容规避的问题。而平衡这种利益关系既是一个亘古不变的治家之理,也是家风、家训文化中不容忽视的问题。"张弛有度"、"纵横捭阖"是中国传统文

化中处理利益关系、维护国家统一和家族稳定的重要方法。我们在重塑家国关系的问题上仍需把握家国间的"度",明确家国间的"矩",减轻"病理学"利益关系的重负,以期实现家国间的和合、大同。

尚和合、求大同等本身所展现的时代价值,是涵养社会主义核心价值观的重要源泉。何谓和合?和合一词最早见于《国语·郑语》:"商契能和合五教,以保于百姓者也。"而《中庸》也讲,"喜怒哀乐之未发谓之中,发而皆中节谓之和。"尚和合,于家庭而言,即讲求父义、母慈、兄友、弟恭、子孝的伦常道德;于个人而言,即讲求中和,或曰中庸,做到无过亦无不及。在家训、家风去文化中融入崇尚和合、治家有节之理,营造家庭成员共有的精神家园,有益于实现家庭内部的"大同",也有益于个人品行的修养。所谓"大同",即是克服了家天下制度下的亲疏远近之分,打破了人与人之间的界限,以达"天下为公"之境。而所谓家庭内部的"大同",就是减轻家庭内各成员间"病理学"利益关系的重负,实现家族内部权力和利益的平衡,并让一荣俱荣、一损俱损的观念深入每个家庭成员的心中。众所周知,家庭内部权力和利益的失衡,常常会导致整个家庭乃至家族的衰败和分崩离析。因此,在家训教育和家风培育中融入尚和合的理念和方法,融入求大同的目标和愿景,有益于整个家庭乃至家族挣脱盛衰周期律的枷锁,从而树立能够促进当代家庭发展与进步的时代新风。

综上可见,延续数千年之久的历史兴亡周期,在当代中国业已被打破,而当代家庭及家族的盛衰周期则未有穷期。从家国同构到家国和合,家兴而国兴,国盛则家昌,形成了中国特色的家国关系血脉。家训、家风是千百年来中华民族智慧的结晶,是影响当代家庭盛衰荣辱的思想之源、文化之根。因而,我们应当不忘初心,共同致力于构建当代新型家风,让数千年的家训、家风文化再度绽放时代光彩。我们应当与时俱进,着力重建家国沟通的桥梁,进而重塑当代新型家国关系。惟其如此,才能达到符合新时代发展需要的家国和合之境,才能早日实现中华民族的伟大复兴!

第八章　传统家训文化的历史评价与价值传承

　　中国传统家训文化的核心理念是道德教化,主要针对子女的思想和行为修养、齐家睦邻以及在社会中的为人处世之道。从本质上讲,家训教化体现了古代以家族为本位的文化特征,是中国古代社会道德教育的一种重要方式。中国古代之所以重视家庭教育,一方面是因为整个社会大众化教育难以普遍实施,另一方面是因为家长必须通过家庭道德教化来维系本家族的社会声誉。家族和家庭是社会的基本单元,对一个人的评价是与其家庭和家族联系在一起的,正是在这种"一荣俱荣,一损俱损"的家族利益和声誉压力下,家训教诲承担了不可替代的道德教化功能,也使其在中国古代社会和当代社会产生着持续的影响。当然,传统家训毕竟是特定时代的产物,家训教化的内容和方式在一定的历史时期有其合理性,故而需要对其进行批判继承。新时代的家庭教育和家庭建设,需要对传统家训文化进行创造性转化和创新性发展,赋予其新的时代内涵和价值功能。

一、传统家训文化的历史评价

　　作为我国传统文化的重要组成部分,传统家训既体现了其特有的积极教化功能,也对社会产生了一些消极影响。只有遵循客观的研究态度和唯物主义历史观,我们才能实事求是地对传统家训的历史地位和当代价值进行合理评价,才能使其在新的历史时期发挥积极作用。

(一) 传统家训文化的历史作用

总体来说,传统家训文化对于儒家思想在社会纵深层面传播、儒家伦理道德规范的日常实践、巩固历代帝王的统治地位、维护社会安定、延续家族的历史声誉以及现代政德等方面产生了重要的影响作用。

1.传统家训推动了儒家文化的广泛传播

中国传统家训文化的起源,与儒家文化在社会和家庭中的影响紧密相关。家训本身就是家长对子女在个人修养、齐家睦邻以及在社会中为人处世的教化,让子女们知道该怎么说话和怎么做人做事,这些内容在今天看来基本上都属于道德教化的范畴,在中国传统社会,长期为世人起到规范性导向的主要是儒家的道德文化。与儒家道德相比,道家和佛家不易发挥具体规范性的教化功能,主要原因是前者不重视规范的作用,强调道法自然,认为规范的约束作用会使人变得伪善;而佛教的教义较为抽象,也不便作为具体行为规范,何况道家和佛家思想在社会中的影响,尤其是对于封建统治者维护社会长治久安而言,很难成为中国古代民众道德教化的内容。

在我国古代教育史上,家训文化是儒家文化的重要体现。儒家文化尤其是儒家道德规范作为传统家训、家规、家戒的基本内容,既是当时封建社会统治者为了加强社会管理而推动儒家道德在社会落地生根的产物,也是儒家文化与当时的家族观念、宗法伦理的紧密融合。尤其是在汉代,随着"独尊儒术"文化方略的实行,儒家伦理观念和道德规范成为整个中国社会由上至下的普遍遵循,儒家思想与传统社会的政权组织结构之间所形成的"家国同构"

模式,使得儒家文化全面融入各个家族之中,这样家族统治、家族精神及其代际传承,都以儒学为圭臬。另外,千千万万的家族也成为儒家道德文化实现社会普及的基本载体,而家训(尤其是家训文献)正是以家族道德教化为核心的儒家文化传承的语言文字形式。

包含道德文化在内的儒家文化博大精深,这对于文化教育条件落后、识字者不多的传统社会大部分普通家庭民众而言,很难认知和践行。为了使儒家道德能够成为普通人听得懂、能认同和践行的行为规范,就需要把那些适用于家庭道德教化的内容进行梳理,以家训的方式传播开来。家训的作用和优势就在于化繁为简,深入浅出,把儒家深刻的做人做事的观念和规范变成可操作性的行为导向。此外,家族以家训的方式和实践传承发展儒家文化,还有其特有的道德教化优势。家训研究专家指出,在以家庭为中心的封建社会,师友所传授的儒家思想,未必能像父母亲人的教诲那样潜移默化、入耳入心。这是因为父母与子女亲密无间的血缘关系和父母在孩子心目中的崇高位置,使得孩子容易接受这种教化。[①]

2. 家训教化夯实了中国古代政治统治的社会基础

在中国漫长的古代社会,维护政治统治是历代统治者殚精竭虑的问题。除了采取如法家传承下来的"法术势"政治统治手段,以及足以应对社会动乱的军事力量之外,能够从文化价值层面使民众对统治者心悦诚服也是一个非常重要的方面,即所谓"以德服人"。如何做到这一点? 一方面,是儒家宣传的仁政思想并尽可能付诸实践;另一方面也是更为重要的,就是依据儒家伦理所建构的家国一体观念。这种观念把在家孝敬父母与在国忠于君王结合在一起,就是所谓"移孝作忠"。也就是说,作为儒家基本家庭伦理观念的父慈子

---

① 陈延斌:《论传统家训文化对中国社会的影响》,《江海学刊》1998 年第 2 期。

孝、兄友弟恭、夫义妇顺等,在国家和社会之间就衍生为"君为臣纲,父为子纲,夫为妻纲"的纲常名教,使得"三纲"作为封建社会的基本意识形态,千百年持续融入中国社会、家庭和个体的意识观念之中,对维护家庭伦理关系和国家伦理秩序起到极为重要的作用。总而言之,把家族内部的孝直接等同于臣民对皇帝的忠诚,这一观念对于社会秩序的建构非常重要,因为在每个人心里孝亲敬长是最大的德,而皇帝不仅是国家最高统治者,同时也是这个国家最大的家长,所以这种忠孝一体的理念对于传统社会民众而言是至深至诚的。总的来说,家训将封建统治的精神支柱——儒家伦理纲常注入了家庭这一社会的细胞,家庭成员在家训的约束规范和长期熏陶之下,形成了符合社会需要的良好的家风、门风,这种家风再经过统治者的倡导,又影响到整个社会风气。① 在中国古代社会里,千千万万的家族构成了整个社会,正是家族的有效治理从根本上支撑起王朝统治和社会安定。

在巩固中国古代政治统治的道德教化中,忠孝无疑是最具有根本性的内容。在这一领域,家族作为社会个体道德培育的基本单位,在忠孝道德教化中起着非常重要的作用。在这种忠孝意识形态的灌输中,家训文化普遍包含了教育子女孝顺长辈、忠于国家(帝王)的内容。历代家训中,这一内容都占了相当的篇幅,"孝"成了家庭伦理和国家伦常的核心;而且,由于亲情的感化和自幼的熏染,这种宣传教育及辩护是相当有效和有力的。② 例如,西汉史学家司马谈说:"孝始于事亲,中于事君,终于立身。扬名于后世以显父母,此孝之大者。"③在明末清初金敞所著的《家训纪要》中记载:"累世积德,乃生孝弟之子,此人世之真福庆也。"④就如何积德而言,金敞指出:"积德亦孰有大于孝弟

---

① 陈延斌:《论传统家训文化对中国社会的影响》,《江海学刊》1998 年第 2 期。
② 陈延斌:《论传统家训文化对中国社会的影响》,《江海学刊》1998 年第 2 期。
③ (汉)司马谈:《命子迁》。
④ 楼含松主编:《中国历代家训集成》第 6 册,浙江古籍出版社 2017 年版,第 3813 页。

者？躬行孝弟，则吾之子弟，所见所闻，无非孝弟之事。薰陶观感，自有不期然而然者。此皆自然之理。即今人动辄说'天理'二字是也。"①朱柏庐在家训中也告诫子孙："读书志在圣贤，非徒科第；为官心存君国，岂计身家？"②在不同历史时期，古代学者在家训教化的方式上有所不同，但教育子女务必尽忠尽孝是绝对不可或缺的训诫内容，因为忠孝在中国传统社会是建构家国一体的伦理文化根基，直接关系到家族的兴旺传承和政治统治的长治久安。

3. 家训文化有助于维护家族良好声誉，促进中国传统家庭美德的延续

传统家训是我国传统文化中颇具特色的组成部分，尤其是在优秀道德文化传承方面具有垂范后世、使家族声誉流芳百世的重要价值。中国封建社会倡导慎终追远，注重家门风清气正，每个家长都会把教育子女修身齐家视为首要任务。因为家教不良，足以辱没家门，更遑论齐家治国平天下了。所以对于家庭、家族而言，家声极为重要。传统家训之所以从古至今发挥着重要的历史影响，一个主要原因就在于良好家风、家族声誉的传承，对于一些名门望族来说更是如此。

家族声誉显然来自家族内部对一代又一代子孙卓有成效的道德教化，唯此才能形成社会认可的道德影响力。对于中国数千年的传统社会而言，家庭是基本的道德教化单位，个体的社会言行并不具有现代原子个人的身份，而是代表家庭或家族，一旦言行不符合社会规范甚至对社会和他人造成危害，那么家族、家庭难辞其咎，家长会因子女的错误而被问责，家族的历史声誉会因为某个子女的言行放纵而毁于一旦。社会对某一成员的看法或评价，直接与其家族联系在一起，可谓"一荣俱荣，一损俱损"。这种对家风的评价一直延续

---

① 楼含松主编：《中国历代家训集成》第 6 册，浙江古籍出版社 2017 年版，第 3813 页。
② 陈延斌，陈姝瑾译注：《袁氏世范·朱子家训》，江苏人民出版社 2019 年版，第 290 页。

至今,比如在子女婚姻问题上,做家长的都要千方百计地考察、了解对方家庭的声誉如何,如果有的家庭在当地名声不好,即便是其子女无挑剔之处,这桩婚事也极有可能被取消,因为在中国人的交往观念中,与家风败坏的家庭缔结婚姻是不可接受的。

在中国古代,传统家训文化对良好家风的塑造,还在于家训中道德教化的内容大多是经过人们长期实践的、在社会中居于主流价值地位的儒家道德规范,而儒家道德规范多为最基本的为人处世规则。从社会文明的发展状况来看,能够体现良好道德风尚的社会都具有优秀道德传统的底蕴,道德文明可以说是人类文明发展中最具有坚韧性和恒久性的要素。只要一些基本道德如尊敬、诚信、友善等等能够在社会实践中成为人们的实践自觉,这个社会就会因为维护了底线道德而运行有序。而这些基本道德规范正是历代家训的重中之重,将这些基本道德规范成为人们的实践自觉,从古至今都离不开家庭的道德教化,离不开传统家训文化的传承和发扬。因此,在当代中国社会,仍然要高度重视家庭道德教育,把每个家庭看作整个社会道德建设的基本单位,以家庭为道德教育的责任主体,从小培养子女的道德情操。就家庭作为基本的道德教育基地而言,有学者指出,如果没有一个基本的道德主体承担单位,如果只是像西方那样,明确规定就是赤裸裸的个人,然后大家在赤裸裸个人的基础上建立一套行为规范,这在中国社会是不可行的。因为儒家的基础和基督教的基础不一样,基督教不是以家庭为中心的,在上帝面前人人都是赤裸裸的个人。如果我们不是把道德重建的全部重心放在重建家庭、保护家庭之上,如果连一个家庭都不能建立起来,我们谈亲情、谈同情、谈爱心都是空的,都是大话、废话。①

---

① 甘阳:《以家庭作为道德重建的中心》,《21 世纪经济报道》2012 年 1 月 29 日。

4.中国古代廉吏家训文化对现代政德的深远影响

传统家训教化传承了儒家修齐治平的内圣外王理念,把修身齐家作为治国理政的前提,为培养许多崇德向善、廉洁奉公、忠君恤民的清官能吏奠定了基础。因此,传统家训对古代政治的影响不仅在于向子孙后代宣教封建王朝的统治合法性,维护封建统治阶级的意识形态,而且通过家训教化、家德熏陶培育出良好家风,由此涌现出历史上的一代又一代清官廉吏。

在能吏廉政文化的结构体系中,培育优秀家风是核心内容之一。优秀家风具有礼治天下、约束为政者行为的功能,是当代我国领导干部作风建设中返璞归真、固本培元的要求,是干事创业源源不断的能量与动力。各级领导干部只有把家风家教摆在重要位置,把严格的家风家教作为廉洁齐家的根本要求,才能实现优良家风与风清气正的党风政风的高度融合。优秀家风关系到党的形象和执政基础,是抵御腐败的重要防线。没有良好的家风,许多贪腐行为就会层出不穷。成长于克勤克俭、崇俭抑奢的家庭文化环境,沐浴着谦虚谨慎、律己以严的良好家风,领导干部就能时刻提醒自己坚持正确的权力观、利益观和亲情观,就能在传承优良家风中树立责任意识和担当精神,在修身齐家和廉洁从政的过程中砥砺道德品格和理想抱负。

能吏廉政文化植根于儒家道德学说和中国古代社会制度,体现了古人修身、齐家、治国、平天下的价值目标体系以及"内圣外王"的最高境界。在这一逻辑关系结构中,齐家的道德目标是培育优秀家风,家风在个体修身和治国平天下之间具有重要的承接作用。优秀家风是能吏廉政文化的核心内容,优秀家风的培育和传承离不开家训教化。家训家规是有形的规范,是家教的具体方式,表达了一个家庭的基本价值观;家风是无形的传统,它并不是以文字记载的家庭伦理规范,而是一种潜移默化的文化熏陶。在实际生活中,优秀家风的培育有赖于家训家规的传承发扬。以山西为例,闻喜裴氏家族的家训倡导崇德向善、坚守孝道、克勤克俭、廉洁奉公;阳城县陈廷敬家族倡导安贫乐道、正心诚意、崇俭尚廉;永宁州(今方山县)于成龙族规家训以"勤耕读、尚节俭,循法礼、孝乡里,廉仕吏、存仁德"为核心要义。在此基础上,形成了优秀家风,积淀了祖辈的身体力行和言传身教以及由此形成的道德文化氛围,体现了家庭、家族优良道德品质和文化气质的价值传承。

传统优秀家风的形成主要依靠家训教化和家规、家法的强制约束,体现了国家治理原则在家族、家庭层面的具体展开。家规、家法是国法的重要补充,是家族自治和社会秩序的法意体现,是家训教化成效的重要保障,使家风建设呈现出融合道德、贤人、礼法的复合结构。首先,传统家训以儒家道德教化理念为圭臬,家训是家族道德教化的重要载体。儒家强调道德教化的力量,这种教化变化人心的方式是心理上改造,促使人心向善。儒家坚信人心的善恶是决定于教化的,同时又坚信这种教化是在位者或家长族长潜移默化教育之功,其人格具有权威性和感召力。儒家以辈分、年龄、亲等、性别等条件为基础所形成的亲疏、尊卑、贵贱、上下、长幼的分野,是传统家训教化的基本保障。其次,传统家风建设注重发挥家法、家规的作用,体现了我国古代法律精神。法家固然排斥礼治和德治,但儒家却不曾排斥法律,只是不主张以法治代替德治。家法族规遵循纲常名教,体现出古代法律儒家化之"引礼入法"的特点,这就使古代社会的家族内部的控制进一步收紧,从而为家庭和家族教化提供制度保障。

除此之外,中国古代优秀家风形成的根本原因还在于,家族是个体生存的根基,其家庭成员能够自觉接受家训、家规的约束,来自古人敬重祖先、慎终追远的观念,因而不敢数典忘祖。这种观念在特定历史时期强化了家长族长权威,家族成员对家长族长具有文化心理上的认同和服从。以家长族长权威为基础,再辅之以家族中的家训教诲、家法族规约束等具体的教育惩戒措施,有力地促进了良好家风的形成和传承。

传统廉吏家训教化对当代领导干部政德建设所具有的重要意义,通过新的历史时期的社会主义优秀文化和制度进一步体现出来。当代领导干部家风建设具有新时期的文化优势和制度优势,其家风建设在指导思想上体现了家风的政治价值取向与政党理念的一致性,是党内政治生活的重要延伸,体现了领导干部在修身、治家与从政之间相互影响的立体复合结构。从文化上讲,领导干部优秀家风体现了优秀传统文化与社会主义先进文化的融合;从制度上看,领导干部家风建设不是家庭内部封闭式的道德教化,党纪国法成为家风建设的重要标尺。古代家风建设遵循修身、齐家、治国的序列,当代领导干部家风建设体现为廉洁修身、廉洁齐家和廉洁从政。此外,党纪国法是领导干部树立家庭教育权威的真实力量,是领导干部树立家庭教育权威的"尚方宝剑"。可以说,传统社会"父为子纲"式的教育权威模式,转化为党内法规、党内政治生活的要求,领导干部的职责与使命意味着家风建设是一项严肃的政治生活。

(二) 传统家训文化的消极影响

由上述可见,传统家训文化在家庭成员道德修养、行为规范、优良家风传承等多个方面产生了重要影响。但同时也应看到,传统家训中的教诲训诫无论是在指导思想上还是具体行为规范上都以儒学意识形态为圭臬,是以家庭道德教化的方式体现了儒家学说与封建政治统治的融合。在任何社会历史阶段,社会教育、家庭教育的目标总是和一定历史时期政治统治集团的要求相符合。在此意义上,我国历史上不同时期的家训教化功能具有明显的时代特征。但问题在于,如果我们在今天担负起传承传统家训文化的重任,就必须立足于新的时代和社会主流价值观的要求,准确把握传统家训在教化理念、教化原则以及教化内容和教化方法与当代社会家庭的契合,在生活实践中发挥传统家训的积极作用,消除其消极影响。

第一,我国传统家训内容中体现的"别尊卑"、"异贵贱"的纲常礼制原则影响了社会的合理分层。

从先秦到清末,传统家训始终关注家庭成员的道德培养和家风建设,在教子立身、睦亲治家、处世之道等方面有许多值得我们借鉴的内容。但从根本上说,由于传统家训的立足点是儒家尊卑贵贱的礼教原则,因此其道德教化存在很多消极的东西。例如,在司马光的家训中,父子、夫妇、妻妾、长幼等"三纲五常"、"三从四德"的尊卑关系是丝毫不可动摇的,尤其是他在家训中极力宣扬"愚孝"思想,将父子、夫妻关系的封建伦理道德规范推向了片面和极端。司马光对《礼记·内则》中的这段话极为推崇,"子甚宜其妻,父母不悦,出;子不宜其妻,父母曰:'子善事我。'子行夫妇之礼焉,没身不衰。"①这就意味着中国古代社会的子女唯父母之命是从,根本没有婚姻自由,即便儿子非常喜欢他的妻子,夫妻之间也能和睦相处,如胶似漆,但只要父母觉得不满意,儿子就必须将妻子休掉;反过来,如果儿子不喜欢他的妻子,但父母觉得满意,便认为她很会侍奉自己。这种基于上下尊卑关系的管制,是中国古代社会长期存在的现象。清代的石成金遵循礼的要求,在家庭教化上注重尊卑上下和长幼有序的原则,认为尊敬长上是维系名分纲纪的根本所在。尊敬长上,不仅在行为上要对尊长礼貌谦让,而且还要在内心充满敬仰之意,正如石成金所说:"只要你存着一个敬重的心,如行则随行,坐则傍坐,当拜就拜,当揖就揖,有问则起身对答,有事则趋赴代劳。"②此外,值得一提的是,基于"男尊女卑"、"夫为妻纲"的伦理纲纪,一些家训特意突出对女性的言行要求。例如,班昭在《女诫》中以男尊女卑为立足点,以"从一而终"为归宿点,对女子从自婴幼儿期始直到出嫁后如何处理与丈夫、公婆、叔妹的关系,提出了一系列的妇德规范与行为准则,其目的是使妻子从属丈夫、儿媳顺从公婆、嫂子谦顺叔妹,从而达到婚姻巩固、家庭和睦、自己善美、父母荣耀的目标。很显然,这种贤惠名声是以

① 《礼记·内则》。
② (清)石成金:《传家宝全集》(第1卷),线装书局2008年版,第8页。

丧失为人妻者独立人格为代价的,甚至是用屈辱与血泪换来的。《女诫》在中国家训历史上起的消极作用极大,将其称为一篇压迫妇女的宣言书似不为过,班昭也因而被封建统治者推崇为"女圣人"。

在传统伦理关系中的"异贵贱"方面,《颜氏家训》可以称得上重官轻民的代表性家训之一。颜之推勉励子孙博学杂艺,为的是使他们力戒浮躁空疏、不涉实务,以便当一名称职的官员,不致沦为"贱民"。他说:"有学艺者,触地而安。自荒乱以来,诸见俘虏,虽百世小人,知读《论语》、《孝经》者,尚为人师;虽千载冠冕,不晓书记者,莫不耕田养马。以此观之,安不可自勉耶? 若能常保数百卷书,千载终不为小人也。"①

中国传统家训内容中体现的"别尊卑"、"异贵贱"、"三纲五常"等纲常礼制原则,导致了社会的不合理分层,制约了中国社会平等观念的发展,这种消极影响至今仍然不容小觑。

第二,传统家训在处世原则方面的消极影响深远。

传统家训普遍注重子孙处世之道的培养,要求他们在社会交往中遵循睦邻友好的原则,认为邻里亲朋好友之间应互帮互助,待人处世以和为贵,为人正直,不能搬弄是非、欺善怕恶,等等。但需要指出的是,也有不少家训中含有明显的行事过于谨慎、明哲保身的保守处世观念。例如,颜之推为了使子孙在乱世中求得自保,在《颜氏家训》中引用孔子在周朝太庙里所看到的刻在铜人背上的铭文教育子孙:"无多言,多言多败;无多事,多事多患。"②告诫他们,向君主上书谏诤、对策、游说,即使"幸而感悟人,为时所纳,初获不赀之赏",然而"终陷不测之诛"没有好结果。③ 这里虽不乏教诲子孙慎言谨行的合理因素,但自守求安的消极思想同样十分明显。在陈继儒的家训《安得长者言》

---

① （北齐）颜之推:《颜氏家训·勉学第八》。
② （北齐）颜之推:《颜氏家训·省事第十二》。
③ （北齐）颜之推:《颜氏家训·勉学第八》。

中,作者指出:"士大夫当有忧国之心,不可有忧国之语"①;"有济世才者,自宜韬敛。若声名一出,不幸为乱臣贼子所劫,或不幸为权奸佞幸所推,既损名誉,复掣事几。所以《易》之'无咎无誉'、庄生之'材与不材',真明哲之三窟也。"②显然,陈继儒表达了这样的思想:只是强调存有"忧国之心"的内在意识,而不要讲忧国之语。这种明哲保身的观念,尽管充满拳拳报国之心,但最终沉寂于主观意识之中,对于报效国家并无丝毫作用。这就像马克思批评鲍威尔等青年黑格尔派那样,他们只是将自我意识作为推动历史前进的动力,但这种意识的活动从来也不可能触及现实的革命。

第三,守分安命的宿命论思想至今仍有不思进取等消极影响。

传统家训中的宿命论思想在一定程度上迎合了封建统治者的要求,严重禁锢了人们的进取精神,对社会文化心理的塑造产生了严重消极的影响。比如袁采认为"富贵自有定分"、"死生贫富,生来注定",都是造物主的安排。世事的变更,家族的成败盛衰都是"天理"的规定,"人力不能胜天",所以人应当顺应天命,随遇而安,逆来顺受。③ 在清代刘德新的《余庆堂十二戒》中,虽然作者通过列举例证,极力推崇家戒的以理服人之效,但这篇家戒中也有一些天命观的迂见。所谓"贵贱贫富生死,有司权者曰天,天不可以人为也;有定分者曰命,命不可以力竞也。吾顺吾天,吾安吾命,知止知足之间,自有不殆不辱之理。岂必形逐逐,意营营,以与天较,与命衡,而卒无如此天与命何哉?"显然这是要求人们听天由命,服从命运的安排,在今天看来无疑是消极的。④ 清代张英的《聪训斋语》、《恒产琐言》等家训著作中,给子弟灌输命定论,"世人只因不知命,不安命,生出许多劳扰。"⑤他要求子弟世守其官僚地主的基业,

①　袁朝:《格言四种》,湖北辞书出版社 2004 年版,第 10 页。
②　袁朝:《格言四种》,湖北辞书出版社 2004 年版,第 25—26 页。
③　(宋)袁采:《袁氏世范·处己》。
④　徐少锦、陈延斌:《中国家训史》,陕西人民出版社 2003 年版,第 705 页。
⑤　(清)张英:《恒产琐言》,《丛书集成初编》,第九七七册。

过上安乐富贵的生活。他认为,"人生祸福荣辱得失,自有一定命数,确不可移。"由此出发,他要求子弟采取明哲保身的态度,"既知利害有不一定,则落得做好人也。权势之人,岂必与之相抗以取害?"①守分安命的宿命论思想至今存在,尤其是不思进取"躺平"观点尤甚。

第四,鬼神迷信和因果报应说教,对传统社会乃至当下仍有不可忽视的消极作用。

在传统社会中,部分家训试图通过一些荒诞不经、缺乏科学依据的例证来警示子孙恶有恶报,劝导他们崇德向善。尽管劝人向善的本意上是好的,但这种充斥迷信观念甚至通过恐吓的方式把善的观念强加于人,在道德培养的方法上显然存在缺陷。颜之推宣扬佛教因果报应,在《颜氏家训》中向子孙讲述了许多荒谬的迷信故事,其中有三个故事是:北齐有一官吏,"家甚豪侈,非手杀牛,噉之不美。年三十许,病笃,大见牛来,举体如被刀刺,叫呼而终";官吏"杨思达为西阳郡守,值侯景乱,时复旱俭(按粮食歉收),饥民盗田中麦。思达遣一部曲(按古代官名)守视,所得盗者,辄截手腕,凡戮十余人。部曲后生一男,自然无手。江陵高伟,随吾入齐,凡数年,向幽州淀中捕鱼。后病,每见群鱼啮之而死。"②《袁氏世范》宣扬善恶报应的观点,认为善有善报,恶有恶报,"不在其身,则在其子孙"。③ 当然,这种说教从劝人向善、增善少恶的目的看,也是可以理解的。而且,尽管袁采是个有神论者,但他同时认为,如果人做坏事而祈求神灵的庇佑,也照样要受到神的惩罚。由此也可见其劝善的良好愿望。陈继儒在《安得长者言》中也宣扬鬼神观念和报应说教,譬如书中说"好谈闺门,及好谈乱者,必为鬼神所怒。非有奇祸,则有奇穷。"④以上这些鬼

① (清)张英:《恒产琐言》,《丛书集成初编》,第九七七册。
② (北齐)颜之推:《颜氏家训·归心第十六》。
③ (宋)袁采:《袁氏世范·处己》。
④ 袁朝:《格言四种》,湖北辞书出版社 2004 年版,第 25 页。

神迷信和以"恶有恶报"的因果轮回来训诫子孙,在道德教化上虽然具有一定的效果,客观上有某种劝导作用,但教育方式并不可取,对传统社会乃至当下仍有不可忽视的消极作用,尤其是在崇尚科学的当代社会,决不能借助这种荒谬的迷信观念来培养孩子的道德情操。

二、传统家训文化的价值传承

家训教化的目的是齐家治家和涵养家风,但其整体效应延续了中国古代修身、齐家、治国平天下的成人成才逻辑。社会由家庭构成,社会的道德风尚、和谐的伦理关系是由每一名家庭成员的行为来实现的。每一代家庭、家族成员延续了风清气正的家风,就能维护和传承家庭、家族在社会中的声誉。根据现有文献记载,我国家训文献最早应为武王训诫文王的《保训》,而后经过漫长的发展,在明清时期达到鼎盛。具体来说,家训的内容主要为修德齐家、治国理政、为人处世之道,涉及孝道、勤俭、谦恭、诚信、恤民、谦和、无争、交友、自省、向善、积德、勤政、清廉等。这些道德规范以家训的形式延续至今,成为弘扬优秀家风文化的重要方式,例如《颜氏家训》、《家范》、《袁氏世范》、《了凡四训》、《治家格言》、《郑板桥家书》等大量经典家训至今仍然具有重要的理论和实践价值。

同时必须指出的是,传统家训文化是在农业宗法社会的沃土中生长出来的伦理型文化,这种植根于中国血缘宗法式的农业社会里的特有文化现象,对中国古代社会的影响既有积极的一面,也有消极的一面。家训研究者认为,以封建地主阶级的纲常礼教轨物范世,稳固了剥削阶级的反动统治秩序,某种程度上延缓、滞阻了中国社会的发展进程;塑造出了一批批唯封建伦常是从,甚至"愚忠"、"愚孝"的庸碌之辈和"贞女"、"烈妇"等牺牲品;它宣扬的明哲保身的处世哲学和守分安命的宿命论思想禁锢了人们的进取精神,麻醉了人民的革命意识;它的长期濡染所积淀下来的重农轻商、家族认同、盲目顺从、固守忍让等民族心理至今仍在对社会政治、经济生活发生着消极的作用。①

作为传统文化的重要组成部分,传统家训是重要的精神文化财富,是先人传承下来的价值理念和道德规范。与其他传统文化相比,家训的一个显著特点是代际化的教育与传承,在家族发展史上起着绵延不断的教化作用。为此,在新的历史时期继承传统家训文化,发挥其积极影响,就必须坚持"取其精华,去其糟粕"的原则,以新时代中国特色社会主义优秀文化为指引,以满足人民群众精神文化需求为目的,缜密梳理、挖掘传统家训文化中的教育理念、道德文化精髓,为新时代我国家庭教育、道德建设尤其是家庭美德建设提供理论和实践借鉴,为培养时代新人、建设中国特色社会主义文化提供丰富滋养。

(一) 实现传统家训的现实价值必须对其进行创造性转化

传统家训作为一种特色鲜明的教育范式,承载着非常重要的道德思想资源,是彰显"家国情怀"的价值理念和伦理道德规范。然而,当代社会对家训文化的关注存在一定的认识误区,人们多年来停留在静观的认知状态,比如僵化地学习和记忆家训格言,在家庭教育中直接照搬传统家训中的内容和方法。这种推崇虽然在一定程度上体现了对优秀传统文化的敬重,但包括家训在内的传统文化如果不能真正渗透于现代生活,就不能实现家训文化的时代价值。另外,家训文化难以体现时代价值,在于缺乏传统向现代转化的理论引导。近几年来,我们倡导的社会主义核心价值观——"富强、民主、文明、和谐、自由、平等、法治、公正、爱国、敬业、诚信、友善",在全社会的影响力日渐扩大和深入,为传统家训文化的创造性转化提供了完整而精准的坐标体系。我们今天

---

① 陈延斌:《论传统家训文化对中国社会的影响》,《江海学刊》1998 年第 2 期。

重视传统家训的研究,不仅因为家训是让中国人感到自豪的文化遗产,体现了中国自古以来的文明发展历程,更重要的是当代中国社会致力于以家训文化涵养社会主义核心价值观的实际需求。事实上,我们日常遵循的道德观念,如爱国、诚信、友善、敬业、和谐、正义、孝敬父母、自强不息、以和为贵等等,并不是因为我们掌握了一些伦理学、道德哲学的知识,而是来自千百年来人们的社会历史实践和中国传统优秀文化的深厚积淀。这些道德观念在今天同样具有重要的生活指导意义,是因为中国文明的发展史从未间断,特别是近年来,传统优秀文化已经成为中国人的自觉文化需求。

培育和践行社会主义核心价值观是当代中国社会的紧迫任务,这一任务首先要求对核心价值观的认同和自信,两者缺一不可。为此,我们不仅要立足于当代中国政治、经济、法治、文化、外交、国防来深刻理解核心价值观对国家治理和社会发展的极端重要性,而且要在充分认识传统思想道德观念在当代中国社会的深刻影响的基础上,重视传统文化对核心价值观的涵养作用。从传统家训的内容来看,很多家训格言的表达意义符合人们的价值观认知。社会主义核心价值观在社会领域的实际效果离不开价值观念的历史传承,家训能够成为涵养社会主义核心价值观的重要源泉,是因为家训中包含着丰富的价值观念和思想道德资源。

以传统家训涵养社会主义核心价值观的目的,是通过良好的家风和良好的社会风尚进一步夯实核心价值观的思想道德基础。家训是中国古代家教的内容,家风是家训和家教的凝结。家庭是价值观培育的第一所学校,每一位社会成员接受的家庭教育,是培育核心价值观的初期阶段。当代家庭教育和传统教育相比,虽然存在巨大的差异,但对子女的价值观引导和思想道德要求始终是每个家庭都重视的问题。需要注意的是,传统家训的内容是在特定的历史时代中产生的,家训属于家庭或家族内部的思想道德教化,它虽然立足于儒家思想道德体系,但与社会思想道德教育相比,在教化内容上具有自己的鲜明特色和家庭内部的针对性。充分吸收和借鉴传统家训,要以社会主义核心价值观内容为参照,梳理家训中有益于当代生活的教化内容和教化方法,使家训文化在当代教育实践中体现社会主义核心价值观的行为判断和价值导向作用。在根本的意义上,家训文化的价值不仅在于某些行为规范经过转化之后发挥传承功能,而且要使这种传承赋予当代中国人的文化自信,这也是社会主义核心价值观发挥重要导向作用的重要基础。

创造性转化的核心是"转化",原则是体现文化创新。实现传统家训文化的创造性转化,核心问题是要寻求家训中的思想道德资源和精髓与社会主义核心价值观的思想联结,按照新时代的发展要求和价值观塑造要求,对传统家训进行观念革新,丰富传统家训内容在新的历史条件下的内涵,增强感召力与影响力。以社会主义核心价值观为参照,对传统家训进行创造性转化,是由家训和社会主义核心价值观的相通相融决定的,这就需要把家训中有助于阐释核心价值观的内容提炼出来,使其发挥应有的价值,增强传统文化的生命活力,赋予新的时代特色和当代表达形式,让人们在了解核心价值观的时候与家训中的内容形成共鸣。在传统家训中,许多道德观念和交往方式在当代中国社会的影响十分深远,人们在人际关系、个人与社会的关系处理上有着明显的传统观念、行为方式的烙印。由于传统的印记在现实生活中根深蒂固,原本作为静止的文化储存的家训获得重新建构并焕发生机的契机。

（二）传统家训创造性转化的原则

传统家训是中国古代农耕文明的产物,它具有与当代文化不同的社会基础和思想前提。一方面,家训在其形成和发展过程中,受到当时人们的认识水平、时代条件、社会制度的局限和制约,其中一些内容在今天看来观念陈旧、金沙杂陈,这成为社会主义核心价值观对传统家训进行创造性转化首先面临的客观问题。另一方面,社会主义核心价值观虽然是当代中国社会的主流价值观,但各种社会思潮尤其是西方价值文化的冲击力依然不小,从而增加了传统家训创造性转化的复杂性。这就要求我们在这一问题上坚持有鉴别地对待、有扬弃地继承的根本原则,并努力使这一原则具体化。

1. 传统家训的创造性转化要以基本价值主题为导向

传统家训在内容上纷繁复杂。例如《颜氏家训》不仅涉及教子、兄弟和睦、续弦再娶、治家、风度节操、仰慕贤才、言行一致、知足不贪等思想道德层面训诫,也包括文辞修饰、专心世务、养生、虔诚信佛、技艺习练等与思想道德教化没有太多关系的问题。可以说,在历代名人家训中,有共同关注的问题,也有不同的取向,这为我们实现家训的创造性转化提供了丰富的资源。面对纷繁庞杂的家训体系,在取舍上不仅要善于分辨良莠,还要集中体现一定的价值主题,充分汲取传统家训文化的价值精华。社会主义核心价值观对传统家训的创造性转化,要立足于当代社会的价值体系,从传统家训文化中凝练价值主题,按照"仁爱"、"诚信"、"和合"、"正义"、"民本"、"大同"的价值指向对传统家训的内容加以梳理和鉴别,展示传统家训创造性转化的时代价值。可以说,这六种价值观是中国传统优秀文化的精髓,是涵养社会主义核心价值观的基本资源,体现了深厚的历史底蕴。以此为参照深入挖掘传统家训文化中的思想道德资源,至少有以下两个方面的重要意义。其一,使传统家训的创造性转化具有极强的针对性,抓住了当代中国社会的主要矛盾和基本问题,在复杂的社会思潮交锋中凝聚了社会成员的基本共识,有助于增强广大人民群众对于中国特色社会主义的理想信念。其二,有助于提升传统家训文化创造性转化的实际效果。由于传统家训文化的历史跨度较大,家训关注的问题具有分散性、繁杂性的特点,如果不考虑特定的时代价值,或者在内容的梳理鉴别过程中主次不分,就会减弱传统家训文化对社会主义核心价值观的涵养效果。以"讲仁爱、重民本、守诚信、崇正义、尚和合、求大同"等价值理念参照,考察

和梳理传统家训,有利于去粗取精,去伪存真,从而进一步提升传统家训文化
创造性转化的实际效果,使传统家训文化更好地服务中国当代社会。这样,我
们就能立足于当代文明来感悟传统家训的精神主旨,从古代优秀文化的历史
深度中增强文化自信。

2.传统家训的创造性转化必须坚持社会主义核心价值观引领

社会主义核心价值观对传统家训的创造性转化,转化的立足点是核心价
值观,传统家训如何转化、在转化上如何对家训的内容进行取舍,是以核心价
值观为依据的。传统家训的创造性转化,要看家训中的内容和观念对于核心
价值观而言在多大程度上具有价值支撑作用,否则这种转化就存在一定的盲
目性。尤其需要注意的是,一些家训中所包含的传统观念可能对社会主义核
心价值观在生活实践的指导方面增加价值观概念的误解。社会主义核心价值
观的实践主体是知识水平参差不齐的社会大众,许多社会成员并不具有知识
精英对价值观概念的理解深度。这不仅是培育和践行社会主义核心价值观应
当关注的问题,也是实现包括家训在内的传统文化的创造性转化中必须谨慎
对待的问题。例如,"自由"是社会主义核心价值观,但在社会主义核心价值
观的范畴内理解的"自由"既不同于西方文化的"自由",也不同于我国传统文
化对"自由"的认识。如果不对"自由"进行科学的认识,那么"自由"这个价
值观在实践中有可能被不正确地理解和使用,从而导致社会思潮波动,甚至被
故意曲解。在社会层面上理解作为社会主义核心价值观的"自由",主要是指
每一位社会成员依靠智力、能力开创事业的积极自由,目的是激发社会成员的
自我实现和对生活理想的追求。那么,这个意义上的"自由"在传统家训中有
没有? 在家训中是如何表述的? 有待于我们去鉴别分析。在社会主义核心价
值观对传统家训的创造性转化中,对于民主、平等、法治、公正等价值观的认
识,也同样会受到家训中的囿于时代的传统观念影响,这些价值概念都需要有

鉴别地对待,比如传统的"隆礼重法"与当代法治就有很大差异,当然,这需要具体分析,不能因此就轻易否认前者对后者的涵养作用。

3. 传统家训的创造性转化要以当代社会伦理关系为依托

实现优秀传统家训文化的创造性转化,还需要考虑生产力和生产关系的矛盾运动导致的现实生活世界和社会伦理关系的变迁。改革开放以来,社会经济的快速发展推进了我国的社会转型,熟人社会和陌生人社会共存成为当代中国社会伦理关系的基本特征之一。同时也必须认识到,由于传统伦理关系的社会基础依然存在,根深蒂固的传统文化心理和交往观念仍然在社会交往中发挥基本作用,熟人之间的"人情"、"关系"等交往逻辑与陌生人社会领域中所要求的法治观念、契约精神、权利意识相互交织,整个社会的伦理关系、交往规则以及个体的道德选择以及所遵循的道德原则变得日益复杂。从社会基础的差异来看,传统家训文化是中国古代熟人社会的产物,家训所关注的人际交往原则和道德规范的载体是传统社会中的伦理关系,而培育和践行社会主义核心价值观要立足于当代中国社会转型的基本现实。因此,实现传统家训文化的创造性转化,充分发挥传统家训文化涵养社会主义核心价值观的重要功能,就要充分考虑传统文化心理和当代熟人社会思想道德观念的区别和联系。

由于熟人交往观念对社会生活的深层影响,因此要充分重视传统家训文化关于社会交往方面的积极内涵,削弱"人情"、"关系"等交往逻辑在当代生活中的消极影响。与此同时,陌生人交往呈现了法理社会的特征,人们对契约精神、权利意识的追求体现了对自由、法治、平等、公正、诚信等社会主义核心价值观的崇尚与敬重。总之,在熟人社会和陌生人社会并存的条件下,要以当代社会的经济基础和伦理关系为依托,从现实生活的具体实际出发,准确把握传统家训文化创造性转化的社会背景和实现机制。

4.要准确把握传统家训中一些价值观念的古今之别

以文本形式存在的传统家训虽然是静态的,但其思想精华的历史传承却是动态的过程。以社会主义核心价值观对传统家训进行创造性转化,不仅要基于当代社会的价值导向进行内容的重组,也要在新的时代背景下对传统家训中的思想观念进行科学的解读。

在今天的传统文化研究和传播中,存在着这样一种现象,就是一些人喜欢用"历史的眼光"来审视当代人生、审视当前社会,这似乎是尊重传统,实际上与当代价值追求相去甚远。例如,有的人面对今天的社会问题,直接援引传统观点对号入座,既不考虑这些观念的时代局限性,也不分析当代问题的现实向度,在结论上往往弄巧成拙,甚至贻笑大方。以传统家训涵养社会主义核心价值观,不能单纯为了寻求核心价值观的历史文化渊源而不加区分地嫁接或糅合。如果我们不能把握传统家训的历史局限性,就容易在创造性转化中致使家训和社会主义核心价值观之间牵强附会。比如,宋代贾昌朝《诫子孙》说:"今诲汝等,居家孝,事君忠"①;叶梦得《石林家训》中说:"忠敬不存,所率领皆菲其道。是以忠不及而失其守,非惟危身,而辱必及其亲也"。② 传统家训大多强调这种"忠君"观念,原因是中国传统社会强调"家国一体",崇尚"家国情怀",认为皇帝是最大的家长,在这个意义上可以说"忠君"与"爱国"具有一致的基础。但传统家训强调的"忠君",毕竟是专制社会的产物,"忠君"是封建统治者对社会成员的要求,是法律严密控制下的"忠君",而不完全是社会成员的自觉意识,否则就不会发生农民起义、宫廷政变等引起王朝统治的权力更迭。因此,在这个意义上理解的"忠君"与"爱国"并不具有相同的指向。而

---

① 李茂旭:《中华传世家训》,人民日报出版社 1998 年版,第 557 页。

② (宋)叶梦得:《石林家训》,《丛书集成续编》(第 60 册),新文丰出版公司 1989 年版,第488 页。

且,"爱国"在中国古代是一个相对模糊的概念,与我们今天所讲的爱国不可同日而语。作为社会主义核心价值观的"爱国",是社会成员的真实情感,是社会核心价值观中最深层、最根本、最永恒的因素。在现代国家,爱国不是一个法律强制约束的范畴,而是自觉的道德情感。

5. 传统家训的创造性转化要力求避免观念上的僵化滞后

从传统家训的内容上看,主要是关于一些做人做事的告诫,它与社会主义核心价值观中诚信、敬业、友善等价值观具有高度的关联。这些概念在总体上看比较容易把握,当然所谓的"容易"只是表象性的感受,事实上每个概念都有其复杂性。还有一些道德规范在今天需要有鉴别地对待。譬如,传统家训强调的俭以持家、俭以养德等等要在当代生活中赋予新的理解。俭朴无疑是中华民族的传统美德,这一认识在道德意义上适用于任何时代,但对俭朴的认识又不能拘泥于道德范畴,而要在当代社会经济发展和社会价值观的完整视域中来把握。事实上,当一个社会经济水平较低、人民生活相对贫穷的历史时期,俭朴是无奈的选择,否则生活资料的供应就难以为继。但在社会经济迅速发展、人民生活水平逐渐提高的历史阶段,俭朴观念在事实上受到削弱。例如,在扩大国内消费成为推动国民经济发展的重要动力的情况下,一味地固守传统意义上的俭朴就是一种僵化的思维,应当赋予俭朴新的内涵和意义。与此相联系,我们以社会主义核心价值观对传统家训进行创造性转化中有许多应当重视的问题。社会主义核心价值观不仅仅是个人的道德修为,而且是涵盖国家利益、社会利益等关系到国家前途和命运的重大价值范畴。此外,孝道观念也是传统家训特别强调的,这是中国古代社会的治家之本,也是国家治理和维护皇权统治的基石。但传统的孝文化和孝观念具有与当代家庭不同的社会基础,尤其是以家训这种具有家族权威的孝道教化在当代家庭教育中需要深刻的反思。我们还必须考虑如何处理传统孝文化与社会主义核心价值观之间的关系。虽然孝敬父母并没有直接体现为社会主义核心价值观,但不能说古代社会的孝文化不能成为传统家训涵养社会主义核心价值观的重要因素。例如,我们可以把孝道观念与平等、公正、诚信、友善等当代社会和当代家庭所必需的价值观加以融合,在社会主义核心价值观的高度上重新认识和把握孝道的积极内涵。

总之,在传统家训的创造性转化问题上要避免狭隘的思维方式,从关注重大格局、整体视角的方面挖掘传统家训的当代价值。

(三) 传统家训创造性转化的基本策略

社会主义核心价值观所表达的思想和观念始终是国家和社会发展的方向和动力,是每一位社会成员谋求自我实现的基本要求。社会主义核心价值观是行为指南而不是空洞的口号,每一种价值观都要实现社会的全面覆盖,并固化于每一位社会成员的心灵深处。对于有初步知识结构和生活经历的社会成员,要在实际生活中把核心价值观作为处理自己与他人、社会和国家等关系的标准。例如,在与他人的交往中,检视自己是不是遵行诚信和友善的价值观,在日常的工作中是否做到敬业;在认识和分析国家和社会的重大问题上,是不是从爱国、民主、平等、公正、法治、和谐等价值观立场出发进行思考;等等。社会主义核心价值观对传统家训的创造性转化,就是要使传统家训起到进一步深化和涵养每一位社会成员基于社会主义核心价值观进行正确的自我判断、自我选择的作用。

1. 传承家训文化中的规矩意识

传统家训虽然是家庭或家族内部的教化形式,但本质上强调了人际交往和各行各业的规矩意识。人们常说"家有家规,国有国法",就是传统家训文化中历史悠久、内涵丰富的规矩意识的具体体现。规矩就是做人做事的基本规则。中国人自古以来就把规矩作为不可逾越或违背的准则,把守规矩作为对自己品行的要求。现实社会中存在的违反道德规范、违反法律的现象,都体现了人们规矩意识的弱化。在规矩意识淡漠的地方,人们的行为就缺乏约束,就没有公正透明的市场经济运行法则,从而发生权力寻租的现象。在行为规矩缺乏稳定预期的情况下,人们由于无法预知行为结果,导致了普遍的行为短时化。以传统家训涵养社会主义核心价值观,可以通过家庭权威向社会权威进一步延伸,增强社会成员的规矩意识,从而体现社会主义核心价值观在现实生活中的权威性。可以说,中国共产党对党员领导干部提出的"恪守规矩"、"按规矩办事、按规矩用权"等要求就体现了传统家训中朴素的规矩意识,是对家训文化的创造性转化和创新性发展。2015年10月,中共中央印发了《党员领导干部廉洁自律规范》,其中第八条规定"廉洁齐家,自觉带头树立良好家风"。不仅表明党员领导干部要在家训教化中发挥示范带头作用,也体现了恪守规矩正是良好家风的基本要求。在广义的理解上,所谓"恪守规矩"就是对规则意识的敬重,体现了当代国家和社会的法的理念,而法的理念在当代社会集中体现为法治观念。法治是社会主义核心价值观要素中具有制度性特征的价值范畴,是当代社会的根本标志。当前,全面依法治国是推进国家治理体系和治理能力现代化的基本方略,而实现这一使命的重要前提是形成法治意识在社会领域的全面覆盖。在中国社会,法治意识的形成不仅需要当代经济制度、政治制度的支撑,还需要传统家训中规矩意识的滋养。传统家训文化中的家规、家法虽然不同于国家法律,但家规、家法是国法的重要补充,其蕴含的规矩意识、规则理念应当成为每个社会成员从家庭走向社会的基础性共识。

2. 依靠传统家训增强当代家庭教育的权威感

从概念上来讲,"家训"是一个具有浓厚权威色彩的概念,在教育方法上显示出家庭和家族内部的强制性和严肃性,其作用机制是通过自上而下的训诫来实现的,这与倡导家庭成员平等相处的当代教育理念有很大差异。但我们剥离"家训"的传统外衣,可以发现家训的主旨是齐家教子,形成良好的家风,是借助于家庭教育来实现个体对社会责任的认知和道德实践,其本质是以文化人。家训教化的理念虽然有别于当代教育理念,但在很大程度上符合中国家庭的实际情况,例如父母对子女的威严仍然是必要的。因此,家训的创造性转化不仅是思想内容的重新建构,还在于家训作为一种教育方法,通过在当代家庭教育中合理地应用,对于当代家庭培育社会主义核心价值观形成独特的推动力。颜之推在《颜氏家训》中说:"夫同言而信,信其所亲;同命而行,行其所服。"①同样的一句话,有的人会信服,是因为说话者是他们所亲近的人;同样一个命令,有的人会执行,是因为命令者是他们所敬服的人。可见,由于家训在家庭教育中具有特殊的权威性,家训对家庭成员的教化要比社会教化、学校教育更加有力,使子女能从家训中感受到权威的力量,形成一种詹姆斯所讲的"权力的良心"。

3. 实现传统家训与当代学校思想道德教育的有机结合

家训作为传统教育方式虽然限于家族内部,但其思想道德资源应当在当代教育领域普遍化,这就首先要求在学校教育中发挥传统家训中的德育功能。具体来讲,思想道德教育要以学校教育体系为依托,通过中小学思想品德课程教学推进传统家训的创造性转化。教师要善于把家训内容中具有时代价值的道德规范纳入教学内容,培养青少年的人生观和价值观。

在学校教育中推进传统家训文化的创造性转化,要以青少年喜闻乐见的方式,传承和弘扬家训文化的思想精华和道德精髓。例如,要充分发挥传统家训的文字特色,使其在发挥涵养社会主义核心价值观方面具有不同于其他传统文化的优势。传统家训的许多内容是以箴言、遗言、遗训、书信、诗歌、格言、

---

① （北齐）颜之推:《颜氏家训·序致第一》。

警句、故事、铭文、碑刻等形式表达的。例如,《颜氏家训》虽然有浓重的书卷气和学术特色,但其中许多教育理念是以讲故事的方式来体现。对于未成年人尤其是年龄小的孩子,通过讲述历史上尊德守德的故事向他们传递做人做事的道理,比纯粹理论宣讲的效果好得多。此外,传统家训之所以流传至今,与其易于记忆和传诵有很大的关系。朱柏庐的《治家格言》被认为是传播最广的家训,重要原因之一是它采用了一种既通俗易懂又讲究语言骈偶的格言形式。例如,"人有喜庆,不可生妒忌心;人有祸患,不可生喜幸心"、"施惠无念,受恩莫忘"①等等,直到今天传诵不绝。这种语言风格朗朗上口,容易被青少年所接受。可见,充分利用传统家训的语言优势涵养社会主义核心价值观,是学校思想道德教育的重要策略。

4. 实现优秀家训文化对社会生活的全面覆盖

社会主义核心价值观对传统家训的创造性转化,要把传统家训中具有时代价值的思想道德资源与社会主义核心价值观融会贯通,融入社会各行各业的规章制度、城市市民守则、乡规民约等行为准则中去,使之成为人们日常工作和生活的基本遵循。人们在社会经济、文化活动中越来越需要理念的支撑,这就有必要把传统家训文化中有价值的商业观念、交往观念、处事原则等等与当代生活的文化需求相对接。例如,当代家族企业可以把清代著名的商贾家训中商业规则与当代企业文化相通相融。此外,在企业、农村、社区开展传统优秀家训文化的宣传,开展家训经典诵读、家训历史巡礼等活动,实现传统家训在社会生活中的全面覆盖。要在社会主义核心价值观的宣讲中,征引家训文化中的优秀内容,重视发挥传统家训文化在解读核心价值观中的文化支撑功能,增强人们对社会主义核心价值观的认同感和传统家训文化的归属感。

---

① 陈延斌、陈姝瑾译注:《袁氏世范·朱子家训》,江苏人民出版社 2019 年版,第 290 页。

第九章　中国传统家训文化当代转型与新型家训文化建设

作为一笔可贵的文化资源与精神财富,中国传统家训文化对维护传统社会的长期稳定与家族家业的兴盛起了不可替代的重要作用。然而,随着生产力与科技的发展、社会制度的演进、文明程度的提升,当今世界正经历着百年未有之大变局,我们所处的新时代无论是历史条件、家庭结构,还是伦理关系、价值理念,都发生了巨大变化,生发于传统社会的家训文化显然已不适应当今社会的发展,这就决定了推进中国传统家训文化当代转型与加快新型家训文化建设的必要性与紧迫性。如何在传统家训文化的时代内涵与当代转型的路径方法上着力,以优秀传统家训文化滋养当代新型家训文化建设,以更好助力家庭教育和新时代优良家风培育,需要认真研究。

一、传统家训文化当代转型与新型
家训文化建设的现实意义

文化是人们的自觉创造,是民族魂、国家魂。国家民族的发展固然需要经济科技的强盛,但同样需要文化的兴盛,这是文化特质决定的。"民族文化及其凝聚的民族精神,是维系这个民族生存和发展的思想黏合剂,是不同于经济力量、军事力量或政治力量的长久起作用的精神力量。"①没有文化的支撑,就没有民族的自立自强。文化作为一种内生力,国家民族的强盛总是以文化的兴盛为支撑。可以说,民族文化的功能与地位具有不可替代性。文化往往被称为国家"软实力",但这种"软实力"具有"硬道理",对于民族精神的培育、意义世界的建构、公共文明的养成等具有重要的涵育浸润作用。所幸的是,中华民族具有五千年深厚积淀的优良文化传统,也正因此,中华民族内嵌着更基本、更深沉、更持久的不竭动力,得以生生不息。由于"家"在中国社会的独特地位,造就了家训、家风等构成的家文化居于传统文化价值内核的地位。推动中华传统家训文化的创造性转化与创新性发展,以及新型家训文化建设的重大现实意义,最直接地体现在两个方面,即传承与弘扬中华优秀传统家训文化、培育新时代优良家训家风。

(一) 传承与弘扬中华优秀传统家训文化

中国作为世界文明古国,其文化博大精深。端蒙养、重家训是其鲜明特色。如前文所说,家训,通常是指一家一族父祖长辈对家人子孙的教诲训示,也包括兄弟姐妹或夫妻等平辈间的诫勉或嘱托,旨在教导家人族众铸品行、辨是非、明善恶,指导家人子弟治家、处世、教子。中国传统家训文化当代转型与新型家训文化建设的现实价值,首先是对中华优秀传统家训文化的传承与弘扬,剔除传统家训文化中不适应当今社会发展的糟粕,推进传统家训文化的创造性转化与创新性发展。

中国传统社会"家国同构"的治理模式与文化传统,决定了家训文化成为中国传统文化的重要组成部分。如前所述,中国家训文化源远流长,思想资源

---

① 陈先达:《文化自信与中华民族伟大复兴》,人民出版社 2017 年版,第 184 页。

十分丰富,但核心要义始终围绕修身、睦亲、齐家、处世等方面展开。尤其是守道崇德、志存高远、笃守节操的修身之道;父慈子孝、夫义妇顺、兄友弟恭的睦亲之道;勤俭持家、严谨治家、忠厚传家的齐家之道;扶危济困、谦和待人、审慎交友的处世之道等。总体看来,中国传统家训文化是宝贵的教育智慧与伦理道德资源,其基本倾向是积极的,是中华优秀民族精神的重要载体。

转型,意味着改变,但并不是与传统的彻底决裂。相反,对于精髓部分不仅不能抛弃,而且要继承与传承下去,结合时代新要求,激发其作用与功能。与传统社会相比,当今社会各方面都发生了翻天覆地的变化,但优秀传统家训文化不因时代变迁而褪色,其精髓在新时代仍熠熠生辉,优秀传统家训文化是活着的当代文化。所以,我们要传承"传统",滋养"现在",创造"未来"。因而,应该善于继承和弘扬中华优秀传统文化尤其是家训文化,从中汲取传统家训文化的精华,"因为历史是连续的,传统文化并不意味着静态的'过去的文化',它是一股衔接过去、现在与未来的观念之流,是不容也不能隔断的。"①虽然我们所处的时代不同于传统社会,家庭结构也发生了变化,数代同堂基本上被核心家庭取代,但传统家文化之精华不因时代与家庭结构的变迁而失去价值,因为不论时代发生多大变化,不论生活格局发生多大变化,家庭仍然是社会的细胞和人生的第一所学校,仍然需要继承和弘扬传统家训教人睦亲齐家、宽厚谦恭、近善远佞、和待相邻、救难济贫、励志勉学、力戒恶习等治家、教子、处世的智慧,这些宝贵的精神财富与可贵的道德品质值得中华民族永远存续。需要"决裂"的只是传统家训文化中的糟粕部分,即由于生发于传统社会,受传统社会经济基础制约与政治制度、文化理念影响的那些消极思想观念,如愚忠愚孝、男尊女卑等封建纲常,这些与新时代价值理念显然格格不入,需要批判舍弃。

推进中国传统家训文化当代转型,既为批判继承与弘扬中华传统家训文

---

① 牛绍娜、陈延斌:《优秀家风培育与社会主义核心价值观建设》,《湖南大学学报(社会科学版)》2017 年第 1 期。

化提供了契机,也为新时代家文化建设提供了富有价值的资源。

(二)培育新时代优良家训家风

中国传统家训文化内容虽繁杂,但其核心要义是治家教子,营造风清气正的家风是贯穿中国传统家训文化的一条主线。中国传统家训名称多样,广义上的家训,涵盖家诫(戒)、家范、家规、庭训、宗训、族规、宗约、祠规等,但细究起来其中又有差别和不同。简单地说,家训和家规是家庭成员的教科书,家训、家规、家教是可视或可听的,而家风则是经过长期教化后形成的无形风尚与氛围。家规是家训教化的重要载体,家教是训家诫子的活动,家风则是家训训诫、家规规约、家教指导的目标归旨。可以说,优良家风的形成和传承是一种宝贵的、无形的教化资源,它会潜移默化地熏陶、浸濡着每位家庭成员,这种"润物细无声"的教化方式具有更好的育人效果。虽然家风看不见、摸不着,但其具有巨大而强烈的感染力:家风正,则家道昌;家风良,则子孙兴。

实现中国传统家训文化当代转型,新型家训文化建设是其落脚点,这对培育新时代优良家风文化也意义重大。中华优秀传统家训文化是传统家族文化的丰厚滋养,对维护传统社会的长期稳定与繁荣起了重要的作用,而家训教化凭借的是教化载体、教化内容、教化原则、教化方式等一套教化体系凝成了塑造优良家风的濡染力。家训文化建设与优良家风培育至关重要,家风家教才是真正的"不动产",物质财富、家产万贯只是暂时的,随时有被不肖子孙挥霍殆尽的危险。清人张履祥强调:"子孙贤,子以及子,孙以及孙;子孙弗肖,倾覆立见,可畏也。"①现实生活中,人们往往本末倒置,"舍心地而田地,舍德产而房产,已失其本矣。"②以德育子的优良家风才是最好的家族遗产,才是留给

---

① (清)张履祥:《杨园先生全集·训子语上》。
② (明)姚舜牧:《药言》。徐少锦、陈延斌、范桥、许建良:《中国历代家训大全》,中国广播电视出版社 1993 年版,第 293 页。

子孙的宝贵财富。古人云："积善之家,必有余庆;积不善之家,必有余殃"。积善之德和余庆之幸的关系问题,在伦理学上可归为德福论。"中国传统文化讲究行善积德,讲福报。事实上这个福报不是简单的因果报应,而是善善相循的结果。"①优良的家风家教传统,可以培养一代又一代人的优良素质。成才成事的人,大多家教很好。② 家风是世代子孙恪守家训家规而形成的家庭家族风尚,是一种无言的教育,濡染着家人族众的言行。因此,新时代家风培育极有必要。

　　2022 年 10 月,江苏师大中华家文化研究院在徐州举办"全国新时代家文化建设高层论坛"③

---

① 葛晨虹、陈延斌:《中国社会道德发展研究报告 2016——家教与家庭家风建设研究报告》,中国人民大学出版社 2018 年版,第 10 页。

② 牛绍娜:《探究传统家训尚德的三个维度》,《中国社会科学报》2021 年 3 月 25 日第 8 版。

③ 王广禄:《全国新时代家文化建设高层论坛在徐州举行》,《中国社会科学报》2020 年 11 月 4 日。

新时代优良家风培育除了继承与弘扬优秀传统家训文化,向"传统"回眸外,还要向"现在"发力。推进新型家训文化建设,一是为传统家训文化转型提供场域平台;二是为培育新时代优良家风指明了路径。新型家训文化建设是优良家风培育的重要环节,应包括教化载体、内容、原则、方式方法等多个维度。虽然这些在传统家训文化中大量存在,但随着社会的深度转型,有些已不适应新时代的发展要求,时常出现的诸如"北大学生弑母"、"黄埔男孩跳江"等事件着实让人心痛,虽然导致此恶果的原因错综复杂,但其家庭教育的失败无疑是重要原因。中国有重家训、端蒙养的文化传统,《颜氏家训》有言:"禁童子之暴谑,则师友之诫,不如傅婢之指挥;止凡人之斗阋,则尧舜之道,不如寡妻之诲谕。"①西方也有一句类似的教育格言,即"推动摇篮的手就是推动世界的手"。这些都揭示了家教的独特功能。因此,无论从历史的维度还是现实的视角,加强家庭教育、家风培育尤为重要,推进中国传统家训文化当代转型与新型家训文化建设极为迫切。应通过组建家训文化研究专门队伍,梳理和挖掘传统家训的积极内容,合理借鉴传统家训教化活动的实效路径方法,以推动新型家训文化建设,提升家庭教育水平,助推社会主义家庭文明新风尚。

二、中国传统家训文化当代转型的依据

唯物史观认为,社会存在决定社会意识,社会意识是对社会存在的反映。事物的变化发展有着深刻的依据,推动中国传统家训文化当代转型是由客观条件决定的。家训文化产生发展于传统社会,其依附的历史条件、家庭结构、伦理关系与价值理念等,在今天都发生了根本性变化,已不适应新时代的发展

---

① (北齐)颜之推:《颜氏家训·序致第一》。

要求。因此,推动中国传统家训文化当代转型,首先要正本清源,从根本上厘清家训文化从传统向当代转型的依据问题。

(一)历史条件的变化

任何事物的产生都取决于一定的条件,马克思恩格斯曾指出:"人并没有创造物质本身,甚至人创造物质的这种或那种生产能力,也只是在物质本身预先存在的条件下才能进行。"①作为社会意识形态的家训文化同样如此。纵观整个中国家训史,产生于先秦、定型于两汉三国、成熟于两晋隋唐、繁荣于宋元、鼎盛于明清、衰落于清末,②这幅绚丽的家训文化长卷是中国传统社会绘就的结果,传统社会的历史条件是滋养其发生发展的沃土。历史条件包括多个维度,既包括山川河流、地貌气候等自然地理环境,也包括经济政治、思想文化等社会人文制度。由于中华民族所处的自然地理环境,并未发生根本性的变化,故此处着重阐释社会人文制度的古今不同。

纵观社会形态史,人类先后历经了原始社会、奴隶社会、封建社会、资本主义社会、社会主义社会等,不同的历史条件塑造了不同的社会形态,不同的社会形态铸就了不同的道德价值。马克思主义经典作家认为:

> 每一历史时代主要的经济生产方式和交换方式以及必然由此产生的社会结构,是该时代政治的和精神的历史所赖以确立的基础,并且只有从这一基础出发,这一历史才能得到说明。③

也就是说,经济基础决定上层建筑,经济生活制约着社会生活、政治生活和精神生活。整体看来,中国传统社会生态包括自给自足的小农经济、专制集权与等级森严的社会政治结构、家族本位的文化传统、学而优则仕的科举选人

---

① 《马克思恩格斯全集》第 2 卷,人民出版社 1957 年版,第 58 页。
② 参见徐少锦、陈延斌:《中国家训史》,陕西人民出版社、人民出版社 2011 年版。
③ 《马克思恩格斯全集》第 1 卷,人民出版社 1995 年版,第 257 页。

用人制度等,这些历史条件凝成了男耕女织、忠君尊亲、男尊女卑、读书兴家等家训理念,并成为训家诫子的准则。家训内容是社会历史条件的折射,反过来,依此培养的子弟也是为进一步巩固社会基础服务。新中国打碎了传统社会的经济、政治等框架体系,也逐渐破除了陈规陋习,中华民族的当代生活展现出了全新的样态。尤其是党的十八大以来,中国特色社会主义进入新时代,社会历史条件发生了重大变化。自给自足的小农经济彻底解体,取而代之的是中国特色社会主义市场经济;高度中央集权的政治制度不复存在,人民民主专政、全心全意为人民服务等深入人心;家族意识淡化,民众逐渐进入半熟人(熟人社会向陌生人社会的过渡)、陌生人社会;选人用人机制更加多元、公开、透明等。可见,新时代的历史条件与传统社会相比发生了翻天覆地的质变,家训作为家庭的一种重要教育形式,同社会制度、历史条件有着密切联系。社会历史条件的变化必然随之带来家训文化的变革,由当代社会历史条件所决定并与之相适应,新时代家训内容显然不能同于传统家训,不再主张忠君、男尊女卑等,而是倡导爱国、平等等价值理念,这既是新时代家庭教育的应然要求,也是社会主义核心价值观的基本内容。归根到底,这是新时代中国特色社会主义历史条件决定的。

(二)家庭结构的变化

家庭作为社会的细胞,社会历史条件的变化必然带来家庭结构的变迁。中国传统家训生发并服务于大家族制,对整个家族的绵延、兴盛起到了不可磨灭的作用。有学者指出:"传统中国家庭制度的主要特征之一就是大家庭组织……好几代子孙住在一起,不仅是家庭的福气,也是整个社区的模范,这样的家庭在整个社区中具有相当高的地位。"①然而,到了近代,随着"三千年未

---

① [美]M.A.拉曼纳、A.尼雷德门:《婚姻与家庭》,李绍嵘、蔡文辉译,(台北)巨流图书公司1995年版,第282页。

有之大变局"的出现,家庭结构也逐渐由传统向近代转型。以江苏为例,晚清民国时期,江苏家庭平均人口如下:1909—1910 年 4.86 人、1912 年 5.82 人、1928 年 4.973 人。① 著名社会学家费孝通指出:

> 大家庭并不是我们中国社会结构中的普遍方式,各地方每户人数的平均,据已有的农村调查说,是从四个人到六个人。四个人到六个人所组成的地域团体绝不能形成上述那种大家庭。②

可见,清末民初时期家庭规模呈现小型化的发展趋势,大多不再是传统社会几代同堂的大家族制。晚清民国时期家庭规模呈小型化,家庭结构趋向简化,无论是城市还是农村,核心家庭和主干家庭(即小家庭)始终是家庭类型的主流形态,且比例逐年攀升,而联合家庭(即大家庭)所占比例逐渐下降。1861 年核心家庭和主干家庭占总家庭的 64.9%,20 世纪 40 年代农村核心家庭和主干家庭占总家庭数的 81.2%,城市则高达 96%。③ 这进一步印证了累世同居的大家庭明显减少、家庭规模日益缩小的事实。

到了当代,这种趋势更加明显。尤其是改革开放以来,家庭结构的变化,从人口数量看,规模越来越小,核心家庭已成为当代中国家庭结构的主体。

> 据国家统计局提供的情况表明:传统的"四代同堂"家庭基本成为历史。1995 年中国大陆家庭户数增长了 16.3%,这些新增家庭户的绝大部分是原有家庭中的成年子女结婚后分离出来的"小家庭",5 年间,全国家庭平均规模减少了 0.26 人。从家庭的代际结构看,一代户为 15.74%,两代户为 64.84%,三代户为 12.98%,四代户为 0.23%……小家庭成为当代社会最基本的生活单元。④

---

① 张国刚、郑全红:《中国家庭史》(民国时期),人民出版社 2013 年版,第 41 页。
② 费孝通:《生育制度》,群言出版社 2016 年版,第 97 页。
③ 张国刚、郑全红:《中国家庭史》(民国时期),人民出版社 2013 年版,第 53 页。
④ 李培超、李彬:《中华民族道德生活史》(现代卷),东方出版中心 2014 年版,第 258—259 页。

"小家庭"时代,核心家庭取代了数代同堂,人口流动加剧,祠堂文化弱化或消失,"大家族"时代承担家人子弟教化责任的"族长"或"家长"威望淡化甚至不复存在,等等,这使得原本维系大家族伦理关系的传统家训文化的束缚力明显减弱,但家族这种一脉相承的家文化潜移默化的影响力依然存在,并在子孙代际中传承。

生活在"小家庭"时代,该如何传承家风,如何实现传统家训与当代家庭的无缝对接,需要根植传统、把握现在、面向未来。历史是连续的,是无法割裂的"链条"。传统并不仅仅代表过去,它是连贯过去、现在与未来的根脉,从历史上延续下来的思想、文化、道德、风俗、艺术、制度以及行为方式等,都有其存续的合理性,并与"现在"、"未来"的走向紧密相随。伦理学意义上的"传统"是从文化的角度加以界定,指的是一种文化现象,即植根于一个民族生存发展的历史过程中,是这个民族所创造的经由历史凝结而沿传至今并不断流变着的诸文化因素的有机系统。① 从时间上看,传统意味着过去,但并不是说过去就不重要,没有传统奠基就没有现当代的传承与未来发展。不忘本来方能开辟未来,历史不可能"开倒车",它总是在解决问题中前进。既然当代的"小家庭"不可能倒回传统的"大家族",那就需要推动中国传统家训文化的创造性转化与创新性发展,使之与当代家庭发展、家庭教化相匹配。可见,家庭结构的巨大变化,是中国传统家训文化当代转型的又一依据。

(三) 伦理关系的变化

伦理,即人伦道德之理,指的是人与人相处的各种道德准则。伦理关系作为社会关系的重要方面,会随着历史条件的变化而变化,如原始社会的平等互

---

① 朱贻庭:《伦理学大辞典》,上海辞书出版社 2011 年版,第 34 页。

助、奴隶社会的奴隶对奴隶主的人身依附、封建社会的宗法等级制度和"三纲五常"的道德体系、资本主义社会的个人主义与利己主义、社会主义社会的公正平等、共产主义社会的人的自由全面发展等，不同的社会形态形成了不同的社会关系与伦理关系。当今，我们处于社会主义初级阶段，与传统社会相比，我们的伦理关系是目前为止人类社会最先进的人伦关系，人与人之间没有剥削、没有压迫，而是平等、自由、公正、团结的伦理关系。由此，形成了包括社会主义集体主义原则、社会主义人道主义原则、社会主义公正原则在内的完整的社会主义道德原则体系。这种伦理关系的变化也渗透在婚姻家庭领域，家训文化就是伦理关系在家庭或家族中的彰显。例如长达两千多年的封建社会，其社会伦理关系始终围绕封建宗法礼制展开，所谓"君为臣纲、父为子纲、夫为妻纲"的"三纲"与"仁义礼智信"的"五常"规范，在中国传统家训文化中体现得极为充分，"忠君"、"孝悌"、"男尊女卑"、"仁爱为本"、"诚信待人"等价值理念成为家家户户教诫子弟的基本内容。然而，我们所处的社会主义社会不同于传统社会，社会关系、伦理关系、代际关系、人际关系均发生了巨大变化，调节家族成员关系的传统家训已显然不适应当代社会伦理关系，这就决定了需要依据新时代伦理关系推动中国传统家训文化转型，构建当代新型家训文化。

以上是从宏观的视角、社会伦理关系层面的变化，说明中国传统家训文化当代转型的必要性。从微观视角看，婚姻家庭伦理的变迁也决定了中国传统家训文化转型的必要性。"随着家庭规模的逐渐缩小，户均人口数的不断下降，打破了以往的大家庭结构，这种家庭结构核心化的发展趋势，引起了夫妻、亲子、兄弟姐妹等婚姻家庭伦理关系的重大变化。"①其一，夫妻关系是建立在爱情的基础上，婚姻自由、男女平等，不再是"夫为妻纲"、男尊女卑，取而代之

---

① 李培超、李彬：《中华民族道德生活史》（现代卷），东方出版中心 2014 年版，第 259 页

的是一夫一妻、两性平等;而且,夫妻关系在传统社会家庭中处于次要地位,但在当代家庭中越来越处于核心位置。马克思指出:"现代一夫一妻制家庭,是历史发展的产物,它将随着社会的发展而达到更高级的阶段,在那个阶段上的道德特点,将是达到真正的'两性间的平等'。"①其二,父子关系的重心由"父"转向"子"。由于家庭结构趋于简单化,以及计划生育政策的实施,"小家庭"取代了"大家庭",家庭成员纵向关系也重心下移,不少家庭对孩子过于溺爱,全体家庭成员以孩子为生活中心。加之信息时代的到来,知识更新换代节奏加快,老一辈的文化优势渐渐缺失,长辈也要向子女学习从未经历过的事情,这就使得家庭代际伦理重心下移,由原来的以长者为重变为以子女为中心,一定程度上导致敬老孝亲意识的淡化。"上海市妇联在 1996 年所进行的有效率达 80% 的 1400 份问卷调查结果表明,认同'百善孝为先'的仅为25.55%。"②其三,兄弟姐妹关系趋于简化。传统社会大家族制下,同辈兄弟姐妹众多,且对男孩较为重视,对女孩管理严格,家训中专门设有"闺门"规章制度,甚至有女训以规导女性德行。当代社会家庭结构呈小型化,独生子女与二孩家庭占多数,家庭关系中男女平等,在教育、就业等方面享有平等的机会。可见,当代家庭伦理在夫妻关系、父子关系、兄弟姐妹关系较传统社会发生了重大变化,为了与当代家庭伦理关系相适应,必须从这一客观现实出发,构建新型家训文化,营造优良家风,为培养时代新人助力。

(四) 价值理念的变化

社会由传统迈进现代和当代,除了历史条件、家庭结构、伦理关系等发生

---

① 参见刘镇江、刘红利:《马克思恩格斯婚姻家庭伦理思想及其时代价值》,《湘潭大学学报》2009 年第 1 期。

② 参见李培超、李彬:《中华民族道德生活史》(现代卷),东方出版中心 2014 年版,第260 页。

了巨大变化,在客观上构成了中国传统家训文化当代转型的依据。除此之外,人们对于一些价值理念的理解由于上述客观因素的变迁也存在一定的偏差,中国传统家训文化倡导的价值理念与当今社会主张的核心价值理念在内涵上有错位甚至格格不入,这在价值理念变化的层面决定了中国传统家训文化要以社会主义核心价值观为价值指引,扣紧时代脉搏,与时俱进,剔除传统价值理念之糟粕,与时代价值接轨。社会主义核心价值观是新时代价值取向的深度凝练与概括表达,是当代中国发展进步的精神指引,这里以社会主义核心价值观为主线,对比某些价值理念古今变化,以阐明中国传统家训文化当代转型的必要性。

不可否认,传统文化尤其是优秀传统文化滋养着中华民族,贯穿于社会发展始终,中国传统家训文化与社会主义核心价值观有颇多共通之处。譬如社会主义核心价值观国家层面所倡导的"富强"、"民主"、"文明"、"和谐",社会层面倡导的"自由"、"平等"、"公正"、"法治",个人层面倡导的"爱国"、"敬业"、"诚信"、"友善"等,在许多传统家训教化中均有契合和体现。比如《钱氏家训》中的"务本节用则国富,进贤使能则国强,兴学育才则国盛,交邻有道则国安",以及"大智兴邦,不过集众思;大愚误国,只为好自用"①,均与"富强"、"民主"理念有所契合。再如,陆游"王师北定中原日,家祭无忘告乃翁"的叮嘱,《郑氏规范》"子孙倘有出仕者,当早夜切切以报国为务"的教训,《许云邨贻谋》"壮而入仕,固当不论崇卑,一以廉恕忠勤,报国安民"的告诫,也无不体现"爱国"、"敬业"的价值理念。又如,几乎所有家训都倡导的睦族善邻、扶危济困、体恤孤寡等,都是"友善"、"和谐"理念的古代表达。

但是,随着社会各方面的变迁,有些价值理念的内涵发生了变化,以"法治"、"爱国"、"敬业"为例。"法治",在传统家训文化体系中,更多地体现为

---

① 牛绍娜、陈延斌:《优秀家风培育与社会主义核心价值观建设》,《湖南大学学报(社会科学版)》2017年第1期。

运用家法族规等"民间法"施以惩戒以治家教子,如宋代包拯家训在《训子孙》告诫子孙:"后世子孙仕宦,有犯赃滥者,不得放归本家;亡殁之后,不得葬于大茔之中。不从吾志,非吾子孙。"①而当代社会的"法治",与传统社会的"家法"已经根本不同,其彰显的是全社会的法治精神,强调的是全方位、全过程地融入治国理政、社会管理、个人言行,全面推进科学立法、严格执法、公正司法、全民守法的依法治国基本格局。"爱国",在传统社会往往与"忠君"混为一谈,如清代彭玉麟家书引用袁枚诗云:"男儿欲报君恩重,死到沙场是善终"②,倡导臣民对君主的忠诚;岳母刺字训子"尽忠报国",更是家喻户晓。这是"爱国"价值理念在传统社会的真实写照。而当今社会,"君"已不复存在,"忠君"失去了其固有的根基,爱国体现的则是人们对祖国的深厚情感,表现为爱祖国的大好河山、爱自己的骨肉同胞、爱祖国的灿烂文化、爱整个中华民族,是民族精神的核心内容与集中体现。"敬业",虽指士农工商各种职业,但在"学而优则仕"的传统社会,更多指的是学业上的勤奋,如宋代学者家颐在《教子语》开篇就言:"人生至乐,无如读书;至要,无如教子",将读书教子视为人生至乐至要之事。③ 当今社会的"敬业"理念,则是职业道德的行为准则与内在要求,体现的是兢兢业业、勤勤恳恳的职业态度与职业操守,是创造更大人生价值的基本前提。可见,在传统家训文化中这些价值理念过于窄化,甚至有不合理之处,与当今社会倡导的主流价值取向颇有不符,这就需要推动中国传统家训文化的当代转型,丰富、更正部分价值理念,以契合新时代发展要求。

---

① 陈延斌、葛大伟编著:《中国好家训·公廉篇》,江苏凤凰科技出版社 2017 年版。
② 陈延斌、葛大伟编著:《中国好家训·爱国篇》,江苏凤凰科技出版社 2017 年版。
③ 牛绍娜、陈延斌:《优秀家风培育与社会主义核心价值观建设》,《湖南大学学报(社会科学版)》2017 年 1 期。

三、传统家训文化当代转型的路径方法

推动中国传统家训文化当代转型与新型家训文化建设,对弘扬中国优秀传统家训文化、培育新时代优良家风等意义重大,历史条件、家庭结构、伦理关系、价值理念等变化也决定了中国传统家训文化当代转型的必要性。那么如何转型? 即传统家训文化当代转型的路径方法,则是需要重点探讨的核心问题,也是实现中国传统家训文化创造性转化与创新性发展的中心环节。笔者认为,可以从以下几方面着手:呼唤多方参与,为传统家训文化当代转型搭建复合平台;汲取家训优秀思想资源,为传统家训文化当代转型存续合理内核;遵循社会主义核心价值观,为传统家训文化当代转型提供价值指引;加快新型家训文化建设,为传统家训文化当代转型寻求现实根基。

（一）呼唤多方参与,为传统家训文化当代转型搭建复合平台

家训是治家教子的教科书。家庭在子女教育问题上具有不可替代的重要地位与功能作用,但教育绝不仅仅是家庭这一平台可以独立完成的,而是需要整合家庭、学校、社会、政府、新媒体等多方资源优势,搭建"五位一体"复合平台,共同致力于促进中国传统家训文化的当代转型,全方位全过程地推动传统家训资源的创造性转化与创新性发展。

家庭是推进传统家训文化当代转型的"主阵地"。家庭是人生的第一所学校,父母是第一任教师,家教是一个人的"原初"教育,这都凸显了家庭在子女成长成才教育中的责任与担当。因此,推动传统家训文化的当代转型,应首先从家庭抓起。家长要重视家训文化对子女成人成才的重要性,注重家庭文明风尚对子女品德养成的濡染力,自觉学习、汲取中国传统家训文化的有益做法,与新时代家庭教育相衔接,如提炼家庭的家训,形成家庭核心价值观;根据

家庭实际情况,制定切实可行的家规作为家庭成员遵循的"基本法"等。

学校是推进传统家训文化当代转型的"主课堂"。家庭是教育的起点,但随着近代学校教育的兴起,学校成了除家庭之外未成年教育最直接的场所。学校不仅要教会青少年知识,更要助力青少年美德养成,而中华优秀传统家训文化是极具特色的德育资源,学校可以将这笔宝贵的教育资源通过课堂教学、管理育人、校园文化、社会实践等多种方式融入知识教育全过程,开展家训家风教育活动,使优秀家训文化更有效地进校园、进课堂、进学生头脑,成为时代新人的价值理念与修身、齐家、处世的行动指南,打造传统家训文化当代转型的又一重要平台。

社会是推进传统家训文化当代转型的"大熔炉"。人创造环境,同样环境也创造人。社会是个"大熔炉",对个人的价值取向、世风民风有着重要的熏染作用,推进传统家训文化当代转型要充分利用"大熔炉"的熏陶与导向,为传统家训文化当代转型营造良好的社会氛围。譬如,实现挖掘形式的多样化,打通优秀传统家训文化传承"最后一公里"。中央文明办开展的"最美家庭传好家训"活动,不少地区开展的深入城乡社区开展"写家史、传家训、品家书"、"发现最美、传递最美、争当最美"、"家庭美德大讲堂"等系列活动,大大调动了百姓参与活动的积极性,激活了优秀传统家文化基因,弘扬了传统美德,收到了兴家风、淳民风、正世风的良好效果。① 再如,重视传统节日对孩子的怡情养志熏陶。数千年来,中华民族逐渐形成了春节欢庆、清明祭扫、中秋团圆、重阳登高等节日习俗,这些传统节日内嵌丰厚的家庭教化、家风陶冶的文化底蕴,我们应该善于抓住节日活动契机,因势利导地在全社会开展优秀家训文化洗礼教育活动,形成家人团聚、祭祖孝亲等氛围,使继承与弘扬中华优秀传统家训文化成为大众的行动自觉。

---

① 牛绍娜、陈延斌:《优秀家风培育与社会主义核心价值观建设》,《湖南大学学报(社会科学版)》2017年第1期。

政府是推进传统家训文化当代转型的"主推手"。在价值多元化的今天，推进传统家训文化当代转型仅靠家庭、学校、社会的力量是不够的，还需党和政府相关部门积极倡导和政策支持，更需法律法规的强力保障。近年来，尤其是党的十八大以来，我们党和国家高度重视家庭文明建设，多次出台相应政策，为传统家训文化的创造性转化与创新性发展提供了导向与保障。2015年教育部印发了《教育部关于加强家庭教育工作的指导意见》；2016年党的第十八届中央委员会第六次全体会议通过的《关于新形势下党内政治生活的若干准则》，要求："领导干部特别是高级干部必须注重家庭、家教、家风，教育管理好亲属和身边工作人员"①；2016年中央文明委出台了《关于深化家庭文明建设的意见》；2017年1月，中共中央办公厅、国务院办公厅印发了《关于实施中华优秀传统文化传承发展工程的意见》，强调"挖掘和整理家训、家书文化，用优良的家风家教培育青少年。"②《准则》、《意见》等为传统家训文化当代转型提供了参考依据与价值指向。2021年10月23日，十三届全国人大常委会第三十一次会议表决通过了《家庭教育促进法》，"明确家庭教育以立德树人为根本任务，规定家庭教育的概念、要求、内容、方式方法等，着力制定和完善相关制度和措施，让家长明白家庭教育为了什么、做什么、怎么做等，为家长实施家庭教育提供指引。"③《家庭教育促进法》的颁布与实施，为家庭教育提供了强有力的法律保障，为新时代开展与推进家庭教育起到了保驾护航的作用。

新媒体是推进传统家训文化当代转型的"辐射源"。随着第四次工业革命的推进，我们已经进入信息化时代，云计算、大数据、"互联网+"等已成为时代标识。新媒休凭借着传播速度快、途径广、即时性与参与性强等优势，渗透

---

① 　《关于新形势下党内政治生活的若干准则》，《光明日报》2016年11月3日第5版。

② 　中办国办印发《关于实施中华优秀传统文化传承发展工程的意见》，《光明日报》2017年1月26日第1版。

③ 　王春霞：《促进家庭教育　共育时代新人》，全国妇联女性之声网 https://www.163.com/dy/article/GN059B0Q05149JUI.html.2021-10-23。

到社会各个领域,甚至成为一种生活方式,表现出强大的辐射作用,成为人们获取信息、表达情感、沟通交流的重要方式。因此,我们要充分发挥新媒体的传播作用,推进传统家训文化的当代转型。譬如借助网站、微信、微博、QQ、短信、飞信等平台,通过分享、转发、点赞、留言等方式推进优秀传统家训文化充盈网络空间,推动优秀传统文化融入百姓日常生活。这就需要新媒体自觉承担社会使命,以传播时代优良家风与"真善美"正能量为己任,祛魅去俗,真正以科学的理论武装人、以正确的舆论引导人、以高尚的精神塑造人、以优秀的作品鼓舞人,成为优秀传统家训文化积极弘扬者与时代家风培育的鼎力助推者。①

(二)汲取家训优秀思想资源,为传统家训文化当代转型存续合理内核

当今世界处于"百年未有之大变局",新时代的中国社会在历史条件、家庭结构、伦理关系、价值理念等多方面发生了深层次变化。在大变革的时局下,传统家训文化也面临何去何从、变革转型的问题。但转型并不意味着对"前文化"的彻底摒弃,相反,对优秀传统资源不仅不能舍弃,还要继承与弘扬。真正意义上的转型,是剔除糟粕并承继精华。且转型是个循序渐进的过程,不可能一蹴而就。所以,当代中国传统家训文化虽转型,亦有对优秀传统坚守和传承的成分,尤其要积极吸纳家训优秀思想资源,为传统家训文化当代转型存续合理内核。中国传统家训文化之所以能延续三千年之久,一定有着优秀的价值内核值得传承,综观整个中国传统家训文献,家训涉及的领域极其广泛,但其内核是治家教子,本质上是一种伦理教育和人格塑造,其整体的基本倾向是积极的,集中体现了中华民族的基本文化精神。

---

① 牛绍娜、陈延斌:《优秀家风培育与社会主义核心价值观建设》,《湖南大学学报(社会科学版)》2017年第1期。

在教化内容上,中国传统家训文化积聚了丰厚的优秀道德资源与伦理智慧。其一,强调修身立德的成人要义。儒家文化注重"修齐治平","修身"是"齐家""治国""平天下"的前提,受其影响,传统家训把立身修德放在子弟教育首要位置,都强调"德"是立身之本、为学之本、持家之本。比如《颜氏家训·省事篇》提出"君子当守道崇德",清代学者孙奇逢《孝友堂家训》强调"端蒙养是家庭第一关系事"。其二,传承睦亲齐家的治家智慧。治家之道是家训伦理思想的重要内容,经过历代积淀逐步形成了勤俭持家、睦亲善邻的优良传统。孙奇逢家训说:"父父子子,兄兄弟弟,元气团结"是"家道隆昌"的必不可少条件。① 王夫之指出:"孝友之风坠,则家必不长。"②数千年来,齐家的传统美德一直是我们民族精神、优秀传统的重要组成部分,成为中华道德文化宝库的一块瑰宝。其三,促进族人乡党仁爱友善。中华民族自古注重"和"文化,崇尚"以和为贵"。在"仁爱"、"中和"、"大同"等伦理理念的浸润下,中国传统家训彰显了"睦宗族、和邻里"的仁爱友善精神。在"家国同构"的治理框架下,济危扶困、乐善好施等互助伦理不仅有益于家族内部成员的团结,而且有利于传统乡村社会的稳定。许多家训都体现了扶危济困、捐助公益的传统美德,被朱元璋誉为"江南第一家"的郑氏家族,在善待乡邻、救难怜贫、讲究人道方面尤为突出,令人钦佩。《郑氏规范》告诫子弟:"里党或有缺食,裁量出谷借之,后催元谷归还,勿收其息。其产子之家,给助粥谷二斗五升。"规定"展药市一区,收贮药材。邻族疾病,其症彰彰可验,如疟痢痈疖之类,施药与之";"桥圮路淖,子孙倘有余资,当助修治,以便行客。或遇隆暑,又当于通衢设汤茗一二处,以济渴者。"③以《郑氏规范》为代表的传统家训对家人子弟的

---

① 徐少锦、陈延斌、范桥、许建良:《中国历代家训大全》,中国广播电视出版社1993年版,第300页。

② 王夫之:《船山遗书·姜斋文集补遗》卷一。

③ 陈延斌:《中华十大家训》(卷二),教育科学出版社2017年版,370页。

这些训诫,旨在教导他们以仁爱友善之心对待族人乡党,培育乐善好施的"大我"情怀,营造团结互助的乡曲氛围。其四,倡导爱国爱家的家国情怀。在社会结构和社会治理上,中西方走了两条不同的历史道路,中国根植于"亚细亚"生产方式的文化传统,奠定了家庭在社会治理与国家治理中的重要地位与作用,"修齐治平"、"家国同构"治理模式成为中华民族的特色标识。中国家训在家人子弟教化方面向来注重爱家与爱国的双重维度,凸显爱国与爱家的家国情怀。例如宋代官吏叶梦得《石林家训》告诫家族子弟,"凡吾宗族昆弟子孙,穷经出仕者,当以尽忠报国,而冀名纪于史,彰昭于无穷也。"①除上述内容之外,从古到今、从豪门显贵到普通百姓的家训,均无不教导子孙勤俭持家,力戒奢侈浪费。

这些教化内容体现了中国传统文化的精华,是道德文化宝库中当之无愧的瑰宝,是"修齐治平"文化传统在家族层面的彰显,对于个体修身、睦亲齐家和家国情怀培育等方面发挥着重要作用,维系了传统社会的长期稳定与世家大族的繁荣昌盛。精华不因时代变迁而失去光泽,我们要善于汲取传统家训的优秀思想资源,在存续传统家训文化合理内核的同时,为新时代家庭文明建设提供重要滋养。

(三) 遵循社会主义核心价值观,为传统家训文化当代转型提供价值引领②

马克思主义经典作家认为:"一切东西都有好的一面和坏的一面,重要的是,好的一面应当吸收,而坏的一面则应抛弃。"③推动传统家训文化当代转

---

① 叶梦得:《石林家训》,王卫平等主编:《苏州家训选编》,苏州大学出版社 2016 年版,第 3 页。

② 本目主要内容,牛绍娜、陈延斌以《优秀家风培育与社会主义核心价值观建设》为题,发表于《湖南大学学报(社会科学版)》2017 年第 1 期。

③ 《马克思恩格斯文集》第 3 卷,人民出版社 2009 年版,第 366 页。

型,一方面要"返本",汲取传统家训文化中勤俭节约、端蒙正养、睦族善邻等治家教子思想的合理内核,积极弘扬传统家训文化中教人和睦向善、诚信处世等价值精神,注意去其糟粕,与时俱进地传承这份珍贵遗产。另一方面,推动传统家训文化当代转型还要"开新",毕竟家训文化生发于传统社会,带有封建社会的局限,与当代社会价值理念显著不同甚至格格不入。譬如传统社会的"男尊女卑"、"服从尊长"等伦理规范,就与当今社会主义核心价值观所倡导的"自由"、"平等"、"公正"、"民主"、"法治"等价值理念相背离。

实现传统家训文化的当代转型,最基本的是要使其与我国基本国情尤其是社会主义生产力和生产关系相匹配,因为任何一个民族的文化归根到底受它的生产力状况和经济基础的制约。社会主义核心价值观是基于中国特色社会主义本质要求、中华优秀传统文化及人类文明成果等多维视角提炼出的价值共识,是新时代价值取向的深度凝练与集中表达。推动传统家训文化当代转型应以社会主义核心价值观为指引,批判继承传统家训文化,推陈出新,探寻既立足传统文化又与社会主义初级阶段所倡导的价值观念、行为准则等相适应的新型家训文化,做好传统家训文化的创造性转化和创新性发展,使其与社会主义核心价值观相契合。

鉴于此,应该立足当前发展要求,实现传统家训文化与时代价值的融合创新。传统家训文化当代转型与当代家训文化塑造,应以社会主义核心价值观为引领,在继承优秀传统家训文化孝亲尊老、勤劳俭朴、睦邻友好、乐善好施等的基础上,着力将尊老爱幼、民主平等、勤俭持家、诚信友善、敬业爱国等社会主义核心价值理念,融入时代家风营造和优化工作中。在与这些核心价值理念相契合的传统家训文化、道德文化中,有些随着时代变化而发生了改变。譬如上文述及的"敬业"、"爱国"等,古今社会意蕴就有所不同。在传统社会,"敬业"更多地表现在对学业的勤恳,爱国多为"忠君"的别称;而在当下,敬业是对职业的兢兢业业,爱国则是对祖国的热爱之情。与传统家训文化差别较大的是"民主平等"理念,尽管传统家训文化中也不乏"民主"、"平等"思想元素,但整体上看,更多的是等级社会的男尊女卑、"三纲"戒律。因此,当今社会在弘扬孝道的同时,也要尊重每位家庭成员的人格及权利,以社会主义核心价值观为基本遵循,剔除不再适应新时代发展要求的糟粕,共同营造自由平等、和谐有序的家庭氛围,形成爱国爱家、相亲相爱、向上向善、共建共享的社会主义家庭文明新风尚,推动传统家训文化当代转型与新型家训文化建设。

(四)加快新型家训文化建设,为传统家训文化当代转型寻求现实根基①

推动传统家训文化当代转型,涉及"往哪转"、"转在何处"、"落脚点在哪"即现实着落问题。家训,被誉为"中国人的家庭教科书"②,传统家训文化当代转型的着落点自然在家庭。这就需要加快新型家训文化建设,"接住"传统家训文化之精华,"抛去"传统家训文化之糟粕,为传统家训文化当代转型寻求现实落脚点。笔者以为,加快新型家训文化建设,应从以下几方面着力做起:

其一,怡养涵育:让地方家训文化资源成为新型家训文化培育沃土。成千上万的家庭经过世代传承形成的家文化,是中国传统文化的生动表达和特有形式,尤其地方优秀家训家风资源更是推动新型家训文化落地生根的精神给养。地方家训家风资源是当地百姓生活习惯、道德风尚、伦理规范的长期积淀和文化标识,用此推进新型家训文化建设更易被百姓认同、践行。可以以组建地方家训文化研究专门队伍、发挥地方家风文化资源的育人功能等方式,为新型家训文化建设与家庭美德培育提供学理支撑与教育平台。

---

① 本目主要内容,牛绍娜、陈延斌以《优秀家风培育与社会主义核心价值观建设》为题,发表于《湖南大学学报(社会科学版)》2017 年第 1 期。

② 参见陈延斌:《家训:中国人的家庭教科书》,《中国纪检监察报》2016 年 3 月 16 日。

其二,以身示范:让家长成为新型家训文化建设第一责任人与子女教育的榜样。一方面,家长要重视家训文化,注重家庭文明风尚的培育,利用家庭成员的血缘亲情,潜移默化地开展家庭教育。《颜氏家训》开篇指出:"夫同言而信,信其所亲;同命而行,行其所服。"①人们愿意相信关系亲密的人所说的话,愿意执行敬佩的人所发的指令。家庭成员尤其是长辈与子女之间亲密无间的血缘关系,以及中国家庭中子女对长辈的孝敬,决定了家庭中子女教育收到的效果是其他教育平台不能比拟的,这种来自血缘亲情的教育更易被青少年接受。家长应善于挖掘传统家训家风文化的积极资源,自觉制定适合自家遵行的家规,开展有计划的家教活动,以规范家人行为,形成孝老爱亲、团结邻里、勤俭节约的家庭风尚。另一方面,注重发挥家庭长辈的榜样垂范作用,以身体力行濡染孩子德行。正像司马光在《居家杂仪》中嘱告家人的那样:"凡为家长,必谨守礼法,以御群子弟及家众。"在价值多元的今天,推进优秀家风培育更需家庭成员的代际传递,长辈要认真学习领会中华民族优秀传统家训文化,以言传身教、榜样示范浸润青少年,帮助其更好受到中华优秀家文化的熏陶。

其三,日常养成:将新型家训文化建设在日常生活中落细、落小、落实。加快推进新型家训文化建设重在落小、落细、落实上下功夫,只有使其入脑、入耳、入心,才能真正内化于心、外化于行,熔铸主体的道德品质。这就离不开日常养成训练,离不开言传身教的渐进熏陶,这是由品德生成与未成年人身心发展的客观规律决定的。"养"之所以重要,因为它是道德行为转化为道德品质的必要条件,"少成则若性也,习惯若自然也"②,强调的正是如此。同时,未成年人处于"拔节孕穗期",最需要精心引导与培育。他们的世界观、人生观、价值观具有极强的可塑性,正确的教育、引导对其品德素质的养成至关重要,所以古人云"教子婴孩"。因此,新型家训文化建设不是空洞的口号,更不是冷

---

① （北齐）颜之推:《颜氏家训·序致第一》。
② 《孔子家语·七十二弟子解》。

冰冰的家庭训诫,而是将家训文化融入日常生活,在一言一行中浸润着家庭成员尤其是未成年人,从而真正发挥家训治家教子的功能,有利于德才兼备的时代新人的培育。

四、以优秀传统家训文化滋养当代家庭新型家训文化建设

推进传统家训文化当代转型的落脚点在于加快新型家训文化建设,而建设当代家庭新型家训文化,需要优秀传统家训文化的滋养。传统家训文化中训诫制度、崇道贵德育人理念、敬长孝亲之道、治家教子方式方法、守望相助睦邻文化等,是中华传统文化在家庭层面的弘扬,也是中华优秀传统文化的精神内核与鲜明特色。几千年的积淀与传承,汇聚了优秀的传统家训文化,成为我们当今当代家庭新型家训文化建设的丰富营养,为培塑时代家庭文明新风尚提供了可贵借鉴与参考。

(一)借助传统家训族规合理训诫制度,增强当代家庭教育权威性

在中国传统社会,几乎每个家族都有系统的道德规范和管理制度。如安徽宁国竹溪《陶氏家法》、湖北麻城《鲍氏户规》、江西南丰《赵济公族规条约》、四川峨边《葛氏赏罚条规》、湖南浏阳《林氏禁令》等。这些规范和制度在家族中有着至高无上的权威,是评定族人一言一行是否合规的标尺。一旦有人越轨,便会受族人的谴责与家族的惩罚。家庭的有序运转,需要"法律性文件"即具有"家法"性质的家规族约来规范、教导家人子弟,如子孙行为不当,族中会有明确的惩罚措施;如子孙志向高远、但学业、生意有困难,族中也会给予资助。

严肃性是家法族规的突出特征,依据家法族规治理家族,首先要让族人敬畏家法族约,这样才能保身持家。正如安徽青阳临城《柏氏家规十一条家范八条》所言:"保身持家,莫大于畏法。"①家法族规的严肃性保证了其权威性,使其在一家一族具有"法律"效应,保证了家族的规范性、有序性。需说明的是,这种惩戒制度并不仅仅是长者、尊者的"专利",不少家族同时明确规定了尊长者不得以尊凌卑,否则也要受到处罚。长沙、湘潭、宁乡三邑《任氏家规家训》规定:"倘有卑幼者侮慢尊长,鸣众罚之。为尊长者,亦不得挟分凌卑,漫以无礼加之,犯者亦罚。"②家法族规除了严肃性,还具有赏罚分明性,不仅对违反家规族约的言行给以重罚,还对崇德尚贤的族人给予奖励,以树立典型示范他人,塑造优良乡村社会氛围。例如江苏苏州东桥《张氏家训家规戒例奖例》,就专门设立一系列戒例奖例,奖惩分明。规定"男妇不遵礼法,不守家规,行淫为盗,玷辱祖宗者,谱削其名";"修身为齐家之本。凡我弟侄子孙,能遵圣学正心身修,以致家齐者重奖。"③赏罚作为教育手段的正反两方面,有利于增强家法族规对家人族众的教化效果。当然,传统社会家法族规不乏有愚忠愚孝、棍棒主义等色彩,这是我们应该给予批判与否定的。重要的是,要借助传统家训家法、族训族规的合理训诫制度,增强当代家庭教育的权威性。

当今社会,随着家庭重心的下移与平等伦理关系的发展,家庭核心由"家长"转向"子女",这在一定程度上削弱了家长教育子女的权威性。有些家庭甚至将孩子溺爱成"小皇帝"、"小公主",使得这些"温室里的花朵"经不起风雨的吹打,这不能不说是家庭教育的悲哀。当今社会频发诸如"北大学生弑

---

① （清）柏元恺等纂:《[安徽青阳]临城柏氏宗谱》,清光绪二十三年木活字本。

② （清）任功汉纂修:《[湖南长沙、湘潭、宁乡]善潭宁三邑任氏原修族谱》,清道光二十一年烧汤河杏子堂木活字本。

③ （清）张士岳等修,张正学纂:《[江苏苏州]东桥张氏宗谱》,清同治九年孝友堂木活字本。

母案"、"黄埔男孩跳江案"等事件,着实让人心痛,这些悲剧的发生与家庭教育方式、教育理念等不无关系。当代社会提倡赏识教育,惩戒教育逐渐式微,出现有些孩子"打不得"、"骂不得"的无奈现象。其实,惩戒作为一种教育方式,在某种意义上有其存在的必要,甚至不可或缺。传统家训中家法族规就是一种典型的规范和惩戒教育制度,该制度内嵌着伦理属性与道德价值,从而为整个家族上下伦理关系及其秩序提供了制度保证,家庭成员在日常生活中通过对"制度"的恪守与体悟,久而久之就会潜移默化为自身的行为习惯、善恶观念与道德品质,内化为道德主体的德性。从伦理学理论的角度看,这一过程就是从制度伦理到美德伦理的转化过程。这启示我们,需要借助传统家训和家法族规的"规矩意识"、"训诫规范"等合理成分,增强当代家庭教育权威性。这就需要制度伦理为当今家庭教育"立下规矩"、"划定边界",即新时代家规的制定,为子女设定奖惩依据,这是符合教育发展与青少年身心成长规律的,但是要拿捏好尺度,掌握好分寸,时刻保持惩戒不是目的只是手段的理念,最终为培育孩子美德服务。[1] 因此,在新时代家庭教育过程中,家长需要处理好"平等"与"权威"的二重张力。家长作为家庭成员,既要平等地对待子女尤其在人格上、在日常生活中为子女做表率,共同遵守家规这一"家庭基本法";又要在子女中树立权威,培养未成年子女的敬畏意识,"家法"意识。"慈母有败子"[2]、"孝子不生慈父之家"[3],说的正是此意。

(二) 汲取传统家训崇道贵德思想,树立全面育人理念

中国传统文化是一种"人本主义"伦理型文化,作为传统社会正统思想的儒家文化更是一种道德文化,由此形成了中华民族道德至上的价值取向与文

---

① 牛绍娜:《裴氏家训家规及其当代社会价值》,《中共山西省委党校学报》2020 年第 10 期。
② 《韩非子·显学》。
③ 《慎子·内篇》。

化特质。在"德性"文化的浸染下,传统家训有着浓厚的崇道重德特征。①
"心非善不存,言非善不出,行非善不行"②,无疑渗透着重德主义精神。"德"
何以如此重要,可从立身、为学、成家三个维度认识。

第一,德是立身之本。人是自然性与社会性的统一,社会性是人的本质属
性。古代圣贤将纷繁复杂的社会关系概括为"五伦",即君臣、父子、夫妇、兄
弟、朋友关系,并赋予"义"、"亲"、"别"、"序"、"信"的伦理原则,显然是将社
会关系赋予了道德属性,从伦理的角度加以概括。要在被赋予道德意义的社
会关系中生存和发展,就得使自己与之相匹配,成为有德性的人,才能在社会
上立足。因此道德成为立身之本、为人之基。三国时期王昶在《家诫》中指
出:"夫孝敬仁义,百行之首,行之而立,身之本也。"③在传统家训作者看来,德
是立身之本、修身之要。第二,德是为学之本。人生的主要目标无外乎"进
德"与"修业",读书与修身密切相关。传统家训认为,立德是为学成才的前提
与基础。一个没有德性的人,很难通过读书明白义理、成就事业。清人张履祥
教诫儿子:"忠信笃敬,是一生做人根本。若子弟在家庭不敬信父兄,在学堂
不敬信师友,欺诈傲慢,习以性成,望其读书明义理,日后长进,难矣。"④同时,
立德是立学的终极归旨。读书学习的根本目的不是追求名利,而是修养品德。
清代孙奇逢说:"古人读书,取科第犹是第二事,全是明道理,做好人。"⑤因此,
德是为学成才之本,修身是求学的根本要义。第三,德是成家之本。"积善之

---

① 牛绍娜、王国喜:《中国传统家训与社会主义核心价值观关系探究》,《长江论坛》2018 年
第 6 期。

② (清)张履祥:《示儿》,《杨园先生全集》,同治十年江苏书局刊本。

③ (三国)王昶:《家诫》,包乐波:《中国历代名人家训精粹》,安徽文艺出版社 2010 年版,
第 20 页。

④ (清)张履祥:《杨园先生全集·示儿》,张艳国:《家训辑览》,武汉大学出版社 2007 年
版,第 126 页。

⑤ (清)孙奇逢:《孝友堂家训》,徐少锦、陈延斌、范桥、许建良:《中国历代家训大全》,中国
广播电视出版社 1993 年版,第 302 页。

家必有余庆,积不善之家必有余殃。"只有积善积德才能使家庭、家族具有丰厚的道德底蕴,形成优良的家风,家德家风才是真正的"不动产",才能保证家族繁荣、家业兴旺。所以,传统家训都教诫子弟以德立家,强调"齐家之道,重在修身,以身不修,不可以齐其家也。父父、子子、兄兄、弟弟、夫夫、妇妇而家道齐。"①以德为贵是传统家训文化的一贯主张,家庭、家族的真正宝贵遗产不是物质性的,而是高尚的道德和优良的家风,后者才是家族绵绵不绝、兴旺发达的有力保障。②

可见,崇道贵德是贯穿中国传统家训文化治家教子的主线,凸显了中国传统社会德性主义的文化特质。这种重德的育人理念启示我们,当代家庭新型家训文化建设要汲取传统家训文化立德成人思想,树立全面育人理念。当今社会,受市场经济与资本逻辑的冲击,部分家庭在子女教育问题上存在偏颇,出现"重才轻德"现象。一些家长更多地注重子女的成才教育而不是成人教育,过分看重分数,而较少关注德智体美劳全面发展。"才"在当今社会固然重要,但没有"德"支撑的"才"是不值得提倡的。在"德"与"才"的几种关系中,其中"有才无德"的后果更可怕。有人作出"四品"的形象比对,即"有德有才"是"精品","有德无才"是"次品","无才无德"是"废品","无德有才"是"危险品"。③ 基于此,新时代家训文化建设要本着"'教家立范,品行为先'之宗旨,始终将'德'贯穿于教育的全过程、各环节,扭转'有才无德'、'精致利己主义'等现象"④。当今,家庭教育与学校教育出现的种种问题表明,亟须在全社会呼吁德性教育的回归,根治以往应试教育留下的病根,这是由"先成人后成才"的教育理念与"德才兼备"的选人用人标准决定的。这就需要家长树立

---

① (清)沈起潜:《沈氏家训·治家门》,楼含松主编:《中国历代家训集成》,浙江古籍出版社 2017 年版,第 5935 页。

② 牛绍娜:《探究传统家训尚德的三个维度》,《中国社会科学报》2021 年 3 月 25 日第 8 版。

③ 牛绍娜:《裴氏家训家规及其当代社会价值》,《中共山西省委党校学报》2020 年第 10 期。

④ 牛绍娜、王国喜:《传统家训文化与社会主义核心价值观培育》,《理论观察》2019 年 9 期。

全面育人理念,注重德育在家庭教育与成长成才中的基点作用,做到以"德"施教,铸就品德优良、专业过硬的优秀人才,引导子女以德立身求学,培育有理想、有本领、有担当的时代新人。

(三) 继承传统家训敬长孝亲要义,弘扬优秀孝道文化

"父慈"与"子孝"在中国传统文化中遥相呼应,敬长孝亲是中国传统家训文化的核心范畴与教导旨意。"孝是中华文化与中华伦理的鲜明特点"[①],是为子之道的首要伦理规范,是人子的重要道德品质。中国传统家训文化中敬长孝亲要义十分丰富,"子孝以敬"包含以下几个维度:

第一,以"养"事亲。子女因父母孕育而生,因父母养育而成长,因父母教育而成人,子女的成长成人浸润着父母毕生的心血和精力。为了报答父母的生育之恩、养育之情、教育之泽,子女必须尽孝。孝养父母,以"养"事亲,是对父母养育之恩的回馈,这是尽孝的底线要求,要做到"亲所好,力为具;亲所恶,谨为去。……亲有疾,药先尝,昼夜侍,不离床。"[②]孝养父母是传统家训为子之道的最基本、最起码的伦理要求,从尽孝的程度看,可以称为"小孝"。第二,以"敬"悦亲。子女对父母的孝,只做到"养亲"是远远不够的。孔夫子言:"今之孝者,是谓能养。至于犬马,皆能有养;不敬,何以别乎?"孙奇逢《孝友堂家训》中也反问道:"父母于赤子,无一件不是养志。人子于父母,只养口体,于心何安?"[③]因此,孝道应从底线的"以养事亲",上升为"以敬悦亲"。康熙皇帝在其《庭训格言》中也认为:"凡人尽孝道,欲得父母之欢心者,不在衣

---

① 肖群忠:《孝与中国文化》,人民出版社 2001 年版,第 148 页。
② (宋)家颐:《教子语》,转引自翟博主编:《中国家训经典》,海南出版社 2002 年版,第686 页。
③ (清)孙奇逢:《孝友堂家训》,徐少锦、陈延斌、范桥、许建良:《中国历代家训大全》,中国广播电视出版社 1993 年版,第 303 页。

食之奉养也。惟持善心,行合理道,以慰父母而得其欢心,斯可谓真孝也者也。"①即在"事亲"的基础上"敬亲"、"悦亲",从"孝身"上升到"孝心"的层面,在关注父母身体健康的同时,注重心灵的抚爱,此可称为"中孝"。第三,以"义"谏亲。当然,尊敬孝顺父母并不是一味地盲目顺从,对于父母的过错和过失应委婉力谏。从某种意义上说,劝谏是孝子的责任,司马光在《家范》中指出:"谏者,为救过也。亲之命,可以从而不从,是悖戾;不可从而从之,则陷亲于大恶。然而,不谏是路人,故当不义,则不可不争也。"②因此,不是所有的父命都要顺从,不可违而违,固然不孝;可违而不违,亦非孝也。当父命与道义发生冲突时,子女要"从义不从父",道义是评判可违与不可违的最高标准。第四,以"功"显亲。传统家训孝道伦理提倡孝养父母、孝敬父母、义谏父母的同时,还主张"以功显亲"。《孝经》说:"安身行道,扬名于世,孝之终也。"在"学而优则仕"的传统社会,父母对子女最大的愿望就是读书进仕,儿子们往往穷其一生寒窗苦读,希望能跻身仕途,以光宗耀祖,"以功显亲"。特别是能继承父辈志向,完成父辈未竟事业,这可以称为"大孝",司马迁就是如此。西汉史学家司马谈临死之前,在《遗训》中叮嘱儿子司马迁:"吾死,汝必为太史;为太史,无忘吾所欲论著矣。……扬名于后世,以显父母,此孝之大者。"③"以功显亲"是"大孝"的表达方式,这就需要子弟积极进取,有所成就,以显父母、耀宗祖。

当今社会的小家庭时代,传统大家族倡导的敬长孝亲理念有所弱化,致使中华优秀传统孝道文化式微,真正能够做到传统社会倡导的养亲、敬亲、悦亲、显亲的"大孝"者并不多,甚至在全面建成小康社会的今天,在基本走出物质匮乏的时代,还有"饿死老人"、"活埋老人"的悲惨事件发生。可见,孝道文化

---

① (清)康熙:《庭训格言》,中州古籍出版社 1994 年版,第 61 页。
② (宋)司马光:《家范》卷五《子下》。
③ (汉)司马迁:《史记·太史公自序》。

当今社会衰落的程度如此之深。孝道文化是中华民族几千年积淀下来的瑰宝,我们不能名为搞现代化建设,就弄丢了老祖宗的好东西。新时代孝道文化弘扬,首先要进行道德与法律的普及教育。孝道是人性的起码要求,也是法律的底线要求,"羊有跪乳之恩","鸦有反哺之义",更何况人?人如果丧失赡养父母老人的良知,就失去了人之为人的人性。同时,《婚姻法》、《老年人权益保障法》都有赡养扶助父母义务的规定,这里涉及经济上供养、生活上照料和精神上慰藉等多个层面。所以,孝道不仅是道德要求,也是法律义务;违背孝道不仅是不道德行为,更是违法行为。家庭、学校、社会、政府、新媒体等相互配合,加强孝道教育,在全社会营造孝道文化氛围,塑造尊老爱老文明风尚。其次,建立健全孝道制度。随着当代生活节奏的加快,有些家庭在尽孝问题上存在"心有余而力不足"现象,尤其在农村地区更为明显。迫于生活,部分青年群体外出务工,"空巢老人"越来越多。这就需要出台相应的政策,给予诸如探亲假、护理假等有温度的制度支持,使年轻人在工作之余兼顾人子孝道。此外,最重要的是,民众要树立真正的孝道理念。尽孝,绝不仅仅就是养亲"小孝"这个层面,也非单纯转账、寄钱,而是尽可能给予老人生活照料与精神抚慰,从"孝身"到"孝心"的提升。对老人来说,心灵慰藉、精神满足远比物质满足更为重要,这就到了"中孝"的层面。至于"大孝",如上所说,在于"以功显亲"。如果子女为人品行端正、事业有成,能为社会作出一定的贡献,都可以成为不同层次的"以功显亲",也是对父母最好的尽孝。

(四) 借鉴传统家训治家教子有益做法,审视当代家庭教育方式方法

中国传统家训文化在传统社会发挥着治家教子的重要作用,在长期的传承过程中,创造了很多卓有成效的做法,为审视我们当代家庭教育方式方法提供了视角。概括起来,中国传统家训治家教子的有效做法包括教化载体、教化

原则、教化内容与教化方式等多个方面。

在教化载体上,中国传统家训伦理教化主要通过宗族、祠堂、楹联匾额、堂号字辈等对家人子弟进行教诚,这些"无声但有力"的教化载体将家训文化融入日常生活,润物无声地濡染着家人族众,使家规族训成为一种言行自觉,并实现了代际传承。在教化原则上,中国传统家训文化秉持了爱教结合、严慈相济、知行合一的教化原则,这些教化原则即便在当今社会看来也是科学的合理的,符合教育发生发展规律与青少年品德养成规律,值得借鉴与提倡。在教化内容上,中国传统家训文化基于"修齐治平"文化传统,在个人、家庭、社会、国家等多个维度有着相应的伦理规定性,尤其突出了德性主义特质,此在上文中已论述,不再赘言。这里着重阐释中国传统家训文化的教化方式。

在教化方式上,传统家训文化承袭了亲亲相承、以身示教、德法并施等教化途径。其一,亲亲相承。家训是家庭或家族内部教育,传统家训尤以父祖长辈教导子弟最为常见。家训教化特性的一个表现就是教诚的对象是家庭或家族内部成员,且呈现代际相承性,父教子、子教孙,只有实现教化的代际传承才能维护美好家声、繁荣兴旺家业。因此,亲亲相承是家训伦理教化的显著特征。诸葛亮的《诫子书》、陶渊明的《与子俨等疏》、徐勉的《诫子崧书》、邵雍的《诫子孙》、司马光的《训子孙文》、袁忠等述的《庭帏杂录》、张履祥的《张杨园训子语》等都是传统家训中典型的为父教子之作,体现了家庭或家族子弟教化在父子、祖孙之间的亲亲相承。其二,以身示教。家训教化不仅要言教,更要身教。魏源《默觚·学篇》强调"身教亲于言教";曾国藩告诚诸弟:"吾与诸弟惟思以身垂范而教子侄,不在诲言之谆谆也。"[1]身教如此重要,这就需要家长、族长身体力行,率先垂范。由于父母的一言一行都耳濡目染地影响着子

---

[1] 曾国藩著,李鸿章校勘:《曾文正公家书》,中国华侨出版社 2012 年版,第 181 页。

女,加之传统家训的制定者、撰写者大多为家族或家庭中德高望重的前辈长者,多受儒家伦理教化的熏陶,深知正身率下的道理。因而,家训在论及教子治家的道德要求时,总把家长以身作则放在突出位置。明仁孝文皇后在《内训》中将"上慈"作为"下顺"的前提条件:"上慈而不懈,则下顺而益亲。若夫待之以不慈,而欲责之以孝,则下必不安。"①可见,传统家训在子弟教化方面特别注重以身示教,重视家长族长的榜样垂范作用。其三,德法并施。从家训训导的力度看,家训教化的方式既有劝导性的道德激励,也有强制性的家法族规惩罚,鲜明地体现了德法并施的特征。许多传统家训以德法并施教化子弟,既有依"德"的柔性劝诫,也有依"法"的强制惩罚。《郑氏规范》明确规定:

> 立劝惩簿,令监视掌之,月书功过,以为善善恶恶之戒,有沮之者,以不孝论。造二牌,一刻"劝"字,一刻"惩"字,下空一截,用纸写贴,何人有何功,何人有何过,上劝惩簿,更上牌中,挂会揖处,三日方收,以示赏罚。②

这种赏罚两类方法的结合,也就是恩威并施、情法兼用。

以中国传统家训文化治家教子有效做法,审视当代家庭教育方式方法,可以发现不少问题,譬如重灌输轻养成教育、父母榜样垂范作用不够、家庭教育缺少一套完整的理念体系等等,这就需要我们从传统家训文化有益做法中汲取营养,并结合新时代家庭教育新要求,在方式方法上下功夫,切实提升家庭教育可行性与实效性。

第一,根据实际情况,提倡新时代家规。在传统社会,几乎每个家族都有自己的家训家规文化,呈现为家规、家礼、家谱等多种样式,均内嵌着家族价值

---

① (明)仁孝文皇后:《内训》,转引自徐少锦、陈延斌:《中国家训史》,陕西人民出版社、人民出版社 2011 年版,第 576 页。

② (明)郑太和:《郑氏规范》,徐少锦、陈延斌、范桥、许建良:《中国历代家训大全》,中国广播电视出版社 1993 年版,第 234 页。

观。当今社会的深度转型,这些文化由于多种原因逐渐淡出了历史与人们的视野,但家庭教育还是需要一套较为完整的系统,需要有章可循、"有法可依",且经过家庭成员一代代修改完善,实现代际传承,久而久之会积淀成以家风为核心的家文化,熏陶着家庭成员的品行。

第二,发挥父母长辈的榜样垂范作用。在家庭教育中,父母长辈的以身示范至关重要,家长是第一任教师,家庭是第一所学校,子女的一言一行都或多或少地折射出家庭教育的好坏、父母素质的高低。传统家训文化告诉我们,于口头或书面的言教而言,以身立教会收到更好的育人效果,这就需要家长、族长身体力行、率先垂范。比如在日常生活中,有些父母不让孩子过多地玩手机,自己却机不离手,这样的教育模式只会增加子女对父母管教的反感。如果父母能自觉放下手机,与子女一起进行户外活动或居家阅读,这样的教育效果会事半功倍。

第三,注重日常养成教育。传统家训教诫子弟注重日常品德和行为习惯养成,呈现生活化特征,重视在日常生活中对子弟进行劝导,庭院濡染、仪式训育、祠堂训饬、箴铭镜鉴、家风陶冶等,都是传统家文化的载体与教化路径。这些启示我们,开展家庭教育切勿"空泛",要将教育内容具体化,且融入日常生活,注重养成教育。因为:

> 道德品质的养成是道德意识与道德行为共同作用的结果,而未成年人教育长期存在重"教"轻"养"的现象,造成"教"的空洞与"养"的无着的不良后果,"养"之所以重要,是因为它是道德行为转化为道德品质的必要条件。①

所以,开展家庭教育一定要增强培育过程的日常化,避免宏大叙事的道德说教,着眼于生活细节,在落小、落细、落实上下功夫,以生活化的内容主导德育

---

① 牛绍娜、陈延斌:《优秀家风培育与社会主义核心价值观建设》,《湖南大学学报(社会科学版)》2017 年第 1 期。

过程,使伦理道德规范"飞入寻常百姓家"。①

第四,注重知行合一,强化体验式教育。传统家训教导子弟注重知行合一,强调读书躬行,以耕佐读,教诫子弟在实践体验中接受教育。当今家庭教育应借鉴这一育人方式,增强体验性与实践性教育,使子女在实践体验中养成道德品质和行为习惯。目前,家庭教育在一定程度上存在灌输与说教的现象,实践体验教育不够,导致教育效果不佳。为了避免这一现象,需要克服教育的空化、泛化,强化体验性实践教育,使受教育者在实践中经历、在经历中体验、在体验中感悟、在感悟中升华,构建"参与—体验—感悟"教育生态模式,只有在实践体验感悟中才能真正认同与践行家庭文明新风尚,磨砺品质,陶铸德行。②

(五) 弘扬传统家训守望相助的睦邻文化,构建以邻为伴的邻里关系③

俗话说:"远亲不如近邻"。"邻家"在传统社会至关重要,可共防盗贼土匪侵扰,可相互照应日常生活。睦邻是保家的必要条件,传统家训很是重视邻里关系,都劝告家人族众友善处邻。守望相助是邻里关系追寻的旨意,明人庞尚鹏在《庞氏家训》中教导子弟"端好尚",并从正反两方面说明睦邻的重要性。他指出:

> 宗族、亲戚、乡党有素重名义及多才识、为人尊信者,须亲就请
> 教,不时问候。如有家事缓急,可倚以相济,且常闻药石之言,阴受夹
> 持之益。若交游非类,济恶朋奸,是自阱其身也,媢嫉正人,厌闻正

---

① 牛绍娜、王国喜:《传统家训文化与社会主义核心价值观培育》,《理论观察》2019 年第 9 期。
② 牛绍娜、王国喜:《传统家训文化与社会主义核心价值观培育》,《理论观察》2019 年第 9 期。
③ 本目部分内容,牛绍娜以《家文化为乡村振兴铸魂刍议》为题,发表于《中国矿业大学学报(社会科学版)》2022 年第 2 期。

论,真待亡命破家而后悔,已无及矣。①

说到睦邻,明代普通百姓家训《庭帏杂录》(由袁衷兄弟集父母之常训而成)记载的母亲李氏堪称和睦邻里的典范。此处仅以与邻家沈氏发生之事为例,就足以彰显李氏高风亮节的道德品质。沈氏与袁家是世仇,但李氏的宽容大度化解了两家的仇恨。家训记载不管沈家对袁家做出何等过分之事,李氏都能以善待之:袁家的桃树树枝伸到墙外,沈家将其锯掉;而沈家的枣树树枝伸到袁家,李氏并没有以牙还牙,非但不让砍掉,还命儿子、仆人好生看管刚结出的枣子,枣子熟时让沈家女仆过来当面摘下拿走;袁家的羊跑到沈家园子里被沈家仆人打死,而次日沈家的羊跑到袁家地里来,袁家仆人正要报复,却被李氏制止,并命人将羊送还沈家。即便李氏的善心义举没有得到沈家的一丝回报,李氏依然善待沈家。沈家人生病,李氏要当医生的丈夫上门为其诊治,赠送药品,还动员邻里为沈家捐款,并送沈家一石米。最终沈家被李氏感化,"沈遂忘仇感义",两家从世仇走向"姻戚往还"。② 李氏的为人处世是一部生动教材,她以身示教,润物无声地教导家人子弟崇德向善、睦亲友邻。李氏睦邻之事迹印证了"天下无不可化之人",即便是世代仇家也能"忘仇感义"。

传统中国是建立在血缘、地缘基础上的熟人社会,因频繁紧密交往而熟悉,因熟悉而生发彼此关怀的道德情感。费孝通先生曾言:

> 西洋的商人到现在还时常说中国人的信用是天生的。……乡土
> 社会的信用并不是对契约的重视,而是发生于对一种行为的规矩熟
> 悉到不假思索时的可靠性。③

这种熟人社会给人以守望相助、温情脉脉的美好感受与行为自觉。遗憾

---

① (明)庞尚鹏:《庞氏家训》,徐少锦、陈延斌、范桥、许建良:《中国历代家训大全》,中国广播电视出版社 1993 年版,第 277 页。

② 参见陈延斌:《〈庭帏杂录〉与李氏的以身立教》,《少年儿童研究》2005 年第 6 期。

③ 费孝通:《乡土中国》,人民出版社 2008 年版,第 7 页。

的是,这份人情在现代化的进程中逐渐淡漠。一方面,人们之"身"逐渐疏远。受外出务工、人口流动、网络交流等冲击,拉远了人与人之间的实际距离;另一方面,人们之"心"渐趋封闭。与"身"之疏远相比,不愿打开心扉,"心"的封闭更为冰冷。随着社会的发展,人们的交往圈逐步打破血缘、地缘的二重限度,交往范围越来越广,加之生活节奏的加快,交往深度大不如从前牢固与稳定,遇到邻里矛盾,有些村民本着"事不关己高高挂起"的心态,不会前去调解给自己"揽事",视而不见、远而避之。此外,受市场经济的影响,个人利益取代了传统亲情,部分人交往日趋功利化,"全然不顾乡里乡亲的人情,甚至把他人的温情当作利益算计的工具。"①这种"去情化"、"工具化"的交往方式给人情撒上了"盐霜",这种淡漠"刺痛"着社会的"每一根神经"。

如何治愈当代社会人情淡漠的伤痛,需要重拾、激活传统家训的睦邻文明,塑造以邻为伴的当代邻里关系。互帮互助的浓浓邻里情,是中华民族的传统美德与乡土文化的优良特质。如何使这份守望相助的美德得以存续? 笔者认为需要从两个方面着力:

第一,需要"返本",向传统优秀家文化"要"答案,促进人性善良与仁爱的回归。首先,加强邻里友善意识教育。谚语"邻里好赛金宝",通俗易懂地揭示了友好邻里的价值。南宋袁采在《袁氏世范》中阐述邻里的必要性:"居宅不可无邻家,虑有火烛无人救应。"②其次,挖掘传统家文化中睦邻的典型案例,以此感化民众。例如上文《庭帏杂录》中李氏的宽容大度化解了两家的矛盾与仇恨,可以说,李氏睦邻故事是我们民族一部友邻的生动教材,至今具有撼动人心、启迪民风的力量。近年来,多地举办的"千金难买邻里情"邻里节活动、"乡村振兴走进邻里"巡演活动、"邻里守望"志愿活动等,都是对延续

---

① 孙春晨:《中国当代乡村伦理的"内卷化"图景》,《道德与文明》2016 年第 6 期。
② (宋)袁采:《袁氏世范》,陈延斌主编:《中华十大家训》卷二,教育科学出版社 2018 年版,第 231 页。

"亲仁善邻"传统美德与弘扬守望相助邻里文化的有益尝试,是对塑造以邻为伴的当代邻里关系的可贵探索。以守望暖化冷漠,以相助驱散无情,显然有利于培育淳朴民风,建设邻里守望、互爱互助的文明风尚。

第二,要"开新",按照新时代新变化新要求,构建新型邻里关系。社会各方面的深度转型逐渐改变了传统邻里关系,这就需要我们思考如何构建一种新型的邻里关系,以适应新时代的发展。当代社会人情淡漠的一个突出表现在于人们共同体意识薄弱,居委会、村委会等基层组织应通过多种方式,构建平等团结尊差异、包容理解守距离、互信互惠不互扰的新型邻里关系。例如,建立健全文明交往规章制度,规导新时代邻里关系;配置完善公共文体活动设施,并提供必要的资金支持;开展"千金难买邻里情"邻里节活动、"让他三尺又何妨"主题巡演活动、"邻里守望"志愿活动等,营造友善、互助、共生的居住场所与生活环境。以守望暖化冷漠,以相助驱散无情,培塑社风文明新风尚,为新时代铸魂助力。

中国家训学:宗旨、价值与建构

陈延斌　　田旭明

内容提要:以教家立范为宗旨的传统家训,是我国传统国学、传统文化中极具特色的重要部分,曾经对中国社会产生了重要而深远的影响。建立"中国家训学",对于弘扬中华优秀传统文化尤其是道德文化,推进当前家庭家风建设,具有重要的学术传承价值和应用价值。传统家训思想研究,传统家训资源的开发利用与新型家训文化建设,家训教化与当代优秀家风培育等是家训学的主要研究内容。中国家训学的研究应该注重以传统家训文献整理与阐释为支撑,实现返本开新,以契合时代要求促进家训文化的创造性转化与创新性发展,以对话与交流促进学术发展和学科建设。

关键词:家训文化　家风　家教　中国家训学　返本开新

今年初,中共中央办公厅、国务院办公厅印发了《关于实施中华优秀传统文化传承发展工程的意见》,强调"挖掘和整理家训、家书文化,用优良的家风家教培育青少年。"①以教家立范、"整齐门内,提撕子孙"②为宗旨的传统家训,具有较大的思想文化价值,曾经对中国社会产生了极其重要而深远的影响。传统家训的内容现在看来虽非"篇篇药石,言言龟鉴",但总体上仍不失为先人们留下的一笔丰厚而珍贵的历史文化遗产,尤其是伦理文化遗产。今天的家庭依然是社会的细胞,治家教子、立身处世仍是每个人的必修课,因此,在中央一再强调"弘扬中华文化,建设中华民族共有精神家园"的当下,如何扬弃家训这笔遗产以古为今用,并在当代语境中综合创新,为营造良好家风民风,推动家庭建设与和谐社会构建提供道德文化资源,值得学界深入研究。为此,笔者曾经多次倡导建立一门"中国家训学",以实现传统家训文化与当下中国社会的对接,促进中华民族传统家训文化的现代性转化和创新性发展。③本文就建立"中国家训学"的宗旨、价值和整体构想做些研讨,以作引玉之砖,期待学界同仁关注这一问题并共同加以深入探讨。

一、家训文化是中华优秀传统文化极具特色的重要部分

中国古代社会是在血缘氏族基础上建立起来的,而且作为大陆国家,世代以农立国,农民祖祖辈辈生活在同一片土地上,这种经济的原因则将家族利益看得至高无上,发展出了家族制度。也就是说,血亲关系是家庭为本位、家国同构社会的基础。这种纽带把家庭与家族、社会联结在一起,而不必依靠法律和行政管理的强制。为了维系家人、族人正常生活,延续宗族,就有了对家政

---

① 中共中央办公厅、国务院办公厅印发:《关于实施中华优秀传统文化传承发展工程的意见》,《人民日报》2017 年 1 月 26 日第 6 版。

② (北齐)颜之推:《颜氏家训·序致第一》。

③ 参见陈延斌、陈瑛、孙云晓、李伟与梁枢主编对谈:《整齐门内,提撕子孙——家训文化与家庭建设》,《光明日报》2015 年 8 月 31 日国学版。

管理、成员关系调节、子女教育等问题，这就有了教子、治家的家规、族训，形成了家族的家风。所以，家训文化是随着家庭、家族产生发展而出现的。

同时，由于家庭的重要地位，使得端正蒙养、注重家训教诫成了我国的一贯传统。早在《周易·家人》卦辞中就已经提出了教从家始、"正家而天下定"的主张，此后传统社会一直将身修、家齐视为国治、天下平的前提和根本。

家训既有父祖对子孙、家长对家人、族长对族人的教诲训示，也有一些是兄弟姊妹间的诫勉、劝喻，夫妻之间的嘱告。家训文化的基本形式和载体有两种：一是指规范、准则意义上的家规族训；二是指家庭、家族的教化训诫或规范活动。前者是文本，后者是践行和实施，而这两方面又相辅相成，彼此为用。作为家规、准则意义上的家训，名称多样，如家诫（戒）、家范、家规、家约、家语、家箴、家法、家则、家劝、庭训、世范、宗训、户规、族规、族谕、宗式、宗约、祠规、祠约等等。

如果从新发现的清华简记载的周文王遗训武王的《保训》算起，家训文化在中国至少已有三千年之久的历史。历经数千年的发展和流传，家训已经成为中华传统文化中独具特色的部分，产生了一系列有思想深度和伦理意蕴，且对后世产生深远影响的家训文献，如诸葛亮的《诫子书》，颜之推的《颜氏家训》，李世民的《帝范》，司马光的《家范》，包拯的《家训》，陆游的《放翁家训》，袁采的《袁氏世范》，郑文融等的《郑氏规范》，袁了凡的《训子言》，庞尚鹏的《庞氏家训》，姚舜牧的《药言》，孙奇逢的《孝友堂家训》，朱柏庐的《治家格言》，郑板桥、曾国藩的家书，等等。

可以说，千百年来，无论是君主帝后、达官显宦、硕儒士绅，还是农夫商贾、普通百姓，都非常重视家训的教化、规戒与家风的熏陶，都自觉将家训通过诸种教化方式渗透到家族成员的价值取向、道德观念、立身处世准则之中。因为在他们看来，"天下之本在国，国之本在家，家之本在身"[①]；"一家仁，一国兴

① 《孟子·离娄上》。

仁;一家让,一国兴让。"①可以说,这种家和家庭教化的力量支撑了中国数千年的发展。

家训文化对中国传统社会的重要作用主要表现为五个方面:家训文化调适了传统社会家庭内外关系,维护了家国同构的社会结构模式;作为儒家文化的世俗化、通俗化,在一定程度上淡化了儒家学说的抽象说教意味而更加贴近生活,加速了儒学的传播;家训文化的伦理教化功能为儒家"修齐治平"的政治伦理思想和理想人格模式在中国封建社会的实现提供了现实的基础;家训文化作为封建意识形态的家庭化,对封建社会的延续和发展起了重要的作用;作为传统文化组成和体现的家训文化对世风和社会成员的感情心态也产生了较为深远的影响。② 甚至可以说,家训文化构成了家文化的主干,而家文化又组成了中国传统文化最为核心和根本的部分,数千年来支撑着、体现着中国人的基本价值观。

二、建立"中国家训学"的宗旨和意义

家训文化是我国传统国学、传统文化中极具特色的组成部分,是中华民族文化尤其是道德文化的重要基因。建立"中国家训学",弘扬家训文化,对于推进当代中国家庭家风建设,具有重要的学术传承价值和应用价值。

其一,弘扬中华优秀传统文化尤其是道德文化。

中华文化浸润着中华民族精神追求,代表着中华民族独特的价值标识,也为中华民族实现复兴提供了丰厚的滋养。善于继承才能更好创新,才能更好以文化人、以文育人。家训文化是中华传统文化尤其是道德文化在家

---

① 《礼记·大学》。
② 参见陈延斌:《论传统家训文化对中国社会的影响》,《江海学刊》1998 年第 2 期。

庭层面的阐释和体现，是中华文化传承的重要纽带。优秀传统家训中所倡导的进德修身、励志勉学、孝老敬长、睦亲齐家、教子于蒙、勤俭持家、和睦邻里、宽以处世、乐善好施、公正廉洁、报国恤民等方面的理念，所积累的教化方式和教育经验都可以古为今用。继承这笔博大精深、斑斓多姿的文化遗产，无疑有利于弘扬中华优秀传统文化，丰富民族文化对中华儿女的精神涵养。

其二，营造和优化当下家风、民风和世风。

家训教化是优良家风形成的重要基础，而家风正则世风清、民风淳。家庭是社会的基本细胞，家庭的前途命运同国家、民族的前途命运紧密相连，因而不论任何时代，都要重视家庭、家教、家风。而家庭、家教、家风之间相辅相成，因而培育优良家风，齐家教子、修身处世仍是每个人的必修课。近年来，社会上"官二代"、"富二代"、"星二代"违法犯罪现象日增，孝道式微、家庭暴力、包养情人等家庭伦理失范现象严重，引发了人们对家庭教育、家德建设、家风营造的深刻反思。

"忠厚传家久，诗书继世长"。历史和现实反复证明，没有家道兴隆，就不会有国泰民安；没有家风清，就没有民风淳、国风正。良好的家风家教和家庭建设有利于引导家庭成员遵守家庭道德规范，形成父慈子孝、兄友弟恭、夫义妇顺、勤俭持家、和睦友善的家庭氛围，形成守护个人健康成长和家庭幸福、社会和谐的重要力量。

其三，推动社会主义核心价值观的大众认同。

家训文化作为中国传统文化的重要内容，其蕴含的忠、孝、仁、义、勤、信、廉、耻等伦理精神，与今天社会主义核心价值观在内容层面有着密切的契合与共通之处，用它来涵养当代中国的价值观，更易收到"内化于心、外化于行"的实效。与此同时，传统家训教化宗旨和基本内容在今天社会生活中仍然"接地气"、贴民心、顺民意。"家庭是人生第一所学校，也是价值观塑造的起点。

传统的家训、家风、家文化，作为中华民族优秀文化遗产的重要组成部分，不但有父母培育子女社会积极价值观的经验之谈，也有卓有成效的思想品德教育的路径、方法。而社会主义核心价值观尤其是个人层面的价值观恰是对传统家训教化和优秀家风中治家、睦亲、教子、处世价值和标准的承接、升华，这为社会主义核心价值观落实、落细、落小提供了良好的共识基础。"①可以说，家训教诲与家风陶冶渗透于子女成长成才的教化实践中，成为一种润物无声的文化熏陶和道德律令，具有强烈的感染力和持久的影响力，非常有利于促进青少年公民正确人生价值观和社会道德观的形成。

其四，为改进我国家庭教育特别是道德教育提供有价值的参考。

伟大的思想家鲁迅先生曾在《我们怎样教育儿童的》杂文中说过一段意味深长的话："倘有人作一部历史，将中国历代教育儿童的方法，用书，作一个明确的记录，给人明白我们的古人以至我们，是怎样的被熏陶下来的，则其功德，当不在禹……下。"②流传数千年之久、对中国社会发生重大影响的家训文化中无疑包含着最多的"中国历代教育儿童的方法"，这些方法是传统社会儿童教育尤其是德行教育最重要的经验总结。我们进行的全国调查也表明，近几年来，随着党和政府强调加强家庭家风建设，积极倡导和弘扬传统文化，越来越多的社会成员了解和关注到家训文献和家训文化。数据显示，近95%的被调查者不同程度地接触和了解到家训文化，肯定其在当前家庭教化和家风建设中的积极借鉴价值。建立中国家训学，研究这些家训文献和家训教化活动，挖掘和开发其中不因时代变化而褪色的内容，是我们今天的教育特别是家庭教育、社会道德教化要做的重要工作。

---

① 张琳、陈延斌：《传承优秀家风：涵育社会主义核心价值观的有效路径》，《探索》2016年第1期。

② 《鲁迅文集·杂文集·准风月谈》，河南人民出版社1997年版，第517页。

三、"中国家训学"的研究对象与研究内容

中国家训学是以中华民族家训文化为研究对象的知识体系，既研究传统家训文化的发展演进、家庭教化、家德家风培育，又研究当今社会的新型家训文化和优秀家德家风建设。笔者认为，家训文化虽然涉及领域广泛，但核心始终围绕治家教子、进德修身、为人处世展开，实质是伦理道德教育和人格塑造。这一学科的研究内容主要包括以下几个方面。

第一，传统家训思想研究。

传统家训"既是传统社会指导、规约家庭成员的行为准则，也是居家生活、轨物范世的家庭教育教科书。传统家训教化内容极其丰富，几乎涉及各个生活领域，但核心始终是围绕睦亲治家、处世之道、教子立身三个方面展开的。就睦亲治家而言，既有父子、夫妇、兄弟谨守礼法、各无惭德的居家之道，也有持家谨严、勤俭睦邻的治家之法。就为人处世而言，大致包含爱众亲仁、博施济众的博爱精神，救难怜贫、体恤下人的人道思想，中和为贵、文明谦恭的修养理念，近善远佞、慎择交游的交友之道，好生爱物、物人一体的和谐意识。就教子立身而言，主要包括涵养爱心、蒙以养正、励志勉学、洁身自好、淡泊名利、自立于世、奉公清廉、笃守名节、勤谨政事、报国恤民等规范和教化内容。"①

中国传统家训资料十分丰富，需要从历代典籍、民间谱牒、家训书札、楹联匾额及散佚的其他文献中爬梳钩沉，进行分门别类的整理、勘校。在研究的过程中，除了关注家训的内涵、起源以及演变历程、发展规律、功能作用，分析传统家训文化的历史影响等问题之外，还要特别关注传统家训教化内容、载体、途径、方法。传统家训内容中有许多可以为我们今天吸收利用的东西，传统家

① 陈延斌：《家风家训：轨物范世的生动教材》，《光明日报》2017 年 4 月 26 日第 11 版。

训在教化途径、方法、形式上都作了一些很有价值的探讨,形成了一套行之有效、颇具特色的措施和经验,也值得我们挖掘和借鉴。通过这种系统研究,来实现以史为鉴、古为今用的目标。

第二,传统家训资源的开发利用与新型家训文化建设研究。

"家训学"应该注重研究开发传统家训资源。中国传统家训资源精华与糟粕并存,需要根据我们今天的社会现实认真地进行分析、比较,厘清这些精华与糟粕,弄清哪些应该是批判、舍弃的,哪些是应该继承、保留的,为中国传统家训资源在今天的开发利用奠定基础。譬如传统家训在社会教化、秩序维护、社会治理等方面的功能很值得深入研究、挖掘、利用。传统家训以其强大思想教化功能和文化辐射力拓展了传统文化尤其是儒家思想的传播领域;调节了家庭家族内外关系,对封建社会的稳定发展和良好民风世风营造起了重要作用。这些对我们今天的思想道德教育与和谐社会建设都是很有参考价值的。

传统家训文化资源开发利用应坚持三个基本原则。一是批判与继承相结合原则。中国传统家训文化泥沙相杂,既有精华,也有糟粕。其精华主要表现在为人处世上提倡与人为善、在自处上提倡慎独居敬、在持家上提倡勤俭戒奢、在为官上提倡清正廉洁等方面。其糟粕主要表现为:在处理家国关系时倡导尊卑等级观念、歧视妇女、宣扬"愚孝";在择业上重仕农轻工商;在教训子孙上存在家长至上作风和棍棒体罚;在处世指导上存在封建迷信、因果报应说教等。这些精华与糟粕又是交织、渗透在一起的,需要批判性继承,取其精华,弃其糟粕,力戒全盘吸收和全面抛弃两种倾向。二是传承与创新相结合原则。优秀传统家训文化体现了中华文化和民族的属性,在开发利用时应坚持民族特色,升华其独特内涵和合理价值。三是理论研究与实践应用相结合原则。家训学尤其要重视传统文化研究与现实应用相结合,例如家风研究,既要注重家训家风对传统社会家族盛衰经验教训的借鉴研究,又要注意研究加强当前家校合作开展未成年人家风熏陶、品德习惯养成的实验研究。

此外,要在开发利用的基础上,将传统家训精华与时代精神紧密结合,寻找传统家训与当今家训文化建设的契合点,努力探索、建设富有时代特色的新型家训文化,探索通过家庭教育、家风培育建设新型家训文化的切实有效的路径方法,以便为广大家长提供子女教育、家风营造、家庭美德建设的参考。

第三,家训教化与当代优秀家风培育研究。

"所谓治国必先齐其家者,其家不可教而能教人者,无之。"①家训教化是传统文化尤其是儒学世俗化的重要路径,也是传统社会家庭教育与社会治理的重要手段。无论时代变化多大,经济社会发展多快,对一个社会来说,家庭文明和社会文明的作用都不可替代。研究传统社会家训家风传承与家族盛衰的关系,研究传统家训教化内容以及教化途径、方法、载体等,可以为今天的个人品德、家庭美德和社会公德建设提供极有价值的参考借鉴。此外,创建"家训学",也可以为营造优秀家风、建设中国特色社会主义家文化提供理论支持和实践参照。因而,"家训学"和家训文化研究必须直面家庭教育、家德建设、家风营造中的现实问题,强化"问题意识",将传统家训教化内容、途径方法与当今时代特点和民众家庭生活紧密结合起来,为广大家庭营造良好家风提供可操作、有实效的方法路径参考,以促进社会风气的优化和公民素养的提升。

四、"中国家训学"的研究理路与范式

建立中国家训学,不仅要注重理论探索和体系建构的科学性、合理性,还要注重采用恰当的研究理路与研究范式。从家训学的内在语境、研究任务与时代要求来看,应该在以下几个方面着力。

首先,以传统家训文献整理与阐释为支撑实现方法返本开新。

---

① 《礼记·大学》。

中国"家训学"必须建立在汇集中华民族传统家训文献基础之上，以获得足够文献学事实和资料的支撑，而这就要从历代典籍中批阅爬梳，对传世家训文献进行系统的调查与整理。首先是利用现有各种电子检索系统，如中国基本古籍库、大成老旧刊全文数据库、晚清和民国期刊全文数据库、雕龙古籍数据库等予以调查；同时对近年来出版的大型古籍整理书籍，如四库系列、《全宋文》、《全元文》、《清代诗文集汇编》、《中国方志丛书》等，加以分段分类调查，搜寻整理其中的家训文献。其次是对于家谱、族谱等所载的家训文献的整理。不仅利用国内以收藏家谱著称的上海图书馆、国家图书馆、山西社科院家谱资料研究中心等进行收集整理，而且要进行相关田野调查，搜集整理散落民间的家谱、族谱中的家训文献资料。在注重对传世文献、谱牒家训文献搜集的同时，也要注意域外汉籍文献、出土文献等的全面搜罗，广泛搜求散佚文献。

另外，对原始家训资料尽可能"手批目验"，务求准确。还要严格家训文献选择标准，将家训文献与民间善书、一般蒙学读物等区别开来，对收集整理的文献进行严谨的校勘与研究，以确保其正确、可靠。与此同时，要"原汁原味"地客观解读这些原生态文献，防止断章取义，避免歪曲文献真谛的不良学风。只有继承传统家训文化基本精神和精髓的"返本"，才能更好地实现"开新"。

其次，以契合时代要求促进家训文化的创造性转化与创新性发展。

家训文献具有鲜明的实践特征，家训教化的实质和核心是伦理道德教化，这就决定了"家训学"研究除了理论研究之外，更要贴紧家教实践和家庭日常生活实际，以当今社会人们家庭生活的日常家训教化与家风营造现象为研究对象，必须将家训思想、家训教化理论及实践与当今时代内涵、教化要求紧密结合，将家庭教育、家德塑造、家风培育，甚至社会公德、公民道德建设的实际问题紧密结合，勇敢应对现实紧迫问题和挑战，让家训文化从"书斋"走向"生活"，以彰显"家训学"的实践特色、时代特色和现实内蕴。

同时，需要从事家训研究与伦理学、社会学及家庭教育学研究的专家学者共同努力,在汲取传统家训文献精华的基础上,整理、编写出几种富有时代特征、适合当代家庭特点和青少年品德教育的新家训范本,务求内容丰富,形式新颖,易于记诵传播和指导践行。通过媒体广泛征求意见,加以修订完善,供广大群众选择学习、参考。此外,还可以鼓励民众借鉴传统家训家规内容、载体和形式,结合自己家庭实际,制定出适合自己"家情"的家训、家规、家诫等等,来为自己的家庭教育和优良家风建设服务。创立社会主义新型家训文化,关键在于如何将传统家训的教化理念、行为规范与时代需求进行结合,如何将传统家训文化价值转化为当代家德培育、子女教化、家风营造的资源。

最后,以对话与交流促进学术发展和学科建设。

"他山之石,可以攻玉"。建立"家训学"不能闭门造车,必须拓宽研究视野,广泛吸纳伦理学、教育学、史学、文献学等多学科知识,加以融会贯通;同时,广泛听取学界意见,加强同其他学术思想、相关学科的对话交流。通过相互交流与融合,在互动中化彼为己,以彼为用,综合创新,从而丰富、深化中华家训文化的研究,真正建立起承接中华家训传统,具有时代内涵和民族风格气派的家训学。

总之,在当代中国,建立"家训学"以传承家训文化传统,是弘扬国学精华、留住我们民族优秀文化根脉、提升文化软实力、实现社会主义核心价值观大众化的需要,也是我们中国特色社会主义文化建设的题中之义。当然,如何深入挖掘传统家训精华,如何实现传统家训与时代接轨,如何发挥家训教家立范、家国整合等功能为我们今大的家庭建设、家风培育、社会治理和道德教化提供文化滋养和参考借鉴,如何古为今用地借助家训形式和路径方法,如何做到家庭教化与社会教化的配合等系列问题,需要认真研究探索,协作攻关。拙文只是对此略述管见,期待学界同仁批评指正。

(本文发表于《江海学刊》2018 年第 1 期)

后　　记

　　本书是我主持的国家社科基金重大项目"中国传统家训文献资料整理优秀家风研究"成果之一（课题以优秀等级结项）。

　　课题立项后，我们深感责任重大，本着敬畏古圣先贤、礼敬中华优秀传统文化的态度努力工作，经过八年的努力，课题取得了系列成果：一是整理《中国历代家训文献集成》（20卷），力求将历代重要家训，包括稀有家训文献收录齐备，辑成大全。二是本专著《中国传统家训文化研究》。三是受国家图书馆出版社委托，先后主编出版了《中国传统家训文献辑刊》（30卷）、《中国传统家训文献辑刊续编》（50卷，尚有30卷左右待编辑出版）。这套丛书精选国内外珍藏的家训文献加以影印，且抢救了众多家训珍本、孤本，收录了不少稀见文献；四是与国家图书馆出版社合作建成"中国传统家训文献数据库"，既方便了学者研究，也为一般读者了解传统家训文化提供了便利。

　　二十年前，我和徐少锦教授积十年之功合写的《中国家训史》（陕西人民出版社2003年版），虽全面系统地梳理了中国传统家训产生发展的脉络，研究了历代家训思想和教化路径方法，揭示了家训演进的规律等，被学界誉为"一部理论上多有创新和突破、实践上具有重要价值的学术著作，填补了中国家训研究的空白。"但是，该书囿于当时所搜集的家训文献资料的局限，有些内容无法撰写入书中。2011 年人民出版社"人民·联盟文库"修订再版时,由于时间紧、出版急,恰巧我又生病住院,因而有些新发现的家训内容未能吸纳、充实到原书中去,殊感遗憾! 2014 年我申报的国家社科基金重大项目立项后,我带领课题组历经八年时间,在历代典籍中批阅爬梳,点校整理出 900 多万字的历代家训。在搜罗、整理和研究的过程中,对中国传统家训的历史价值和时代价值有了更加深入的理解,原来书中未涉及的许多新内容、新问题、新思想正好吸纳于本书之中,弥补了原来的缺憾。

以型家立范为宗旨的家训,是中国传统社会家庭教育的教科书。虽金沙相杂,但总体上看仍不失先人们留下的一笔丰厚宝贵的历史文化特别是伦理文化遗产。本书在全面挖掘、梳理存世家训文献的基础上,进一步拓展研究空间,深化研究领域,侧重传统家训思想教化及其时代价值的挖掘与开发利用研究,尤其加强传统家训教化、家风营造现代价值的探讨,披沙拣金,取其精华,舍弃糟粕,对家训思想、教化路径方法和家风营造进行全面系统研究,使之更好以史为鉴,更好传承和弘扬中华优秀传统家训文化,为今天的家庭教育、家德培育和家风建设提供参考借鉴。

本书各章作者为:第一章,陈延斌;第二章,陈延斌;第三章,杨威、关恒;第四章,朱冬梅;第五章,陈延斌、陈姝瑾;第六章,陈姝瑾、陈延斌;第七章,杨威、张金秋;第八章,周斌;第九章,牛绍娜。

本书初稿完成后,我进行了统稿修改。本书照片除了注明的外,大部分为我拍摄,少量由其他作者拍摄。在本书付梓之际,我们谨向为本书出版倾情帮助的中国家庭教育学会家校社共育专委会副理事长林青贤先生,表示诚挚的谢意! 也感谢责任编辑马长虹先生付出的辛劳。

礼敬中华文化,赓续民族文脉,是我们这代人义不容辞的责任! 我们完成的国家社科基金重大项目另一重要成果《中国历代家训文献集成》(20 卷),也即将出版。近日,国家规划办公布了今年的国家社科基金项目立项课题,我申报的《中国传统家文化与新时代家庭家教家风研究》再次被列为重点项目。古为今用,弦歌永续。在新课题的研究中,我将在数十年来分别进行的传统家训、家礼、家风、家德研究成果基础上,对中华传统家文化资源及其挖掘利用作一个总体研究,同时,加强当下家庭家教家风问题的对策探讨,力争做出代表国家水平的精品力作,为我国家庭教育和新时代家庭家风家德建设提供切于实用的对策建议,为培育中国特色社会主义家文化作出更大的贡献。

陈延斌

2023 年 9 月 26 日于江苏师范大学中华家文化研究院

责任编辑：马长虹

封面设计：汪　莹

图书在版编目（CIP）数据

中国传统家训文化研究/陈延斌等 著. —北京：人民出版社,2023.12

ISBN 978－7－01－026098－3

Ⅰ.①中…　Ⅱ.①陈…　Ⅲ.①家庭道德-文化研究-中国　Ⅳ.①B823.1

中国国家版本馆 CIP 数据核字（2023）第 217722 号

中国传统家训文化研究

ZHONGGUO CHUANTONG JIAXUN WENHUA YANJIU

陈延斌 等　著

人民出版社 出版发行

（100706　北京市东城区隆福寺街 99 号）

北京中科印刷有限公司印刷　新华书店经销

2023 年 12 月第 1 版　2023 年 12 月北京第 1 次印刷

开本：710 毫米×1000 毫米 1/16　印张：20.5

字数：290 千字

ISBN 978－7－01－026098－3　定价：54.00 元

邮购地址 100706　北京市东城区隆福寺街 99 号

人民东方图书销售中心　电话 （010）65250042　65289539